Herrn Fridhard Krumey
mit den besten Wünschen
und Dank für gemeinsame
Arbeiten.

Jena, 10.3.98

Ihr G. Gellert

Entwickeln und Konstruieren mit System

Ein Handbuch für Praxis und Lehre

Univ. Prof. Dr.-Ing. habil. Edmund Gerhard

3., völlig neubearbeitete und ergänzte Auflage

Mit 141 Bildern und 253 Literaturstellen

Kontakt & Studium
Band 51

Herausgeber:
Prof. Dr.-Ing. Wilfried J. Bartz
Technische Akademie Esslingen
Weiterbildungszentrum
DI Elmar Wippler
expert verlag

Die Deutsche Bibliothek – CIP-Einheitsaufnahme

Gerhard, Edmund:
Entwickeln und Konstruieren mit System : ein Handbuch für Praxis und Lehre ; mit 253 Literaturstellen / Edmund Gerhard. – 3., vollst. neubearb. und erg. Aufl.
– Renningen-Malmsheim : expert-Verl., 1998
(Kontakt & Studium ; Bd. 51)
ISBN 3-8169-1452-7

ISBN 3-8169-1452-7

3., völlig neubearbeitete und ergänzte Auflage 1998
2., aktualisierte und ergänzte Auflage 1988
1. Auflage 1979

Herausgeber-Vorwort

Bei der Bewältigung der Zukunftsaufgaben kommt der beruflichen Weiterbildung eine Schlüsselstellung zu. Im Zuge des technischen Fortschritts und der Konkurrenzfähigkeit müssen wir nicht nur ständig neue Erkenntnisse aufnehmen, sondern Anregungen auch schneller als der Wettbewerber zu marktfähigen Produkten entwickeln. Erstausbildung oder Studium genügen nicht mehr – lebenslanges Lernen ist gefordert!

Berufliche und persönliche Weiterbildung ist eine Investition in die Zukunft.
- Sie dient dazu, Fachkenntnisse zu erweitern und auf den neuesten Stand zu bringen
- sie entwickelt die Fähigkeit, wissenschaftliche Ergebnisse in praktische Problemlösungen umzusetzen
- sie fördert die Persönlichkeitsentwicklung und die Teamfähigkeit.

Diese Ziele lassen sich am besten durch die Teilnahme an Lehrgängen und durch das Studium geeigneter Fachbücher erreichen.

Die Fachbuchreihe Kontakt & Studium wird in Zusammenarbeit des expert verlages mit der Technischen Akademie Esslingen herausgegeben.

Mit ca. 500 Themenbänden, verfaßt von über 2.000 Experten, erfüllt sie nicht nur eine lehrgangsbegleitende Funktion. Ihre eigenständige Bedeutung als eines der kompetentesten und umfangreichsten deutschsprachigen technischen Nachschlagewerke für Studium und Praxis wird von den Rezensenten und der großen Leserschaft gleichermaßen bestätigt. Herausgeber und Verlag würden sich über weitere kritisch-konstruktive Anregungen aus dem Leserkreis freuen.

Möge dieser Themenband vielen Interessenten helfen und nützen.

Prof. Dr.-Ing. Wilfried J. Bartz — Dipl.-Ing. Elmar Wippler

Autoren-Vorwort

Der Entwickler/Konstrukteur muß in relativ kurzer Zeit gute und wettbewerbsfähige Erzeugnisse schaffen. Aufbauend auf seine Kenntnisse im Erstellen von Berechnungsunterlagen und im fertigungs-, kosten- und menschengerechten Gestalten sind die durch die Konstruktionsforschung entstandenen Methoden eine wichtige Ergänzung seines täglichen Schaffens.

Das vorliegende Buch stellt ein Modell für die Entscheidungsfindung bei technisch-konstruktiven Problemen vor, das die komplexen Vorgänge beim "Technischen Problemlösungsprozeß" zu überschauen und bekannte Methoden zuzuordnen gestattet. Zur Unterstützung der geistig-schöpferischen Tätigkeit des Problembearbeiters und zur Erhöhung der Sicherheit seiner Entscheidungen verlangt eine systematische Vorgehensweise neben einer in der Anforderungsliste präzisierten Aufgabenstellung

- Methoden zum Aufsuchen von Lösungsalternativen,
- Verfahren zum Auffinden und Auswählen der wichtigsten Bewertungskriterien sowie
- Bewertungsmethoden.

Hierzu werden sowohl bekannte Methoden kurz aufgezeigt und aus der Sicht des Autors beurteilt als auch neue Verfahren vorgestellt. Dabei ist es für die praktische Arbeit von großer Hilfe, wenn im gesamten Prozeß nicht nur Schritte, sondern auch Methoden aufeinander abgestimmt sind. So ist beispielsweise eine Lösungsauswahl dann besonders einfach, wenn die Anforderungen in der Anforderungsliste so formuliert sind, daß sie direkt als Kriterien in ein entsprechendes Bewertungsverfahren übernommen werden können. Die erarbeiteten Unterlagen und Formblätter werden dem Konstrukteur helfen, seine Gedanken — quasi zwangsläufig — zu ordnen, mit der zur Verfügung stehenden Zeit zumindest auszukommen und trotzdem jederzeit die von ihm getroffenen Entscheidungen begründen zu können.

Ein Lehrbeispiel dient dem Vertrautwerden mit den empfohlenen Methoden und soll die Anwendungshürde überwinden helfen. Die Anforderungs-Checkliste im Anhang wird beim Aufstellen der Anforderungsliste nützlich sein.

Dieses Buch ist hervorgegangen aus dem seit 1975 stattfindenden Lehrgang "Konstruktionssystematik" an der Technischen Akademie Esslingen sowie aus Vorlesungen für Studierende des Maschinenwesens an der Universität Stuttgart und der Elektrotechnik an der Gesamthochschule Duisburg. Die Ergebnisse der auf diesem Gebiet durchgeführten Forschungsarbeiten erwiesen sich in verschiedenen Industrieunternehmen des Maschinenbaus und der Feinwerktechnik als praktikabel.

Dank gebührt allen, die mich bei dieser Arbeit unterstützt haben, insbesondere meinen Mitarbeitern am Fachgebiet Elektromechanische Konstruktion der Gesamthochschule Duisburg. Dem expert Verlag danke ich für die Anregung zu diesem Buch sowie für die sorgfältige Herstellung, meiner Familie für ihr Verständnis und die stete Unterstützung meiner Arbeit.

Krefeld, im Juni 1979 E. Gerhard

Zur zweiten Auflage:

Heute, in einer Zeit des notwendigen Fortschritts, bedarf es bereits eines großen Teils der Erfindungskraft der Menschheit, um nur jene negativen Folgen zu bewältigen, die Erfindungen früherer Zeiten herbeigeführt haben. Der Ingenieur steht dabei im Mittelpunkt des technischen Fortschritts. Er, wissenschaftlich vorgebildet, arbeitet als Forscher, Entwickler, Konstrukteur in einer Unternehmung, die für den Markt produziert.

Doch der Nutzungsgrad des problemlösenden Potentials — das sind die Mitarbeiter in den Unternehmen — wird heute lediglich auf 30 % – 40 % geschätzt, d. h. die Effizienz von Problemlösungsprozessen läßt sich noch wesentlich steigern. Deshalb beziehen sich die in die vorliegende zweite Auflage dieses Buches eingearbeiteten Erweiterungen und Ergänzungen im wesentlichen auf die Problemdefinition einerseits und die methodische Lösungssuche andererseits. Beispiele aus dem Arbeitsgebiet des Verfassers an der Universität-GH-Duisburg sollen zur problemspezifischen Anwendung der Methoden beitragen.

Krefeld, im Juli 1988 E. Gerhard

Zur dritten Auflage:

Die Konstruktionsforschung hat sich stabilisiert, Methoden zur Lösungsfindung und begründeten Lösungsauswahl sind inzwischen Standard geworden. Die dritte, vollständig neu bearbeitete und ergänzte Auflage dieses Buches zum Thema Entwickeln und Konstruieren mit System ist deshalb in Form eines Handbuches mit Motivation und Anwendungsbeispielen sowohl für die industrielle Praxis als auch für die Ausbildung konzipiert und soll dazu beitragen, die entstandenen Konstruktionshilfen mehr als bisher zu nutzen.

Meinen Mitarbeitern am Fachgebiet Elektromechanische Konstruktion der Gerhard-Mercator-Universität Duisburg, insbesondere den Herren Dipl.-Ing. Holger Pitsch und Friedrich Selbach, danke ich für ihre tatkräftige Unterstützung bei der Textkorrektur, Bilder- und Druckvorlagenerstellung, dem expert-verlag für seine jahrelange Geduld beim Zustandekommen der dritten Auflage, meiner Frau für ihr Verständnis und die stete Unterstützung meiner Arbeit.

Allen Benutzern dieses Buches wünsche ich guten Erfolg beim Einsatz der Methoden.

Krefeld, im Januar 1998 E. Gerhard

Inhaltsverzeichnis

Die wichtigsten benutzten Begriffe

Algorithmus	Gesamtheit aller Regeln, durch deren schematische Befolgung eine bestimmte Aufgabe gelöst werden kann [VDI-79].
Anforderung	Qualitative und/oder quantitative Festlegung von Eigenschaften oder Bedingungen für ein Produkt [VDI-86].
Anforderungsliste	Das Ergebnis der Erarbeitung der zu stellenden Forderungen an ein neues Produkt nach Problemanalyse und Problemdefinition ist eine Anforderungsliste (*Pflichtenheft*); sie enthält somit die Forderungen, die unter allen Umständen berücksichtigt werden müssen, und die Wünsche, die nach Möglichkeit berücksichtigt werden sollen. Auch die Verantwortlichkeiten werden hier festgelegt.
Baukasten	Unter einem Baukasten versteht man Maschinen, Baugruppen, Einzelteile, die als Bausteine mit oft unterschiedlichen Lösungen durch Kombination mit einem Grundbaustein eingesetzt werden oder die verschiedene Gesamtfunktionen erfüllen [VDI-87].
Baureihe	Unter einer Baureihe werden technische Gebilde (Maschinen, Baugruppen, Einzelteile) verstanden, die – dieselbe Funktion – mit der gleichen technischen Leistung – in mehreren Größenstufen – bei möglichst gleicher Fertigung in einem weiten Anwendungsbereich erfüllen. Der Zweck und die Vorteile einer Baureihe sind damit beschrieben [VDI-87].

Bewerten	Vergleichen einer Menge gleichartiger Elemente (Alternativen) unter ausgesuchten einheitlichen Gesichtspunkten (Kriterien).
Bewertungsprozeß	Die in einer Entscheidungssituation erforderliche Logik der Informationsverarbeitung; Gesamtheit aller Schritte, anhand von Bewertungskriterien aus einer Menge von *Lösungsalternativen* die bestgeeignete auszuwählen.
Beurteilen	Pauschale subjektive Betrachtung einzelner oder mehrerer gleichartiger Elemente (Alternativen) zur Urteilsfindung.
Black-Box	Formales Modell eines *Systems* unter Ausklammerung der Systemstruktur [VDI-79].
Effekt	Das immer gleiche, voraussehbare, durch Naturgesetze bedingte Geschehen physikalischer, chemischer oder biologischer Art [VDI-86].
Einheit	Das, was einzeln beschrieben und betrachtet werden kann (z. B. Tätigkeit, *Prozeß*, *Produkt*, Organisation) [DIN-95].
Einzelkosten	Sammelbegriff aller Kostenarten, die einem Kostenträger direkt zugerechnet werden können.
Entscheidung	Auswahl einer optimalen Lösung aus *Alternativen* anhand einer wertenden Betrachtung.
Entwickeln	Für die Feinwerktechnik von der Entscheidungsproblematik her weitgehend identisch mit *Konstruieren*, einschließlich der labormäßigen Entwicklung von Grundkonzeptionen.
Entwicklungskosten	Entwicklungs- und Konstruktionskosten sind alle im Entwicklungs- und Konstruktionsbereich anfallenden oder angefallenen Kosten.

	Sie können als *Einzelkosten* direkt oder als *Gemeinkosten* über prozentuale Zuschlagssätze indirekt einzelnen *Kostenträgern* zugerechnet werden (DIN 32 990, Teil 1).
Erlös	Erlös = Netto-Verkaufspreis · Menge. Erlös ist das bewertete Ergebnis der betrieblichen Tätigkeit (DIN 32 990, Teil 1).
Fertigungseinzelkosten	Fertigungseinzelkosten sind *Kosten* im Fertigungsbereich, die *Zurechnungsobjekten* direkt zugerechnet werden können bzw. anwendungsbezogen zugerechnet werden (DIN 32 990, Teil 1).
Fertigungsgemeinkosten	Fertigungsgemeinkosten *FGK* sind *Kosten*, die im Fertigungsbereich anfallen oder angefallen sind und die den *Zurechnungsobjekten* nicht direkt zugerechnet werden können bzw. zugerechnet werden (DIN 32 990, Teil 1).
Fertigungskosten	Die Summe aus *Fertigungslohnkosten LK* und *Fertigungsgemeinkosten FGK* bezeichnet man als Fertigungskosten *FK*; $FK = LK + FGK$, bzw. $FK = LK \cdot (1 + g_F)$. Sie sind somit die *Kosten*, die im Fertigungsbereich anfallen oder angefallen sind (DIN 32 990, Teil 1).
Fertigungslohnkosten	Fertigungslohnkosten *LK* sind der Teil der *Fertigungseinzelkosten*, der für die Inanspruchnahme der Arbeitsleistung von Lohnempfängern entsteht (DIN 32 990, Teil 1).
FMEA	Failure Mode and Effects Analysis; Fehlermöglichkeits- und Einflußanalyse ist ein Begriff der Qualitätssicherung.

Funktion

Abstrakt beschriebener allgemeiner Wirkzusammenhang zwischen Eingangs-, Ausgangs- und Zustandsgrößen eines *Systems* zum Erfüllen einer Aufgabe [VDI-77].

Funktionsstruktur

Verknüpfung von Teilfunktionen zu einer Gesamtfunktion (Strukturierung der Gesamtfunktion).

Gemeinkosten

Sammelbegriff aller Kostenarten, die einem Kostenträger nur mit Hilfe von Zuschlägen zugerechnet werden können.

Die Kostenstelleneinteilung ist von der Organisationsstruktur des Unternehmens abhängig. Die Gemeinkosten gliedern sich in

- die Fertigungs-Gemeinkosten *FGK*,
- die Material-Gemeinkosten *MGK*,
- die Verwaltungs-Gemeinkosten *VwGK*,
- die Vertriebs-Gemeinkosten *VtGK* und
- die Entwicklungs-Gemeinkosten *EtwGK* (falls nicht direkt zurechenbar).

Gewinn

Die Differenz zwischen *Erlös* und *Kosten* wird als Gewinn bezeichnet.

Herstellkosten

Sie ergeben sich als Summe der *Material-* und *Fertigungskosten*, die ihrerseits wieder aus *Lohn-*, *Gemein-* und *Sondereinzelkosten der Fertigung* entstehen;

$$HK = MK + FK;$$

$$HK = MK + (LK + FGK + SEF)$$

[VDI-87].

Instandsetzung

Maßnahmen zur Wiederherstellung des *Sollzustandes* (DIN 31 051).

Kalkulation

Rechnung, bei der die Kosten zur Herstellung eines *Produkts* der jeweiligen Produkteinheit

	zugeordnet werden. Somit sollen die dem *Produkt* zurechenbaren *Kosten* ausgewiesen werden.
Kern eines Problems	Wichtigste Aussage einer Problemformulierung, die durch Abstraktion zu *Lösungsalternativen* führt.
Konstruieren	Das vorwiegend schöpferische, optimale Lösungen anstrebende Vorausdenken technischer Erzeugnisse; Tätigkeiten des *Konstrukteurs* von der Aufgabenstellung bis zu den Fertigungsunterlagen.
	Gesamtheit aller Tätigkeiten, mit denen — ausgehend von einer Aufgabenstellung — die zur Herstellung und Nutzung eines *Produkts* notwendigen Informationen erarbeitet werden und in der Festlegung der Produktdokumentation enden [VDI-86].
Konstrukteur	Ingenieurmäßig Denkender zum Lösen technischer Probleme in Entwicklung/Konstruktion.
Konstruktionsergebnis	Erarbeitetes Ergebnis am Ende einer Konstruktionsphase (Konzipieren, Entwerfen, Ausarbeiten, ...).
Konstruktionsmethode	Planmäßiges Vorgehen beim Lösen technischer Probleme, vorwiegend beim Erarbeiten von *Lösungsalternativen* in Entwicklung/Konstruktion.
Konstruktionssystematik	Von BINIEK [BIN-52] und unter anderem von HANSEN [HAN-65] übernommener Begriff für den methodischen, sich auf *Algorithmen* stützenden Konstruktionsvorgang.
Konstruktionswissenschaft, -forschung	Lehr- und Forschungsgebiet, das sich vor allem mit Problemen des Entwickelns/

	Konstruierens befaßt, von der Aufgabenstellung bis zu den Fertigungsunterlagen.
Kosten	Kosten sind der in Geld bewertete Verzehr von Produktionsfaktoren und Fremdleistungen sowie öffentliche Abgaben zum Erstellen und Absetzen von Gütern und/oder Diensten (DIN 32 990, Teil 1).
Kostenstelle	Betrieblicher Bereich (Abteilungen, Werkstätten, Maschinengruppen, evtl. auch einzelne Arbeitsplätze), der nach kostenrechnerischen Gesichtspunkten abgegrenzt und kostenrechnerisch selbständig abgerechnet werden kann.
Kostenstruktur	Eine Kostenstruktur ist die Aufteilung von *Kosten* definierten Umfanges in Kosten bestimmter einzelner Arten. Eine Kostenstruktur läßt sich nach zweckbezogenen Gesichtspunkten erstellen, z. B. unterteilt in *Material-* und *Fertigungskosten*, in variable und fixe Kosten, in Einzel- und *Gemeinkosten* usw. (DIN 32 990, Teil 1).
Kostenträger	Kostenträger sind betriebliche Leistungen (Erzeugnisse oder Dienstleistungen bzw. die zu ihrer Erstellung erteilten Aufträge), denen die von ihnen verursachten *Kosten* zugerechnet werden.
Kriterium	"Meßgröße" zum Vergleich von *Lösungsalternativen*; Element der Gesamtkriterienmenge.
Lösung	Ideelles oder materielles Ergebnis eines Lernprozesses; hier: des Konstruktionsprozesses.
Lösungsalternative	Neben anderen als gleichkonkret stehende *Lösung* oder Teillösung.
Lösungselement	Baustein der Gesamtlösung oder Teillösung.

Lösungsprinzip	Grundsätzliche Verwirklichung einer *Funktion* oder mehrerer verknüpfter Funktionen durch Auswahl von *Effekten* und wirkstruktureller Festlegungen [VDI-86].
Lösungstotalität	Größtzahl aller denkbaren *Lösungen*.
Materialeinzelkosten	Die Materialeinzelkosten *MEK* werden berechnet über effektive (durchschnittliche) Anschaffungskosten; siehe *Materialkosten*.
Materialgemeinkosten	Die anteiligen *Kosten*, die durch Einkauf, Lagerung und Verwaltung des Materials entstehen, werden zu den Materialgemeinkosten *MGK* zusammengefaßt.
Materialkosten	Die Materialkosten *MK* ergeben sich als Summe der *Materialeinzel- MEK* und der *Materialgemeinkosten MGK* $MK = MEK + MGK$, bzw. $MK = MEK\,(1 + g_M)$.
Methode	Planmäßiges Vorgehen zur Bewältigung eines Vorhabens.
Methode, diskursiv	Logisch aufgebautes und schrittweise nachvollziehbares planmäßiges Vorgehen.
Methode, intuitiv	Ein die (unbewußt ablaufende) Intuition provozierendes Verfahren unter Anwendung bestimmter Verhaltensregeln.
Methodisches Konstruieren	Planmäßiges und schrittweises Erarbeiten der Herstellungs- und Nutzungsunterlagen [VDI-86].
Nutzwert	Der subjektive, durch die Tauglichkeit zur Bedürfnisbefriedigung bestimmte *Wert* eines Gutes [ZAN-70]; Summe der gewichteten Punktzahlen einer *Lösungsalternative*.

Optimalität
Höchstmögliche Güte (einer Problemlösung) unter Berücksichtigung aller Einflußgrößen.

Petri-Netz
Spezieller Digraph aus zwei disjunkten Mengen von Stellen (Bedingungen, Plätze, Zustände) und Transitionen (Aktionen, Ereignisse) mit Elementen der Relation als gerichtete Kanten.

Pflichtenheft
Katalog aller Planungs- und Anforderungsdaten.

Prinzip
Grundgesetz; Grundsatz; grundlegender Ausgangspunkt.

Problem
Schwierige, vielschichtige ungelöste Aufgabe.

Produkt
Ergebnis von Tätigkeiten und *Prozessen* (beabsichtigt oder unbeabsichtigt) [DIN-95].

Prozeß
Satz von in Wechselbeziehungen stehenden Mitteln und Tätigkeiten, die Eingaben in Ergebnisse umwandeln [DIN-95].

Qualität
Gesamtheit von Merkmalen und Merkmalswerten einer Einheit bezüglich ihrer Eignung, festgelegte und vorausgesetzte Erfordernisse zu erfüllen [DIN-95].

Zulässige Abweichung vom Mittelwert, Güte, Wertstufe, Beschaffenheit, Wirkungsgrad, besondere Eigenschaft wie korrosionsfest, tropenfest, schocksicher usw. [VDI-77].

Qualitätsaudit
Systematische und unabhängige Untersuchung zur Feststellung, ob qualitätsbezogene Tätigkeiten den Anordnungen entsprechen, und ob diese Anordnungen verwirklicht wurden und geeignet sind [DIN-95].

Qualitätshandbuch	Dokument, in dem die Qualitätspolitik festgelegt und das Qualitätsmanagementsystem einer Organisation beschrieben wird [DIN-95].
Qualitätskosten	Qualitätskosten sind alle Ausgaben zur Erhaltung (Sicherung, Erziehung) der erforderlichen Qualitätsniveaus, das gegenüber dem Kunden durch schriftlich fixierte oder implizit vorhandene Festlegungen bestimmter Eigenschaften eines *Produktes* als verbindlich erklärt wird. Alle Maßnahmen, die zu einer Anhebung des Qualitätsniveaus oder zu einer Verbilligung des Produkts bei gleichbleibender *Qualität* führen, werden noch zu den Qualitätskosten gezählt. *Kosten*, die vorwiegend durch Qualitätsforderungen verursacht werden, also Kosten, die durch Tätigkeiten der Fehlerverhütung, durch planmäßige Qualitätsprüfungen sowie durch intern oder extern festgestellte Fehler verursacht sind [DIN-95].
Rationalität	Verstandesmäßigkeit, die Zufälliges, Gewohnheitsmäßiges, Gefühlsmäßiges und Unbedachtes ausschließt [ZAN-70].
REFA	Reichsausschuß für Arbeitszeitermittlung, gegründet 1924. Seit 1936: Reichsausschuß für Arbeitsstudien Seit 1948: Verband für Arbeitsstudien –REFA– e.V., Darmstadt
Rentabilität	Rentabilität = Gewinn aus der Investition bezogen auf den Kapitaleinsatz für die Investition.
Sondereinzelkosten der Fertigung *SEK*	Einzelkosten, die unmittelbar und ausschließlich durch den kalkulierten *Kostenträger* oder Auftrag verursacht werden.

	(Beispiel: Spezialwerkzeug, das für andere *Produkte* nicht wiederverwertet werden kann.) Weiterhin werden Patent- und Lizenzkosten hier eingerechnet.
Struktur	Darstellung von Teilen eines Ganzen und deren Beziehung zueinander [VDI-86].
System, technisches	Gesamtheit von der Umgebung abgrenzbarer (Systemgrenze), geordneter und verknüpfter Elemente, die mit dieser durch technische Eingangs- und Ausgangsgrößen in Verbindung stehen [VDI-86].
Systematik	Ganzheitliche Betrachtung.
Teilfunktion	Jede *Funktion*, die sich durch Aufteilen einer übergeordneten Funktion gewinnen läßt. Teilfunktionen können Haupt- und Nebenfunktionen sein [VDI-86].
Unsicherheit	Pauschalbegriff für Entscheidungssituationen bei Risiko und Ungewißheit.
Validierung	Wie *Verifizierung*, jedoch für besondere Forderungen für einen speziellen beabsichtigten Gebrauch [DIN-95].
Verifizierung	Bestätigen einer Forderungserfüllung durch Untersuchung und Bereitstellung eines Nachweises [DIN-95].
Wert	Der Begriff Wert ist auf den Markt ausgerichtet. Ein Erzeugnis ist für den Hersteller um so wertvoller, je höher und langfristig gesicherter der Erfolg ist, und für den Abnehmer um so wertvoller, je niedriger der Kaufpreis und die Betriebskosten sind. Man kann den Wert auf drei Wertmaßstäbe beziehen:

1) *Qualität* (als Sammelbegriff für die erwartete Leistung),
2) *Rentabilität* (als Sammelbegriff für die ökonomischen Faktoren),
3) Aktualität (als Sammelbegriff für alle zeitlichen Zusammenhänge).

Wert einer Konstruktion

Bedeutung (Qualität) eines Konstruktionsergebnisses, das sich aus der Beziehung zu einem gesetzten Maßstab ergibt.

Wertanalyse

Die Wertanalyse ist eine *Methode* zur Wertsteigerung, bei der durch eine bestimmte systematische Vorgehensweise mit hoher Wahrscheinlichkeit ohne Umwege eine dem Stand des Wissens und den spezifischen Gegebenheiten entsprechende optimale *Lösung* erzielt wird.

Wertfunktion

Beliebiger Funktionsverlauf aus den Wertdaten der Kriterien für eine Istwert-Punktevergabe-Zuordnung bei Punktbewertungsverfahren.

Wertigkeit

Summe der Punktzahlen einer *Lösungsalternative*, bezogen auf die maximal mögliche Punktzahl für eine "ideale" *Lösung*.

Zurechnungsobjekt

Ein Zurechnungsobjekt ist eine materielle oder immaterielle Sache, der *Kosten* zugerechnet werden. Zurechnungsobjekt kann z. B. :

- ein *Kostenträger*,
- ein Bereich (z. B. *Kostenstelle*),
- ein *Prozeß* (z. B. Fertigungsprozeß),
- eine Abrechnungsperiode (z. B. Monat, Jahr).

Auf sie werden die *Einzelkosten* direkt zugerechnet zu den *Gemeinkosten* in der Vollkostenrechnung [GER-94] indirekt verrechnet.

Zuschlagskalkulation	Die Zuschlagskalkulation ist das Kalkulationsverfahren, bei dem Einzelkosten direkt und Gemeinkosten indirekt auf Einzelkosten bezogen über Zuschlagssätze den Kostenträgern zugerechnet werden (DIN 32 990, Teil 1).

1 Einführung in die Systematik des "Technischen Problemlösungsprozesses"

1.1 Einleitung: Prozeß und Produkt

1.1.1 Konstruktionsprozeß und Arbeitsfelder

Die Konstruktionssystematik ist heute zu einem stehenden Begriff geworden. Man versteht darunter das methodische, sich vorwiegend auf Algorithmen stützende Arbeiten im Entwicklungs- und Konstruktionsbereich. Dabei beinhaltet das Konstruieren heute das gedankliche, schöpferische, optimale Lösungen anstrebende Vorausbestimmen von technischen Erzeugnissen. Es umfaßt alle Tätigkeiten von der Problemstellung bis zum Erstellen der vollständigen Fertigungsunterlagen und oft bis in die Technologie hinein, insbesondere in der Mikroelektronik und Mikrosystemtechnik. "Konstruieren" wird oft synonym zu "Entwickeln" benutzt. Konstruieren ist somit eine geistig-schöpferische Tätigkeit; es ist im kybernetischen Sinne ein Lernprozeß mit technischem Ziel.

Aufbauend auf die Kenntnisse des Problembearbeiters im Erstellen von Berechnungsunterlagen und im fertigungs-, kosten- und menschengerechten Gestalten sind die durch die Konstruktionsforschung entstandenen Methoden eine wichtige Ergänzung für dessen tägliches Schaffen. Der Ingenieur in Entwicklung und Konstruktion, der *Konstrukteur*, kann leider nicht mehr in Ruhe auf eine gute Lösungsidee warten, sondern muß in der Lage sein, in relativ kurzer Zeit gute und konkurrenzfähige Produkte zu schaffen. Dabei übernimmt er die Verantwortung

- für ihre Funktion,
- für ihre Herstellbarkeit,
- für ihre Wirtschaftlichkeit und
- für ihre sichere Anwendbarkeit,

inklusive aller Qualitäts- und Recyclinganforderungen.

In heutigen Unternehmen, die unter Kostendruck, Marktdruck und Vorschriftendruck stehen, werden vom Entwickler/Konstrukteur Produkte erwartet, die in technischer und wirtschaftlicher Hinsicht die gestellten Anforderungen erfüllen, besser noch übertreffen. Er muß nicht nur die technisch beste, sondern auch die wirtschaftlich günstigste Lösung finden, also die technisch-wirtschaftlich optimale Konstruktion erarbeiten, Bild 1.1.

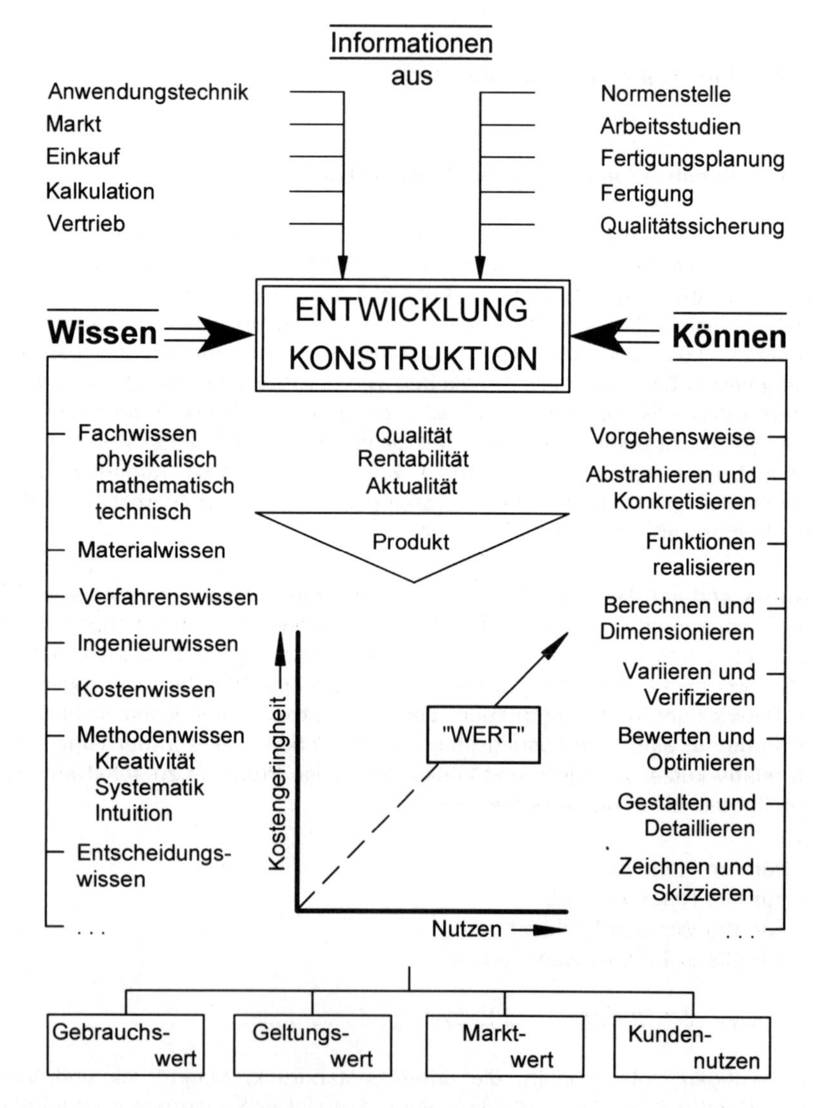

Bild 1.1: Schaffen von Werten durch den Entwickler/Konstrukteur

Informativ unterstützt von den einzelnen Arbeitsbereichen des Unternehmens und gestützt auf sein Wissen und Können realisiert der Entwickler/ Konstrukteur qualitativ hochstehende, rentable und markt-aktuelle Produkte. Der "Wert" seiner Konstruktion ergibt sich aus einer Kosten-Nutzen-, Gebrauchstauglichkeit-Kosten- bzw. Funktionalität-Wirtschaftlichkeits-Relation und ist hersteller- oder kundenorientiert.

Die Problemlösungsfähigkeit des Entwicklers/Konstrukteurs zeichnet sich nicht nur durch ein möglichst umfassendes Faktenwissen aus, sondern auch durch sein Methodenwissen und sein Können. So wird er zielgerichtet und kreativ für eine unablässige Produktion neuer Produktideen sorgen: durch Ausreizen neuer Technologien, durch Computerunterstützung und den Einsatz von Methoden wie Konstruktions- und Ideenfindungsmethoden, von Auswahl- und Wertfindungsverfahren, durch Wertgestaltung und Wertanalyse. Im Rahmen eines Simultaneous bzw. Concurrent Engineering sowie durch konsequentes Anwenden der Fehlermöglichkeits- und Einflußanalyse zur präventiven Qualitätssicherung wird er marktgängige, am Wettbewerb orientierte Produkte kreieren.

Während bei Routine-Konstruktionen intuitives und auf Erfahrung gründendes Arbeiten meist ausreicht, da zeitsparend und auf gespeichertes Wissen zurückgreifend, ist für ein zielgerichtetes und erfolgreiches Erarbeiten neuartiger technischer Problemlösungen neben einer systematischen Vorgehensweise Methodenwissen notwendig

- zum Präzisieren des Problems, wie z. B.
    - Problemanalyse,
    - Aufstellen der Anforderungsliste (Pflichtenheft),
    - Abstraktionsverfahren zur Problemstrukturierung.

- zum Aufsuchen von Lösungsalternativen, wie z. B.
    - Kreativitätstechniken,
    - Intuitive und diskursive Lösungsfindungsverfahren,
    - Konkretisierungsverfahren.

- zum Aufsuchen der wichtigsten Auswahlkriterien, wie z. B.
    - Kriterienquellen,
    - Gewichtungsverfahren.

- zum Bewerten der Lösungsalternativen, wie z. B.
    - Rangfolge- und Punktbewertungsverfahren,
    - Ein- und mehrdimensionale Wertfindungsverfahren,
    - Entscheidungshilfen.

1.1.2 Produktqualität und Methodik

Die Qualität — also die Zuverlässigkeit, die Verfügbarkeit, die Sicherheit eines Produkts und damit die Erfüllung von Kundenerwartungen — bestimmt zusammen mit den Produktkosten dessen Erfolg auf dem Markt. Dieser verlangt "gesicherte" Qualität, was die Unternehmen zwingt, die Qualität ihrer Produkte nachzuweisen. Qualitätsmanagementsysteme in den Unternehmen haben das Ziel, über eine festgelegte Aufbau- und Ablauforganisation sowie Mittel zur einheitlichen und gezielten Durchführung der Qualitätssicherung die Produktqualität in den einzelnen Entstehungsphasen in Form von Handbüchern und Audits nach DIN EN ISO 9000 ff [DIN-91, DIN-93, DIN-94a, DIN-94b, DIN-94c, DIN-94d] zu dokumentieren.

Es gilt, nicht nur die Qualitätskosten wie Prüf-, Fehler- und Fehlerverhütungskosten zu minimieren, sondern auch Haftungsansprüche des Kunden für ein fehlerhaftes Produkt weitgehend auszuschließen oder abzuwenden; denn nach dem 1990 eingeführten Produkthaftungsgesetz [ProdHaftG] haftet der Hersteller für einen Schaden, der dem Verbraucher durch ein fehlerhaftes Produkt entsteht. Diese Haftung ist verschuldensfrei und orientiert sich am Stand der Technik, zu dem seit Jahren auch ein methodisches Entwickeln und Konstruieren zählt.

Für den Entwicklungs- und Konstruktionsbereich schreibt die Norm DIN EN ISO 9001 [DIN-94b] u. a. vor, daß

- Pläne für jede Entwicklungs- und Konstruktionstätigkeit aufzustellen und diese Tätigkeiten qualifiziertem Personal zuzuordnen sind,

- die produktbezogenen Forderungen, einschließlich der gesetzlichen und behördlichen Forderungen, festzustellen und zu dokumentieren sind,

- das Entwicklungs-/Konstruktionsergebnis in bezug auf die Anforderungen verifiziert und validiert werden können muß und

- in den einzelnen Konstruktionsphasen formelle, dokumentierte Prüfungen der Konstruktionsergebnisse zu planen und auszuführen sind.

Danach läßt sich eine definierte Produktqualität nur sicherstellen, wenn in den einzelnen Konstruktionsphasen sowohl "fehlerverhütende" Methoden zur Planung, Aufgabenpräzisierung, Lösungsprinzipsuche und Bewertung problemgerecht eingesetzt als auch "fehlerentdeckende" Maßnahmen wie

Risikoanalysen, Simulationen, Modellversuche und Schwachstellenanalysen konsequent genutzt werden. Das bedeutet im einzelnen, daß

- während der Phase der Produktdefinition und -planung ein vollständiges, inhaltlich widerspruchsfreies und überprüfbares Pflichtenheft erarbeitet wird,

- Funktionen und Teilfunktionen des zu konstruierenden Produkts erarbeitet sowie logische und funktionale Wirkzusammenhänge zwischen Eingangs- und Ausgangsgrößen hergestellt werden,

- ausgehend von der bewertet ausgewählten Produkt-Struktur methodisch Lösungen gesucht und anhand der Kundenanforderungen und Qualitätsmerkmale bewertet und ausgewählt werden und

- alle Prüf- und Testergebnisse dokumentiert werden.

Zu alledem sind Methoden und Verfahrenshilfen erforderlich, wie sie die Konstruktionsforschung in den letzten Jahrzehnten hervorgebracht hat. Insbesondere spezielle Bewertungsverfahren haben in Form einer Beziehungsmatrix als "House of Quality" [SUL-90] in ein Qualitätsmanagement Eingang gefunden. Eine systematische Vorgehensweise, der Einsatz von Ideenfindungs-, Konstruktions- und Bewertungsmethoden sowie eine interdisziplinäre Zusammenarbeit des Entwicklungsteams garantieren qualitativ hochwertige Produkte.

1.2 Allgemeine Problematik

1.2.1 "Rationalisieren" des Konstruierens: Effizienzsteigerung

Es ist allgemein bekannt, daß die Produkte heute schnellebiger geworden sind. Die Industrieunternehmen müssen in immer kürzeren Zeitabständen immer wieder neue Produkte auf den Markt bringen, deren Lebensdauer relativ kurz ist: In weniger als fünf Jahren wird wohl die Hälfte der heute auf dem Markt befindlichen Produkte durch andere ersetzt oder in ihren Eigenschaften wesentlich verändert sein. Ähnliches gilt für die Reifegeschwindigkeit der Investitionsgüter.

Das liegt unter anderem

- am zunehmenden Konkurrenzkampf auf den Absatzmärkten und
- an der häufigen und kurzfristigen Änderung der Marktsituation überhaupt.

Dadurch werden an die Arbeitsproduktivität des Konstrukteurs erhöhte Anforderungen gestellt. Er kommt in einen schwer zu beherrschenden Zeitdruck, bedingt durch

- den exponentiellen Anstieg des Wissens, der zu immer kürzeren Innovationszeiten führt,
- eine stetig wachsende Anzahl von Produktinformationen, die eine intuitive Entscheidungsfindung infolge des komplexen Entscheidungsprozesses nicht mehr zulassen,
- neue Werkstoffe und Technologien, die andersgestaltete, aber auch völlig neuartige Konstruktionen erlauben und
- die zunehmenden Ansprüche an ihn bezüglich Kosten- und Verantwortungsbewußtsein, Motivation und Teamgeist.

Nach statistischen Unterlagen sind 70 % bis 80 % der Produktkosten von Entscheidungen bedingt, die auf den Konstrukteur zurückgehen. Der größte Teil aller Rationalisierungsbemühungen aber bezog sich bis vor wenigen Jahren lediglich auf die restlichen 20 % bis 30 % der Kostenentscheidungen, von denen z. B. nur 6 % in der Fertigung fallen. So beträgt die Produktivitätssteigerung im Fertigungsbereich seit der Jahrhundertwende 1000 %, in der Konstruktion nur etwa 20 % [NEL-66]. Dieses Rationalisierungsniveau des Entwicklungs- und Konstruktionsbereichs entspricht bei weitem nicht seiner Bedeutung für den Produktentstehungsprozeß. Neueste Untersuchungen aber zeigen, daß Methoden zur Unterstützung bzw. Systematisierung des Konstruktionsprozesses besonders in der Konzeptions- und Entwurfsphase mit zunehmender Tendenz angewandt werden [BUL-73, VDI-86].

Lange Zeit war die "Rationalisierung im Konstruktionsbüro" beschränkt auf

- die räumliche Aufteilung des Büros,
- die Ausrüstung mit Mobiliar und modernem Zeichengerät,
- die Einführung von Ordnungssystemen und Dokumentationsstellen und
- den Einsatz von EDV-Anlagen für Verwaltung und zur Datenspeicherung.

All das ist sicherlich äußerst wichtig für die Rationalisierung der *manuellen* Tätigkeit im Konstruktionsbüro. Es reicht aber gewiß nicht aus, den wahren "Engpaß Konstruktion" [BRA-67] zu weiten, denn die eigentliche *geistig-schöpferische* Tätigkeit des Konstrukteurs, die von richtig getroffenen Entscheidungen abhängt, wird davon nicht berührt.

Ziel von Rationalisierungsvorhaben ist es, einen mindestens gleichhohen Entwicklungsstand in einer kürzeren Zeitspanne zu erreichen, d. h. den Entwicklungsprozeß eines Produkts zu beschleunigen, Bild 1.2 [NIE-61, WÄC-71], oder bei gleichem Zeitaufwand einen höheren Entwicklungsstand zu erzielen. Wenn man darüber hinaus bedenkt, daß in relativ naher Zukunft Produkte auf dem Markt und Verfahren in Anwendung sein werden, deren Existenz heute noch nicht vorstellbar ist, dann ist einzusehen, daß der gesamte technische Problemlösungsprozeß optimiert und die Tätigkeiten des Konstrukteurs zunehmend methodisiert werden müssen.

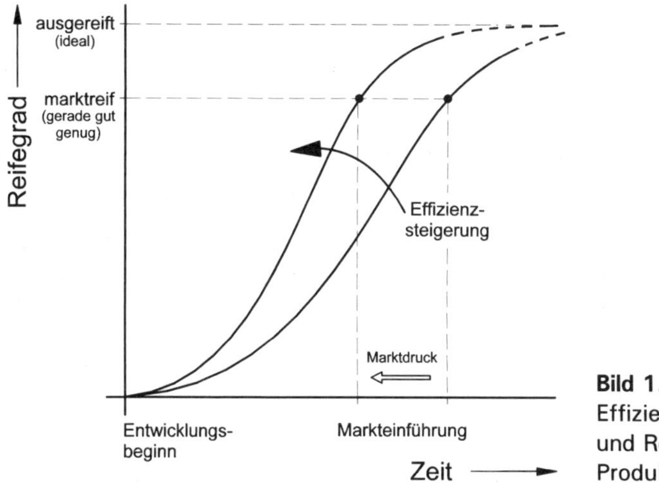

Bild 1.2: Effizienzsteigerung und Reifegrad eines Produktes

Zu einem optimalen Problemlösen bei technischen Produkten gehören

- *eine problemgerechte Organisation und Aufgabenverteilung:*
  Kooperative Teamarbeit ist aufgrund der Komplexität des Problemlösungsprozesses bei wirtschaftlichem Arbeitsablauf notwendig. Die Erfolgswahrscheinlichkeit ist erfahrungsgemäß bei kooperierenden Teams wesentlich höher als bei nichtkooperierenden Einzelpersonen gleicher Anzahl.

- *eine systematische Vorgehensweise (Arbeitsablauf):*
  Vereinzeln des Problemkomplexes durch Aufteilen in einzelne, zeitlich definiert verlaufende Schritte und durch Aufgabenteilung.

- *Methoden zur Lösungssuche und Bewertung:*
  Schaffen von Methoden und für die Praxis brauchbarer Algorithmen zum Erarbeiten mehrerer Lösungsalternativen und Auswahl der bestgeeigneten Lösung anhand von Bewertungskriterien.

- *problemgerechte Arbeitsplätze und Hilfsmittel:*
  Die unmittelbare Umwelt des Konstrukteurs beeinflußt sein Schaffen erheblich. Arbeitsplatz und Hilfsmittel werden sich an dem, was getan werden muß, orientieren.

1.2.2 Intuition und Systematik

„Konstruieren ist eine Kunst" [LEY-62, LIN-74]. „Zum Konstruieren braucht man eine schöpferische Begabung, ... ein konstruktives Gefühl" [LEY-62]. „Die Wissenschaft des Ingenieurs ist eine angewandte und findet ihre Rechtfertigung in der Synthese mit der Kunst des Ingenieurs. In dieser Synthese aber dominiert die Kunst, und die Wissenschaft hat Dienerin zu sein" [STÜ-56].

„Rechner als Konstrukteur" [ELZ-64]. „Konstruktion von Maschinen durch Maschinen", „Rechner konstruieren Reaktoren" [VDI-64]. „Auch für das problemlösende Denken lassen sich rational begründbare Wege in Form heuristischer Algorithmen aufschreiben. Der menschliche Problemlöser wird als elektronischer Rechner aufgefaßt, für den mit den heuristischen Algorithmen Programme aufgeschrieben werden ..." [MÜL-67].

Solche Formulierungen stecken den weiten Bereich ab, der sich von der rein intuitiven Heuristik bis zu der Schritt für Schritt dual-logischen Systematik erstreckt. Die methodische Vorgehensweise bei der Lösung technischer Probleme muß diesen gesamten Bereich für die Lösungsfindung zulassen. Das Konstruieren wird weder als Kunst verstanden, zu der man geboren sein muß, noch kann der Konstrukteur durch den Computer ersetzt werden, wohl aber entlastet.

Die Zweideutigkeit des Begriffs "Konstruktionssystematik" führt oft zu Mißverständnissen:

- Einmal spricht man von Konstruktionssystematik, wenn der systematische Ablauf beim Lösen technischer Probleme gemeint ist, also bei einer Unterteilung in zeitlich hintereinanderliegende Arbeitsschritte, sogenannte Problemlösungsphasen.

- Zum anderen versteht man oft unter Konstruktionssystematik eine systematische Suche nach Lösungsalternativen, also eine rein logisch aufgebaute, auf Erarbeiten aller denkbarer Lösungen ausgerichtete Methode.

Während die erste Begriffsbestimmung einen mehr oder weniger natürlichen Vorgang beinhaltet, beschreibt die zweite eine von vielen möglichen Methoden zur Lösungssuche. Auch bei einem systematisch-logischen Vorgehen beim Konstruieren wird die Intuition bei der schöpferischen Arbeit unumgängliche Voraussetzung sein.

Ein effektives methodisches Konstruieren wird sowohl die Vorteile einer "Systematik" als auch die der "Intuition" zu nutzen wissen.

1.2.3 Geschichtliche Entwicklung der Konstruktionsforschung

Die historischen Wurzeln des methodischen Konstruierens gehen auf zwei prinzipiell unterschiedliche Beschreibungsansätze zurück, einerseits auf ein Wissen über technische Gegenstände, sog. Konstruktionselemente, und andererseits auf Untersuchungen des Prozesses des Konstruierens [OEL-92]. Diese divergenten Ansätze über eine Konstruktionslehre führen zu der heutigen Konstruktionsmethodik bzw. Konstruktionstheorie.

Ausgangspunkt für das methodische Konstruieren sind Arbeiten von KESSELRING über „Die starke Konstruktion" [KES-42] und WÖGERBAUER über die „Technik des Konstruierens" [WÖG-43]. Auf ihre Gedanken bauen vor allem BINIEK [BIN-52] in Deutschland, ARCHER [ARC-63] in England und FISH [FIS-50] in den USA auf. Anfang der 50er Jahre beginnen Untersuchungen über die Tätigkeit des Konstruierens, wie sie besonders in Deutschland bei LOHMANN [LOH-54], STEUER [STE-66] und MÜLLER [MÜL-67] zu zum Teil methodologischen Studien führen. Das Ergebnis der Konstruktionstätigkeit, die Konstruktion, oder deren technische und wirtschaftliche Optimierung stehen z. B. bei TSCHOCHNER [TSC-54], NIEMANN

[NIE-61], MATOUSEK [MAT-57] und LEYER [LEY-62] innerhalb einer Maschinenkonstruktionslehre im Vordergrund. Arbeiten von HANSEN und dessen Kollegen BISCHOFF [BIS-53] und BOCK [BOC-55] publizieren den von BINIEK geprägten Begriff der "Konstruktionssystematik", den HANSEN auch 1965 als Buchtitel übernimmt [HAN-65].

Während besonders in den USA der Schwerpunkt der Untersuchungen auf dem Gebiet der Kreativitätsforschung (vgl. z. B. ULMANN [ULM-70]) und des Systems Engineering (vgl. z. B. HALL [HAL-62]) liegt, befassen sich in Europa [TAY-67] und in Deutschland Hochschullehrer des Maschinenbaus und der Feinwerktechnik mit dem Erarbeiten für die Praxis brauchbarer Konstruktionsmethoden.

Nach HANSEN ist RODENACKER durch die Entwicklung einer eigenen Konstruktionsmethode hervorgetreten [ROD-70]. Er geht vom "Physikalischen Geschehen" aus, das für Maschinen oder Apparate einen bestimmten Zweck oder eine bestimmte Funktion erfüllen soll. ROTH [ROT-71] spricht von einer „Funktionsorientierten Konstruktionslehre“ und einer „Gestaltungsorientierten Konstruktionslehre“. Dabei sind als Allgemeine Funktionen solche zu verstehen, die Stoff, Energie bzw. Nachricht leiten, speichern, wandeln und verknüpfen [ROT-72a]. Dieses Vorgehen soll als „Algorithmisches Auswahlverfahren zur Konstruktion mit Katalogen“ [ROT-71, ROT-75] dienen.

Zur Analyse problemlösender Denkvorgänge entwickelt WÄCHTLER [WÄC-70] ein kybernetisches Modell des Konstruierens. KOLLER [KOL-71] verfolgt eine Algorithmisierung des Konstruktionsgeschehens und eine Übertragung auf den Rechner. Besonders für das Konstruieren in der Feinwerktechnik hat GERHARD [GER-67, GER-68] die Anwendung der Ähnlichkeitsgesetze eingeführt. PAHL und BEITZ kommt das Verdienst zu, neben eigenen Beiträgen eine Zusammenfassung und Ergänzung des Standes der konstruktionswissenschaftlichen Forschung in den frühen 70er Jahren veröffentlicht zu haben [PAH-72]; 1977 entsteht daraus ein Buch über „Konstruktionslehre“ [PAH-77].

Die Systemtechnik als interdisziplinäre Wissenschaft bemüht sich um die optimale Gestaltung komplexer Systeme, die als Gesamtheit von geordneten, miteinander verknüpften Elementen angesehen werden [BEI-70, CHE-65]. Viele Methoden zur Lösungssuche bauen auf der morphologischen Denkweise von ZWICKY [ZWI-66] auf und systematisieren den Ablauf mehr oder weniger streng. Bewertungsverfahren wie z. B. das "Technisch-wirtschaftliche Konstruieren" nach VDI-Richtlinie 2225 [VDI-69] oder die "Nutzwertanalyse" nach ZANGEMEISTER [ZAN-70] führen sich nur schwer in die Praxis ein.

Das rechnergestützte Entwerfen ist vor allem im Maschinenbau [z. B. CLA-71], dort besonders im Automobilbau, und in der Feinwerktechnik [BRI-74, VDI-74] entwickelt worden. Die 1977 (Entwurf 1973) erschienene VDI-Richtlinie 2222 [VDI-77] über "Konstruktionsmethodik", Blatt 1 "Konzipieren technischer Produkte" und Blatt 2 "Erstellen und Anwenden von Konstruktionskatalogen" (Entwurf 1977) sowie die 1986 erschienene, verallgemeinernde VDI-Richtlinie 2221 [VDI-86] wurden von namhaften Konstruktionswissenschaftlern erarbeitet und sollen zu mehr methodischem Arbeiten in der Praxis anregen.

Nach einem Prozeß der Konsolidierung und Einbindung konstruktionsmethodischen Denkens und Handelns in die Konstrukteur-Ausbildung und in die Ingenieur-Praxis beschäftigen sich heute Konstruktionswissenschaftler neben dem anwendungsspezifischen Optimieren spezieller Verfahren und Methoden z. B. zur Gestaltbildung [JUN-89, SPE-93], zur Schadensanalyse [NEE-91, EHR-92], zu einem kostenbewußten Konstruieren [EHR-85, GER-94] sowie zur Qualitätssicherung [ARN-90, BRA-93] mit Konzepten für eine mehr oder weniger tiefgehende integrierte Produktentwicklung. Ebenso diskutiert und untersucht werden Akzeptanzprobleme [MÜL-91], psychologische und pädagogische Fragen beim methodischen Konstruieren [PAH-94] sowie die Produktverbesserung durch Einsatz der Denkpsychologie [DYL-91, EHR-95] und des Value Management [KRE-91] und außerdem Hilfen durch einen verstärkten Einsatz systemtechnischen Denkens [EHR-95, LIN-80]. Während zur Produktplanung die VDI-Richtlinie 2220 [VDI-80] Unterstützung gewährt, helfen die VDI-Richtlinie 2225 [VDI-69], die VDI-Richtlinie 2234 [VDI-90] und die VDI-Richtlinie 2235 [VDI-87] bei der Kostenoptimierung von technischen Konstruktionen.

Heute versteht man als Aufgabe der Konstruktionsforschung die Rationalisierung der geistigen Arbeit eines schöpferischen Technikers. Das bedingt, daß die Konstruktionswissenschaft den Denkvorgang beim Lösen technischer Probleme ebenso analysieren muß, wie sie neue Arbeitsmethoden — also Vorgehensweisen und Methoden zur Lösungsfindung und Bewertung — schaffen und vermitteln muß.

1.3 Modellvorstellungen zum Konstruktionsprozeß

1.3.1 Vorgehensplan und Ablauforganisation

Geht man davon aus, daß der Realisierungsprozeß für technische Produkte bei der Aufgabenstellung beginnt und bei dem aus der Fertigung ausgestoßenen "verstofflichten" Produkt endet, dann lassen sich verschiedene Phasen in Abhängigkeit des Konkretisierungsgrades des Konstruktionsergebnisses unterscheiden: Aufgabe definieren, Erarbeiten und Auswahl von Konzepten, Erarbeiten und Auswahl von Entwürfen, Ausarbeiten von Details und zudem einzelne Phasen der Produkt-Verstofflichung, Bild 1.3. Eine allgemeine Unterteilung in Problemlösungsphasen wird dabei den stets durchzuführenden Arbeitsschritten entsprechen müssen.

Ein geordnetes, nachvollziehbares und dokumentationsfähiges Vorgehen beginnt mit der Produktplanung, also dem Erkennen, der Auswahl und der Formulierung der *Aufgabe* (Zielsetzung). Diese entsteht aus Trendstudien, Marktanalysen, Kundenanfragen, Forschungsergebnissen und/oder Mitarbeiter-Anregungen und ist das Ergebnis eines Auswahlprozesses durch ein Produktplanungsteam (Geschäftsleitung, Vertrieb, Entwicklung/Konstruktion, Fertigung), das anhand von Kriterien wie z. B. Marktlage, Kundenwunsch, Kosten, Kapazität, Termin und Risiko entscheidet.

Für die Aufgabe sind sowohl die einzelnen Anforderungen als Forderungen und Wünsche zu *Definieren* als auch die Produktstruktur und die zu realisierenden Funktionen zu erarbeiten und zu präzisieren (Definitionsphase).

Während des *Konzipierens* legt der Entwickler/Konstrukteur den prinzipiellen Lösungsaufbau fest und erarbeitet Lösungen entsprechend dem verlangten physikalischen Geschehen, deren Bewertung anhand der in der Anforderungsliste (Pflichtenheft) niedergelegten Kriterien zum begründet ausgewählten Lösungskonzept führt. Am Ende dieser Konzeptphase liegt lediglich die qualitative Lösung des Problems fest. Erst während der Entwurfsphase wird die Lösung auch quantitativ bestimmt. *Entwerfen* heißt, maßstäbliche, vollständige Entwürfe mit Festlegen von Material und Geometrie erstellen und von Schwachstellen befreien.

Das *Ausarbeiten* von Einzelheiten (Ausarbeitungsphase) erfolgt während oder nach einer technischen, wirtschaftlichen, fertigungstechnischen und mensch- und umweltbezogenen Bewertung und führt zusammen mit Prüf-, Arbeitsfolge- und Montageablaufplänen zu den vollständigen Fertigungsunterlagen.

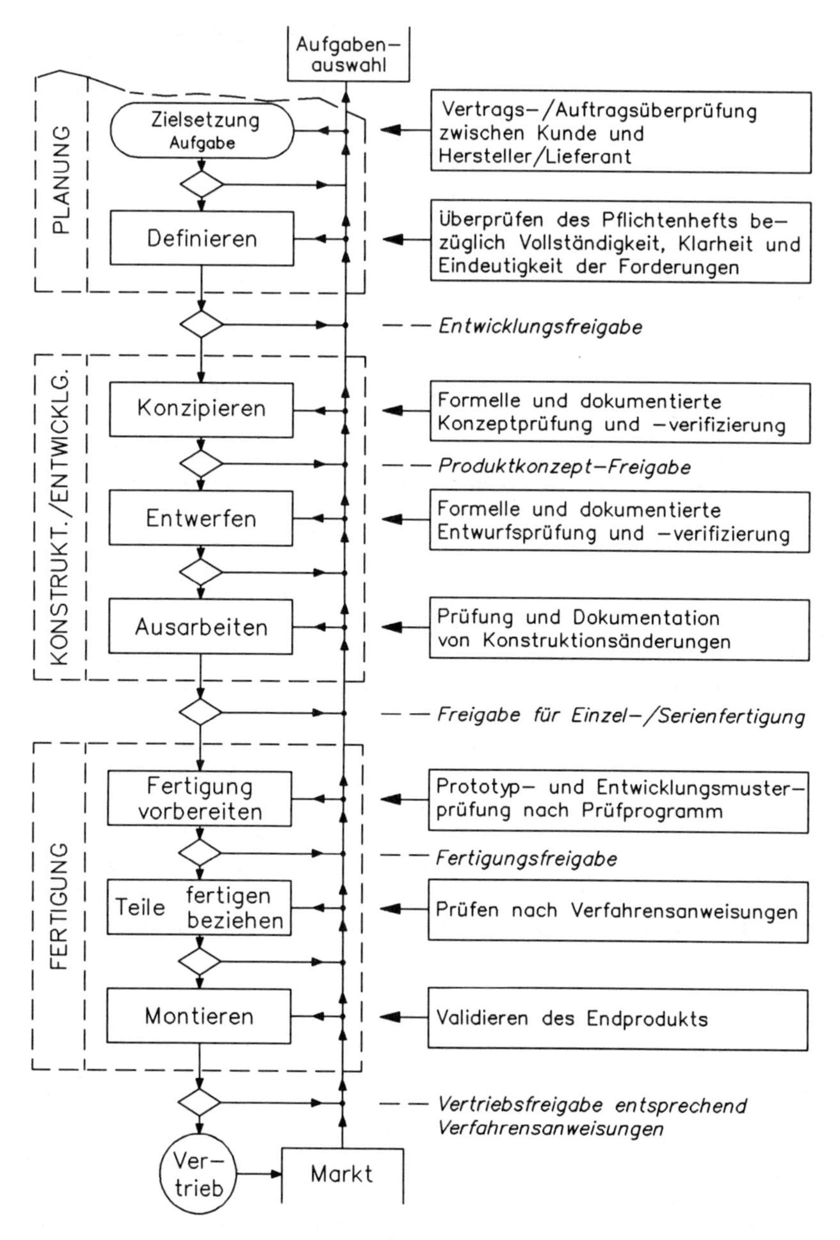

Bild 1.3: Konkretisierungsphasen im Produktentstehungsprozeß mit Prüfhinweisen

Die Arbeitsvorbereitung bzw. die Fertigungsplanung und -steuerung führt über die Teilefertigung und Montage zum Produkt, dessen Absatz der Vertrieb übernimmt. Während des Fertigungsprozesses müssen Entwicklungsmuster, Prototypen und Serienprodukte nach erstellten Verfahrensanweisungen im Sinne des "Total Quality Management" geprüft und das Endprodukt validiert werden.

Der Konstruktionsprozeß ist ein Regel- bzw. Lernprozeß. In den Lösungsfindungsphasen läuft immer ein prinzipiell gleicher Zyklus ab:

- Aufgabe/Teilaufgabe/Teilproblem klären und damit Problem/Problemelement erkennen,
- Lösungsalternativen suchen (Lösungsvielfalt mit Methode), Variieren und Kombinieren,
- Lösungsalternativen bewerten und die anhand von festgelegten Kriterien sich ergebende, optimale Lösung auswählen (Lösungseinschränkung mit Methode).

Das führt zu Rückkopplungen innerhalb einzelner Phasen, aber auch zwischen den Phasen. Selbstverständlich müssen nicht bei allen Konstruktionsaufgaben auch alle Phasen gleichwertig durchlaufen werden. Auf der einen Seite stehen schwierigste Neuentwicklungen, auf der anderen Seite gibt es häufig Standard- und Routinekonstruktionen. In Abhängigkeit von der Komplexität eines zu konstruierenden technischen Gebildes werden ebenfalls unterschiedliche Konstruktionsphasen durchlaufen, „ändert sich das Verhältnis von heuristischen zu algorithmischen Tätigkeiten" [BAA-71a]. Andererseits lassen sich viele Probleme nur durch Rückkoppeln und mehrfaches Durchlaufen einzelner Phasen lösen. Die Strukturierung problemlösender Systeme ist hinsichtlich des Einsatzes elektronischer Datenverarbeitungsanlagen notwendig; damit stehen Entscheidungsablaufpläne als sogenannte "Heuristische Programme" zur Verfügung, z. B. [BEI-70, BUL-73, KES-71, LIN-74, MÜT-72].

Durch das Vereinzeln des produktbezogenen technischen Problemlösungsprozesses in verschiedene Schritte, die je nach Ablauforganisation mehr oder weniger zeitlich parallel verfolgt werden können, wird das Aufsuchen von Lösungen erleichtert. Die verschiedenen zur Verfügung stehenden Methoden zur Lösungsfindung und Lösungsbewertung lassen sich bei jedem Schritt problemgerecht zuordnen und anwenden. Diese Einteilung macht keinen Unterschied zwischen einer systematischen und einer intuitiven Lösungserarbeitung. Die diesbezügliche Entscheidung fällt während der einzelnen Phasen. Die Intuition bezieht sich dabei häufig nur auf Teilprobleme, nicht auf den gesamten Problemkomplex im Sinne einer ganzheitlichen

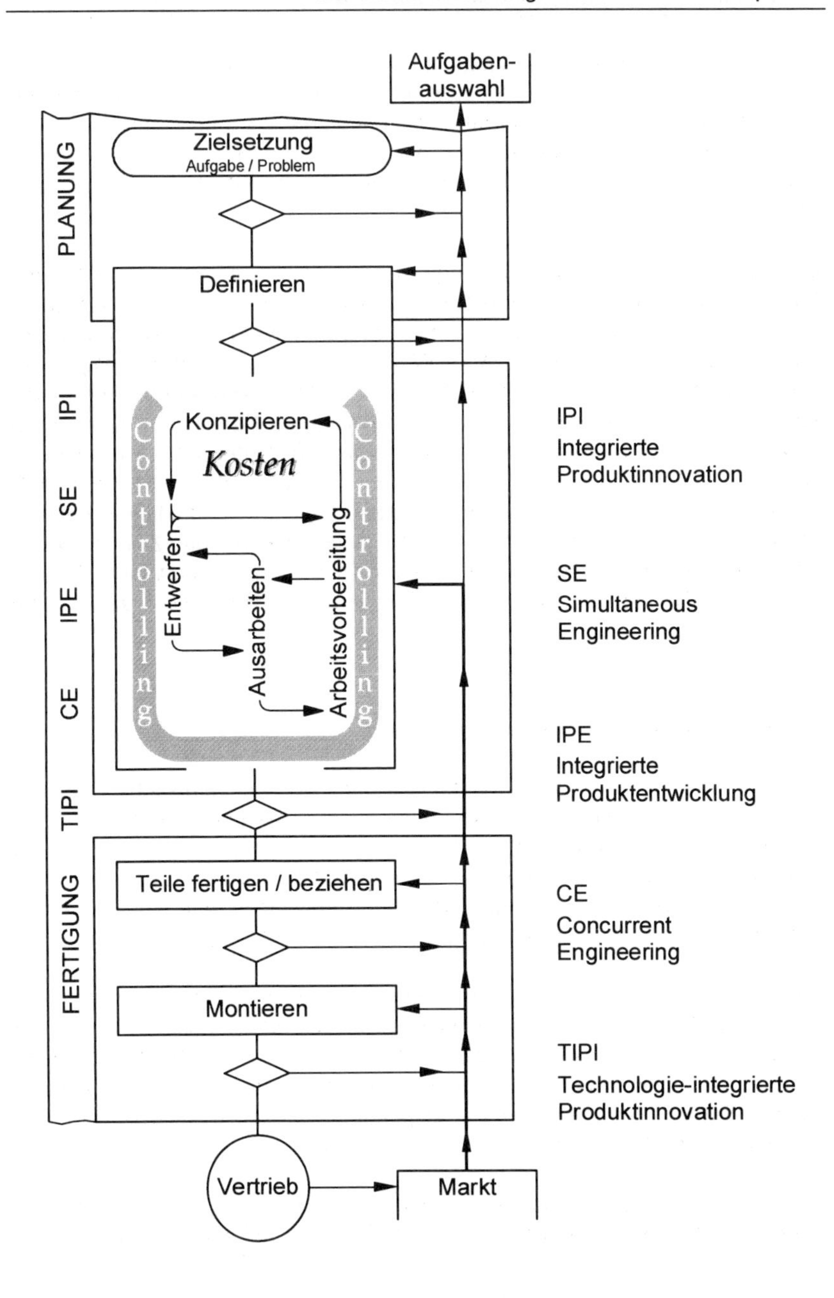

IPI
Integrierte
Produktinnovation

SE
Simultaneous
Engineering

IPE
Integrierte
Produktentwicklung

CE
Concurrent
Engineering

TIPI
Technologie-integrierte
Produktinnovation

Bild 1.4: Ablaufintegration im und um den Konstruktionsbereich

Lösung. Somit wird ein systematisches Vorgehen die Intuition fördern. Die schrittweise logische Vorgehensweise führt zudem noch zu einem rationalen Konstruieren, beschreitbare Lösungswege werden leichter erkannt, das Haften am Althergebrachten (Betriebsblindheit) ist weniger ausgeprägt, und konventionelle Lösungen werden zumindest nicht kritiklos übernommen.

Dieses Vorgehen ist unabhängig von einer zeitlichen Abfolge der einzelnen Schritte, ob eher traditionell sequentiell oder mehr "integriert" und damit parallel. Gerade die verschieden hohe Integration bei der Ablauforganisation hat eine unterschiedlich starke Wirkung auf das Konstruktionsgeschehen. Das ganze oder teilweise Zusammenführen von Entwicklung/Konstruktion, Arbeitsvorbereitung, Versuch, Fertigung, Kalkulation, Controlling und Vetrieb führt zu Ablaufintegrationen wie z. B. "Integrierte Produktinnovation" [DET-96], "Integrierte Produktentwicklung" [EHR-95], "Simultaneous Engineering", "Concurrent Engineering", "Technologie-integrierte Produktinnovation" [DET-95], Bild 1.4. Diese haben zum Ziel, Entwicklungs- und Durchlaufzeiten im Bereich der Konstruktion und Arbeitsplanung durch zeitliche und personelle Parallelität von Einzeltätigkeiten zu reduzieren.

1.3.2 Modell des Entscheidungsprozesses

Der Konstruktionsprozeß ist ebenso wie der gesamte technische Problemlösungsprozeß als eine Kette von Entscheidungen anzusehen. Der Konstrukteur kommt ständig in Konfliktsituationen, in denen er unter mehreren Alternativen, die er vorher erst einmal aufgefunden haben muß, auszuwählen hat. Für solche Entscheidungsprozesse wünscht er sich eine möglichst hohe Effizienz bei der Suche nach der "optimalen Lösung".

Das heutige Angebot an Konstruktionsmethoden und Hilfen für die Konstruktionsarbeit wirkt auf den Praktiker verwirrend. Deshalb erscheint es sinnvoll, von einer einfachen Modellvorstellung für die Entscheidungsfindung in der Konstruktion auszugehen und die einzelnen Methoden eindeutig zuzuordnen. Ein entsprechend allgemeines Modell des Entscheidungsprozesses beim Konstruktionsvorgang zeigt Bild 1.5.

Eine jede solche Entscheidungssituation — unabhängig, in welcher Problemlösungsphase sie auftritt — erfordert immer wieder dreierlei Aussagen:

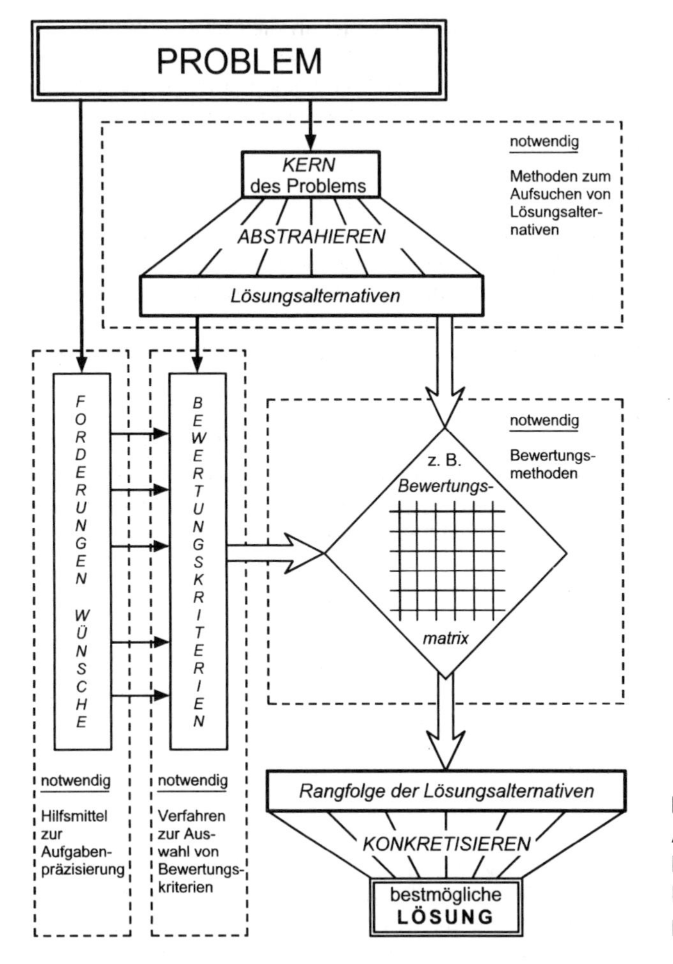

Bild 1.5: Allgemeines Modell des Entscheidungsprozesses

1. Durch Abstraktion des Aufgabenkerns (Problemkerns) müssen *Lösungsalternativen* erarbeitet werden, welche vom Prinzip her die Aufgabenstellung erfüllen. Sie sind prinzipiell fehlerbehaftet, da sie keine reinen Abstraktionen, sondern praktische Lösungsmöglichkeiten darstellen. Ihre Eigenschaften sind oft nur mit einer bestimmten Wahrscheinlichkeit aufgrund der Kenntnisse und Erfahrungen des Bearbeiters vorauszusagen. Zur Lösungssuche können systematische Konstruktionsmethoden wie z. B. nach HANSEN [HAN-65], RODENACKER [ROD-70], ZWICKY [ZWI-66] u. a. ebenso angewendet werden wie intuitive Methoden wie z. B. Brainstorming [OSB-53] oder gar Synektik [GOR-61].

2. Es sind *Bewertungskriterien* notwendig, die als "Vergleichsnormale" bei der Bewertung der Eigenschaften der Lösungsalternativen dienen. Hier spielt sowohl das Erarbeiten des Pflichtenheftes und dessen Ergänzung während der Lösungssuche als auch die Auswahl der "richtigen" und damit wichtigsten Kriterien eine Rolle.

3. Es müssen *Bewertungsmethoden* zur Verfügung stehen, die das "Messen" der Lösungsalternativen an erarbeiteten Bewertungskriterien gestatten. Dieses Vergleichen der Eigenschaften von Lösungsalternativen mit den als geforderte Eigenschaftsdaten formulierten Kriterien verlangt für den jeweiligen Entscheidungsprozeß geeignete Methoden, wie z. B. nach VDI-Richtlinie 2225 [VDI-69] oder entsprechend der Nutzwertanalyse [ZAN-70].

Die Optimalität einer Problemlösung läßt sich nur unter dem entscheidungstheoretischen Aspekt der Rationalität beurteilen, einer Rationalität, die zufälliges, gewohnheitsmäßiges, widerspruchsloses, gefühlsmäßiges und unbedachtes Handeln ausschließt [ZAN-70].

1.4 Bearbeiter, Arbeitsplatz und Hilfsmittel

1.4.1 Arbeitsplatz und Hilfsmittel

Die Forderungen nach einer problemgerechten Organisation, Aufgabenverteilung und Projektdurchführung bedingen eine kooperative Teamarbeit gerade auch für den Konstruktionsprozeß und außerdem eine unternehmens- und projektbezogene, koordinierende Optimierung des Gesamtsystems im Sinne eines Simultaneous bzw. Concurrent Engineering. Hinzukommen müssen problemgerecht ausgestattete Arbeitsplätze und brauchbare Hilfsmittel für die während der einzelnen Problemlösungsphasen anfallenden Arbeiten [GER-73a], Bild 1.6.

Während sich das Produktplanungsteam aus Fachleuten der Geschäftsleitung, des Vertriebs, der Entwicklung/Konstruktion und der Fertigung zusammensetzt (round-table-Darstellung; Bild 1.6), besteht ein Konstruktionsteam aus Konstrukteuren verschiedener Wissensschwerpunkte und ist im allgemeinen projektorientiert (Arbeitsplatzdarstellung; Spalte 3 in Bild 1.6; Pfeile geben Informationsfluß an).

Im Verlaufe der Definitionsphase vervollständigt das Konstruktionsteam als informationsverarbeitendes System die vom Produktplanungsteam ausgearbeitete Aufgabe, indem es die funktions-, fertigungs-, gebrauchs-, und kostenorientierten Informationen in die Anforderungsliste (Pflichtenheft; Lastenheft) einarbeitet. Als Arbeitsplatz bei dieser Informationssammlung, -aufbereitung und -verarbeitung dient symbolhaft der Schreibtisch, als Hilfsmittel fungiert in zunehmendem Maße der Computer, der die Suche, Ordnung und Speicherung der Informationen übernimmt und im Dialog mit dem Bearbeiter beim Erstellen von Anforderungslisten gute Dienste leistet.

Das Konzipieren ist vorwiegend ein abstrakter Denkprozeß und vollzieht sich infolgedessen bei methodischer Vorgehensweise hauptsächlich am "Schreibtisch". Für prinzipielle Untersuchungen dient symbolhaft ein Labortisch, unabhängig davon, ob Produkte der Feinwerktechnik oder des Maschinenbaus entwickelt werden sollen. Wenn man bei der Suche nach Lösungsprinzipien mit Lösungskatalogen arbeitet, wird der Computer gute Dienste leisten.

Mit zunehmender Konkretisierung der Konstruktionsergebnisse bestimmen CAD-Systeme den Arbeitsplatz des Konstrukteurs. Dabei wird das "Rechnergestützte Konstruieren" (seit 1980) immer mehr durch ein "Virtuelles Konstruieren" (seit 1994) ergänzt oder gar ersetzt. Hier ist ein freies, kreativ-intuitives, räumliches Anpassen von Baugruppen im Sinne eines Konstruierens von Nicht-Bausteinen ebenso möglich wie eine Lösungsverifikation durch Interferenzstudien wie Fertigungsstudien oder eine automatisierte Optimierung. Virtuelles Konstruieren ist Voraussetzung für Simulationen von z. B. Bewegungs-, Durchdringungs- oder Kollisionsvorgängen.

Es darf erwartet werden, daß zukünftig CAD-Systeme für den gesamten Konstruktionsprozeß zur Verfügung gestellt werden können, die sowohl phasen- als auch produktgruppenspezifisch für die einzelnen Branchen Elektrotechnik/Elektronik, Maschinenbau, Feinwerk- und Mikrotechnik sein werden. Um die Datenverarbeitung in der Konstruktion kümmert sich die VDI-Gesellschaft Entwicklung-Konstruktion-Vetrieb [VDI-91].

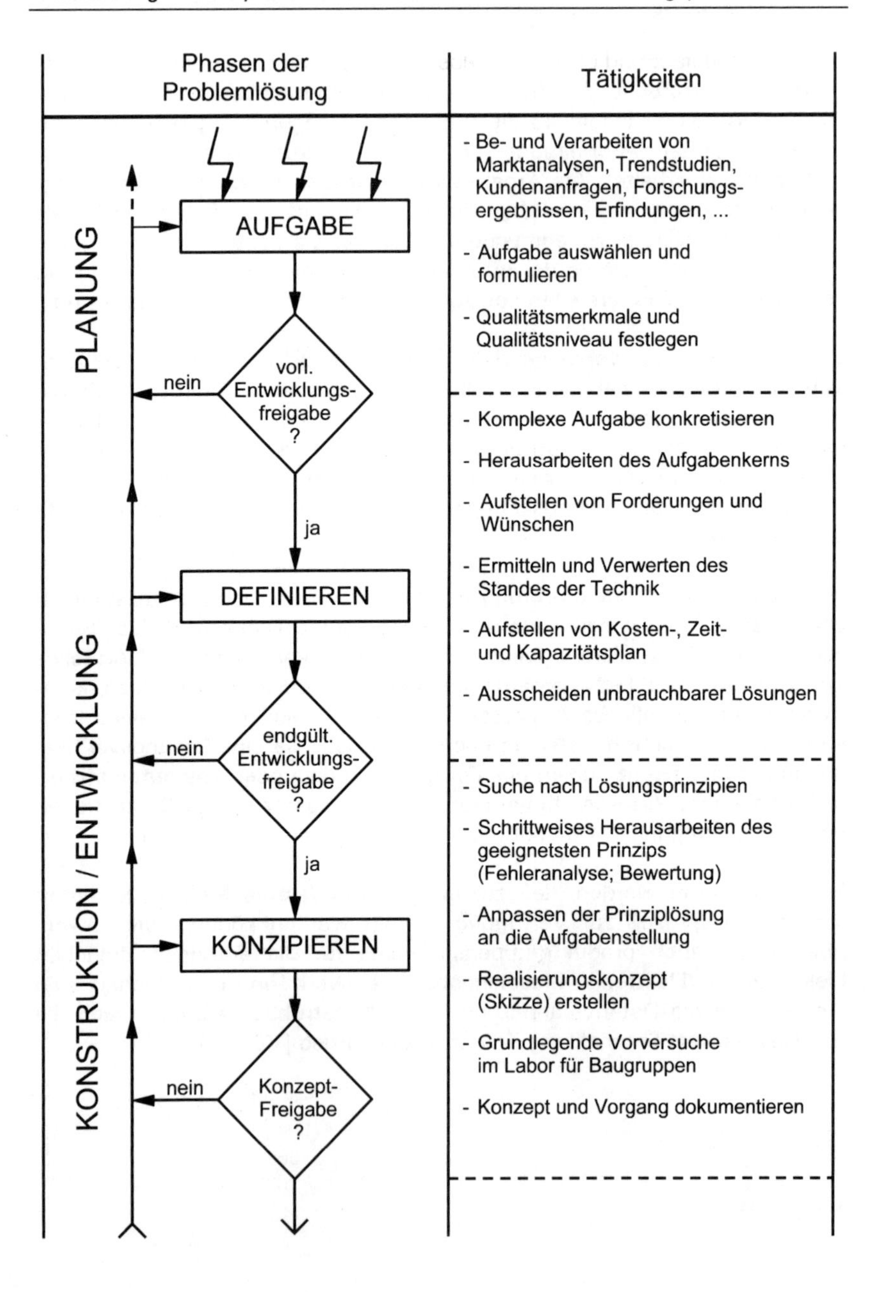
Phasen der Problemlösung
Tätigkeiten
PLANUNG
KONSTRUKTION / ENTWICKLUNG
AUFGABE
vorl. Entwicklungs-freigabe ?
nein
ja
DEFINIEREN
endgült. Entwicklungs-freigabe ?
nein
ja
KONZIPIEREN
Konzept-Freigabe ?
nein
- Be- und Verarbeiten von Marktanalysen, Trendstudien, Kundenanfragen, Forschungs-ergebnissen, Erfindungen, ...
- Aufgabe auswählen und formulieren
- Qualitätsmerkmale und Qualitätsniveau festlegen
- Komplexe Aufgabe konkretisieren
- Herausarbeiten des Aufgabenkerns
- Aufstellen von Forderungen und Wünschen
- Ermitteln und Verwerten des Standes der Technik
- Aufstellen von Kosten-, Zeit- und Kapazitätsplan
- Ausscheiden unbrauchbarer Lösungen
- Suche nach Lösungsprinzipien
- Schrittweises Herausarbeiten des geeignetsten Prinzips (Fehleranalyse; Bewertung)
- Anpassen der Prinziplösung an die Aufgabenstellung
- Realisierungskonzept (Skizze) erstellen
- Grundlegende Vorversuche im Labor für Baugruppen
- Konzept und Vorgang dokumentieren

Arbeitsplatz und Hilfsmittel	Wissen / Fähigkeiten des Bearbeiters	Ergebnis
 Produktplanungsteam	- Bereitschaft zur Teamarbeit - Unternehmenskonzept - Denkmodelle für die Produktplanung - Entscheidungsfindung mit Hilfe von Informationen - Methoden zur Ideenfindung und -bewertung	 Aufgabenstellung
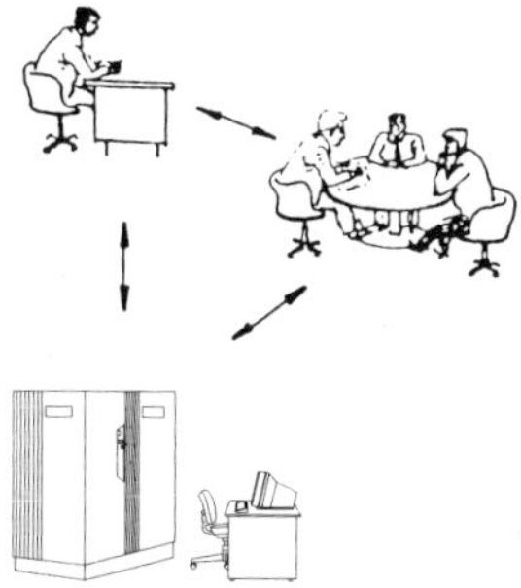 Speicher mit Fragenkatalog	- Entwicklungs- u. Produktionsmittel - Stand der Technik - Planungsmethoden für Kosten, Zeit und Kapazität - Angestrebter Erfüllungsgrad der Forderungen - Informationsbeschaffung - Bereitschaft zur Teamarbeit	 Aufgabenpräzisierung (Anforderungsliste)
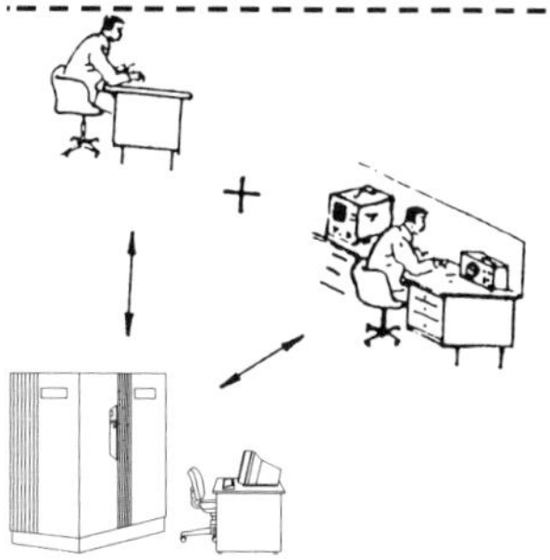 CAE Speicher mit physikalischen Gesetzen, bekannten Lösungen	- Abstrahieren und Konkretisieren - Physikalische und mathematische Grundlagen - Methodische Arbeitsweise - Methoden zur Lösungssuche - Kreativität - Methoden der Entscheidungsfindung - Zeichnerisches Darstellen von "Ideen" - Bereitschaft zur Teamarbeit	 Lösungskonzept

(Fortsetzung →)

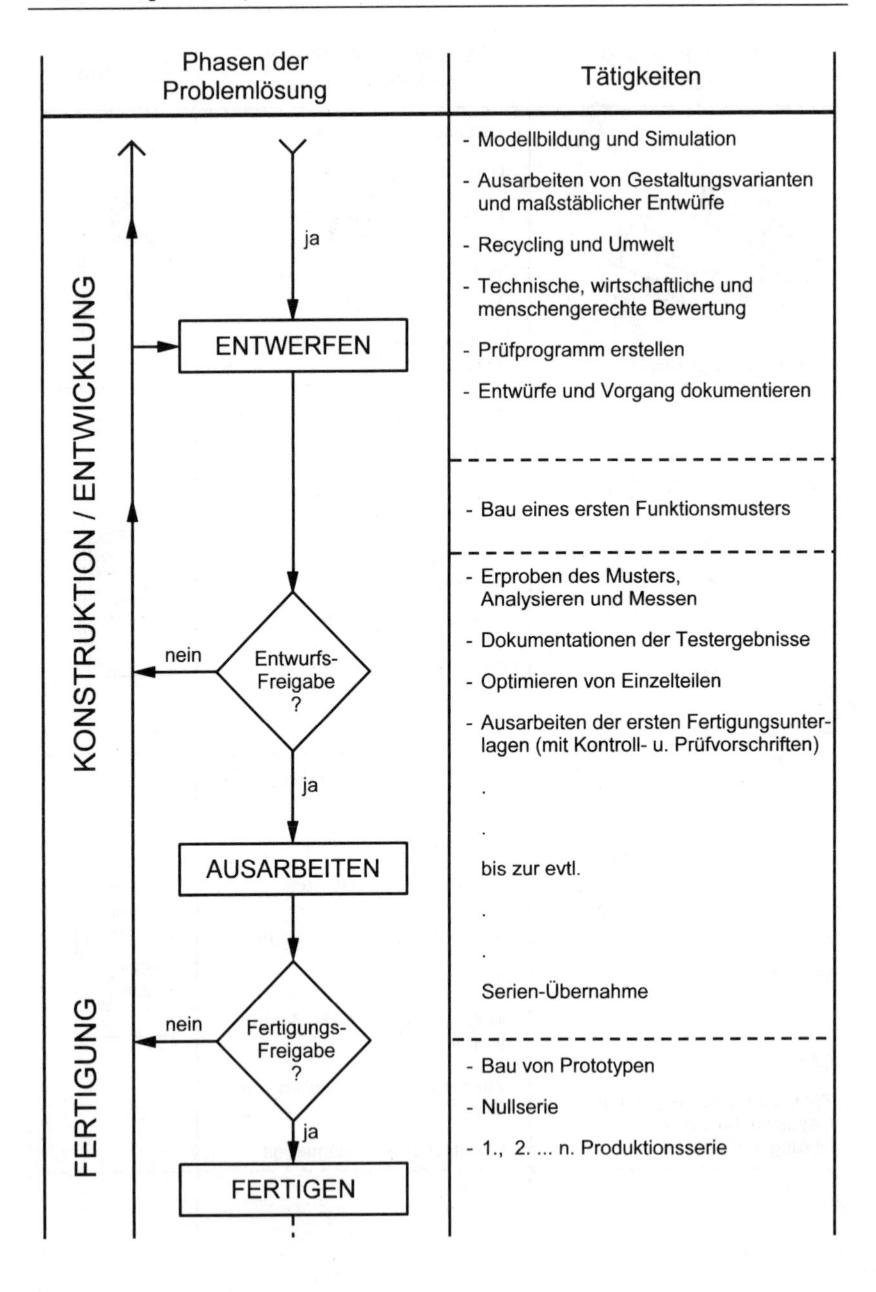
Phasen der Problemlösung
Tätigkeiten
KONSTRUKTION / ENTWICKLUNG
FERTIGUNG
ja
ENTWERFEN
nein
Entwurfs-Freigabe ?
ja
AUSARBEITEN
nein
Fertigungs-Freigabe ?
ja
FERTIGEN
- Modellbildung und Simulation
- Ausarbeiten von Gestaltungsvarianten und maßstäblicher Entwürfe
- Recycling und Umwelt
- Technische, wirtschaftliche und menschengerechte Bewertung
- Prüfprogramm erstellen
- Entwürfe und Vorgang dokumentieren
- Bau eines ersten Funktionsmusters
- Erproben des Musters, Analysieren und Messen
- Dokumentationen der Testergebnisse
- Optimieren von Einzelteilen
- Ausarbeiten der ersten Fertigungsunterlagen (mit Kontroll- u. Prüfvorschriften)
bis zur evtl.
Serien-Übernahme
- Bau von Prototypen
- Nullserie
- 1., 2. ... n. Produktionsserie

Arbeitsplatz und Hilfsmittel	Wissen / Fähigkeiten des Bearbeiters	Ergebnis
Daten-netz Daten-netz CAD CAQ CA ... Virtuelles Konstruieren	- Simulations- und Programmiertechniken - Grundlagen der Gestaltungslehre - Technisches Zeichnen - Grundlagen von Kostendenken (Herstellkosten) und Technologie - Methoden zur technischen, wirtschaftlichen und kunden- (markt-) orientierten Bewertung	Entwurf
Versuchswerkstatt	- Facharbeiterlehre	
Daten-netz Daten-netz CAD CAQ CAM CIM	- Meßmethoden - Methoden zur systematischen Fehlersuche und -beseitigung - Technisches Zeichnen - Fertigungs- (Produktions-) mittel - Toleranzen und deren Kosten - Verständnis für die Probleme der Fertigung	vollst. Fertigungsunterlagen
Arbeitsvorbereitung Produktion	- Verständnis für die Probleme der Konstruktionsabteilung - Fertigungswesen	Produkt

Bild 1.6: Voraussetzungen für ein effektives methodisches Konstruieren

1.4.2 Kenntnisse und Fähigkeiten des Bearbeiters

Für jede einzelne Phase des Arbeitsablaufes beim Konstruieren lassen sich anhand der durchzuführenden Tätigkeiten Aussagen über Kenntnisse und Fähigkeiten des Bearbeiters zur Lösung der anstehenden Aufgabe machen. Dabei werden Fähigkeiten wie z. B. Organisationstalent, Koordinationsvermögen, Menschenführung, Zielstrebigkeit, schnelle Auffassungsgabe usw. für alle Ingenieure als hinreichend vorhanden vorausgesetzt. Die zugeordnete Darstellung (4. Spalte in Bild 1.6) soll das für die jeweilige Phase charakteristische Wissen und Können aufzeigen.

Während des gesamten Problemlösungsprozesses fällt das Konstruktionsteam fortlaufend Entscheidungen, um das gesteckte Ziel eines definierten technischen Produktes zu erreichen.

Die dazu notwendigen Methoden zum Auffinden von Lösungsalternativen, zum Auswählen von Entscheidungskriterien und zur Bewertung der Lösungsalternativen anhand der Kriterien setzen in den einzelnen Phasen durchaus verschiedene Grundkenntnisse voraus. So wird z. B. ein Entwicklungsplaner oder Konstruktionsingenieur, der sich vorwiegend mit der abstrakten Lösungssuche, mit der Bewertung und der Auswahl von Alternativen zum Zwecke der Konzepterstellung beschäftigt, nicht unbedingt ein versierter Konstruktionstechniker oder Technischer Zeichner sein müssen. Umgekehrt wird die Ausbildung eines Konstruktionstechnikers und eines Technischen Zeichners für das fertigungs- und normgerechte Ausarbeiten von Einzelteilen (Detaillieren) im allgemeinen ausreichen. Ein Minimum an Kostendenken soll generell vorhanden sein.

1.5 Methodik und Entwicklungskosten

Methodisches Arbeiten ist die Grundlage jeder rationellen Tätigkeit. Systematisches, schrittweise logisches Vorgehen führt zur Kostenoptimalität. Aus der Kenntnis der in den einzelnen Phasen durchzuführenden Tätigkeiten können nicht nur Mitarbeiter optimal ausgewählt und eingesetzt, sondern auch Methoden, Kenntnisse und Hilfsmittel kostenoptimal angewandt bzw. genutzt werden. Wenn der Konstrukteur einige Methoden zur Lösungssuche (Kapitel 4) und zur Lösungsbewertung (Kapitel 6) beherrscht und wenn das Pflichtenheft (Kapitel 2) die Planungsdaten und die Anforderungsdaten an das zu entwickelnde Produkt sorgfältig aufgelistet enthält, dann wird aus dem systematischen Vorgehen zwangsläufig ein kostenoptimales Vorgehen.

Produkt-Entwicklungskosten, immerhin zwischen 5 % der Gesamtkosten bei Serienfertigung und 20 % bei Engineering, fallen an als Vor-Entwicklungskosten wie Personal-, Material- und Fremdleistungskosten, als Umlage-, Abschreibungs- und Zinsanteil, als Konstruktions- und Versuchskosten sowie als Zentralstellenkosten anteilmäßig. Ihr Absolutbetrag ist stark abhängig von der Konstruktionsart (Neukonstruktion, Variantenkonstruktion, Anpassungskonstruktion; Kapitel 2). Insbesondere bei Variantenkonstruktionen ist der Absolutbetrag wiederum abhängig von der gewählten Konstruktionsmethode.

Variantenkonstruktionen — wie das Erstellen einer Konstruktion in mehreren Baugrößen — werden oft als Einzeltypen direkt dem Kundenwunsch angepaßt, was sowohl die Konstruktions- bzw. Entwicklungsabteilung als auch die Fertigung stark belastet. Demgegenüber bietet eine geschlossene Bearbeitung von Typengruppen oder einer vielgliedrigen Baureihe insbesondere dann Vorteile, wenn vereinheitlichte, standardisierte Konstruktionen angestrebt werden oder wenn Produkte verschiedener Größe, Leistung, Drehzahl oder anderer Parameter, aber sonst gleicher Art zu planen und zu entwickeln sind. Hierbei ist die "Konstruktionsmethode Ähnlichkeit" [GER-84] zur Entwicklung von Baureihen dem häufig angewandten Einzeltypkonstruieren, bei dem eine Maschine oder ein Gerät der Gruppe nach dem anderen quasi neu konstruiert wird, meist technisch und wirtschaftlich überlegen. Bild 1.7 zeigt den typischen Verlauf der relativen Entwicklungskosten einer Baureihe im Vergleich zum Einzeltypkonstruieren.

Ausgehend von der ersten Ausführung E ist beim Einzeltypkonstruieren der Kostenbereich stark abhängig von der Vorerfahrung des Konstrukteurs. Bei Baureihenentwicklungen hingegen sind die Grundkosten für die erste Variante M entsprechend des Mehraufwands höher als bei der Einzeltypkonstruktion, da nicht nur das einzelne Produkt, sondern die gesamte Baureihe geschlossen entworfen und berechnet wird; der Kostenbereich ist durch erforderliche "Probeläufe" und Korrekturen bedingt.

Besonders interessant ist für die Baureihenentwicklung der Einsatz von elektronischen Datenverarbeitungsanlagen: Im Dialog mit dem Entwicklungsingenieur übernimmt der Rechner die notwendigen Operationen — die Baureihenentwicklung basiert auf einem Übertragungsalgorithmus —, während sich der Entwickler auf baureihen- und konstruktionsspezifische Fragestellungen konzentrieren kann [GER-87a].

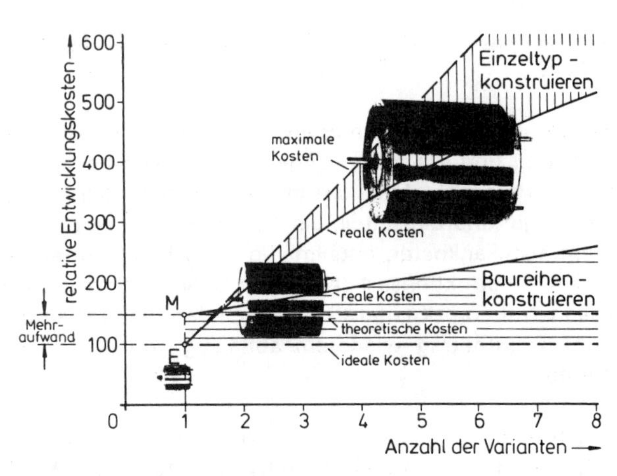

Bild 1.7: Prinzipieller Verlauf der Entwicklungskosten in Abhängigkeit von der Anzahl der Varianten beim Einzeltyp- und beim Baureihenkonstruieren

E Erste Ausführung beim Einzeltypkonstruieren
M Erste Ausführung (Modell) beim Baureihenkonstruieren

Methodik richtig angewandt, kann durchaus zur Einsparung von Entwicklungskosten beitragen.

Kosten-, Personal- und Zeitplanung sind das Fundament für einen geregelten Ablauf des Konstruktionsprozesses. Die einzelnen Planungstätigkeiten sind nicht voneinander trennbar, da sie sich gegenseitig bedingen. Während die Zeitplanung ein sachgerechtes Zusammentreffen von Menschen, Maschinen und Material nach Ort und Zeit gewährleisten soll, wird der Personalbedarf für einzelne Arbeitspakete im Gespräch mit allen beteiligten Stellen definiert. Die Kostenplanung basiert auf der Zielsetzung im Pflichtenheft und auf der Zeit-, Ablauf- und Personalplanung.

Im Entwicklungs-/Konstruktionsbereich müssen sowohl die Personalkosten als auch die Kosten für Betriebsmittel und sonstigen Aufwand wie z. B. Reisen, Material, Unterlagenerstellung und Fremdleistungen in die Entwicklungskosten-Kalkulation eingebracht werden. Bild 1.8 zeigt ein Formblatt zur Planung der Kostenpakete in den einzelnen Konstruktionsphasen [GER-94]. Für Grob- und Feinplanung in Entwicklung und Konstruktion gibt es eigens erstellte Software-Programme [WAR-80, RUT-93].

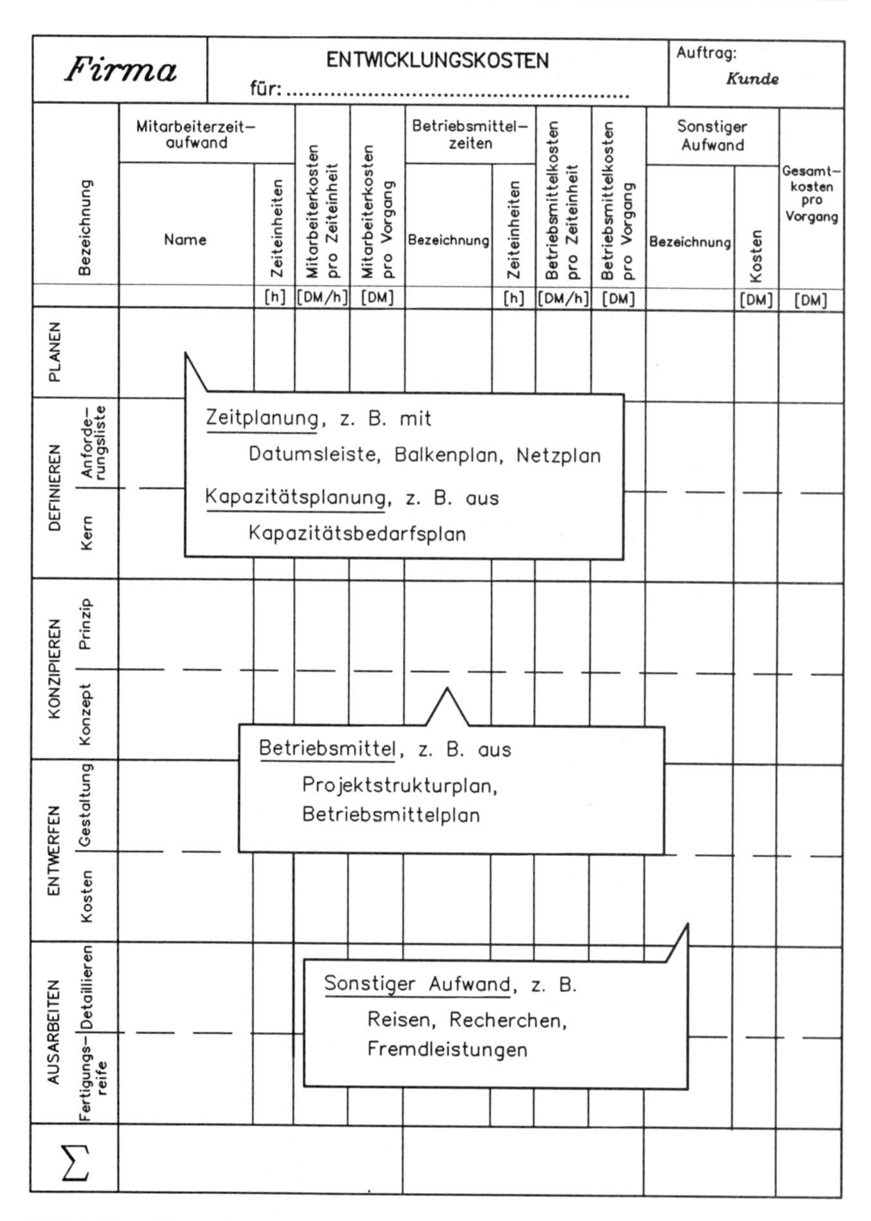

Bild 1.8: Formblatt zur Ermittlung von Entwicklungskosten

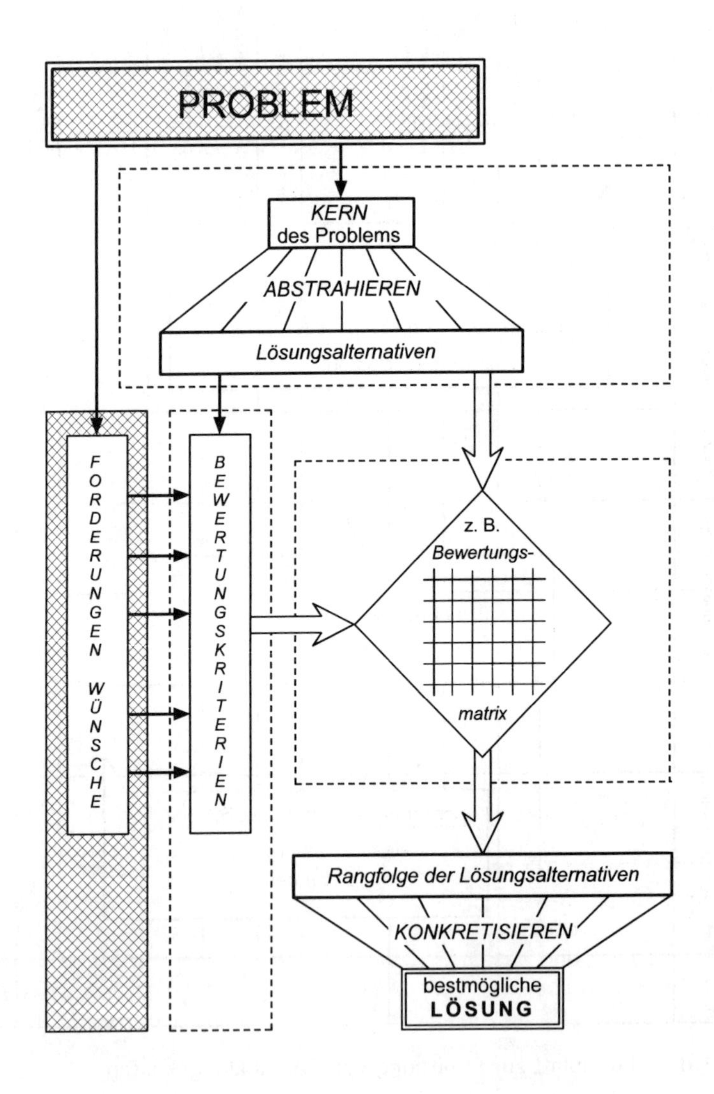
PROBLEM
KERN
des Problems
ABSTRAHIEREN
Lösungsalternativen
FORDERUNGEN
WÜNSCHE
BEWERTUNGSKRITERIEN
z. B.
Bewertungs-
matrix
Rangfolge der Lösungsalternativen
KONKRETISIEREN
bestmögliche
LÖSUNG

2.1 Produktinnovation und Aufgabenstellung

2.1.1 Technologieinduzierte Produktinnovation

Es ist Aufgabe einer methodischen Entwicklung/Konstruktion, unter vorgegebenen Marktbedingungen für ein zu entwickelndes Produkt eine technisch-konstruktive Problemlösung mit einem optimalen Preis-Leistungs-Verhältnis zu ermöglichen. Produktinnovationen müssen also den beim potentiellen Kunden bereits — latent oder konkret — bestehenden Bedarf dekken. Aber gerade diese bedarfsinduzierten Innovationen werden stark von der rasanten technologischen Entwicklung, insbesondere von Schrittmachertechnologien in den Bereichen Bio-, Gen-, Mikro- und Nanotechnik beeinflußt.

Bei derartigen technologieinduzierten Innovationen muß das Anforderungsprofil eines Produktes die Integration neuer Technologien umfassen, denn wesentliche Wettbewerbsvorteile liegen heute — selbstverständlich zeitlich begrenzt — im Technologievorsprung. Das methodische Entwickeln/Konstruieren bietet ein Instrumentarium, das die Bandbreite der produzierbaren Produkte, unter weitgehendem Vermeiden kostenaufwendiger Investitionen, aufweitet. Die Produktlebensdauer sinkt in nahezu allen Branchen, weshalb die erforderliche Innovationsrate entsprechend zunehmen muß.

Dieser Produktinnovationsprozeß stimuliert die Entwicklung neuer Produkte, selbst wenn technologische Erkenntnisse lediglich in Form zukaufbarer "High-Tech"-Komponenten bei eigenen Produktentwicklungen genutzt werden können. Dies allerdings erfordert höchste Qualifikation im Entwicklungs- und Konstruktionsbereich.

2.1.2 Die Aufgabe als Ergebnis einer Entwicklungsplanung

Basierend auf einer Zusammenarbeit zwischen Unternehmensleitung, Vertrieb, Forschung, Entwicklung/Konstruktion und Fertigung werden in der Produktplanung produktbestimmende Informationen aus Markt und Unternehmen integriert und koordiniert. Diese unternehmensexternen und -internen Informationen stammen vorwiegend aus Trendstudien, Marktanalysen, Kundenanfragen, eigenen und fremden Forschungsergebnissen, Überprüfungen der Patentlage und Anregungen eigener Mitarbeiter. Die daraus resultierenden Produktideen werden ergänzt durch solche, die sich durch ein gezieltes Suchen in für das Unternehmen aussichtsreichen Suchfeldern unter Anwenden von Ideenfindungsmethoden ergeben.

Eine Auswertung der Informationen führt zu Planungsimpulsen [VDI-77], wie z. B.

- Verbesserung eines bestehenden Produkts,
- Ersatz eines bestehenden Produktes,
- Erweiterung des Produktbereichs durch neue Produkte, auch auf neuen Märkten.

Die Kriterien zur Auswahl der zunächst in Angriff zu nehmenden Aufgabe gründen sich auf Aussagen zur Marktlage, auf Kundenwünsche, auf Abschätzungen der Entwicklungs- und Investitionskosten, auf die zur Verfügung stehende Kapazität von Menschen und Maschinen, auf Zeitaufwand und Risiko. Der so entstandene Produktvorschlag wird dem zuständigen Gremium im Unternehmen zur Entscheidung der Entwicklungsfreigabe zugeleitet.

Die Aufgabe, die dem Konstrukteur übertragen wird, ist somit das Ergebnis eines Auswahlprozesses, den ein Produktplanungsteam anhand von Kriterien aus der stets vorliegenden Vielzahl von Aufgaben bzw. Produktideen ausgewählt hat.

2.2 Die verschiedenen Konstruktionsarten

2.2.1 Unterschiedlicher Entwicklungsumfang

Unabhängig von dem zu schaffenden Produkt (Bauelement, Baugruppe, Gerät, Maschine, Anlage) lassen sich die Aufgaben bezüglich ihres Neuheitsgrades und auch ihres Umfanges unterscheiden. Das zum Vorgehen bei der Produktentwicklung in der Richtlinie VDI 2222 [VDI-77] angegebene Strukturdiagramm bietet einen guten Ansatz zur Definition der verschiedenen Konstruktionsarten; Bild 2.1.

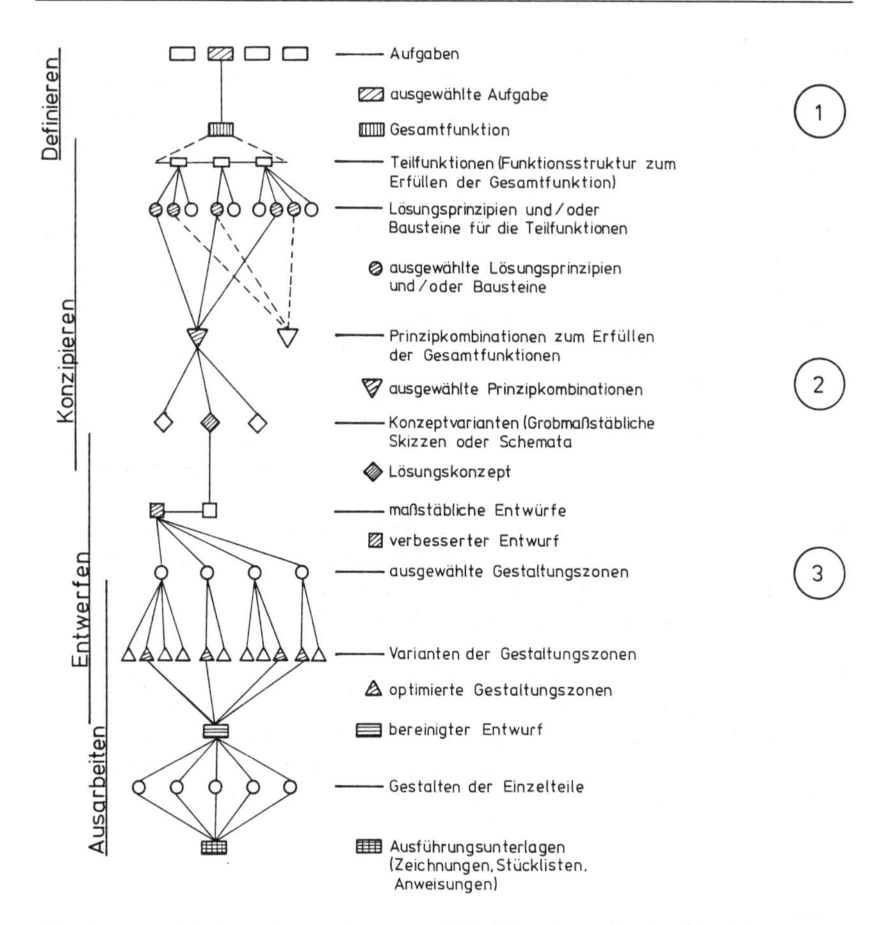

Bild 2.1: Mögliche Darstellung zur Variationstechnik und Kombinatorik bei der systematischen Produktentwicklung [VDI-77]

Eine Aufgabe, die bei ① beginnt (Bild 2.1), wird im allgemeinen als *Neukonstruktion* bezeichnet. Dabei spielt es keine Rolle, ob das zu schaffende Produkt subjektiv (im eigenen Unternehmen) oder objektiv (absolut) neu ist. Immer muß der gesamte Weg von der ausgewählten Aufgabe über die Lösungsprinzipsuche bis zu den endgültigen Ausführungsunterlagen vom Konstrukteur durchlaufen werden. Eine neuartige Lösung einer bereits gelösten Aufgabe oder die Lösung einer sich völlig neu stellenden Aufgabe führt zu *Konstruktionserfindungen*.

Beginnt die Aufgabe erst bei ② (Bild 2.1), ist also das Lösungsprinzip vorgegeben, dann spricht man von einer *Variantenkonstruktion*. Die Variation betrifft dabei lediglich die endgültige — oder bezüglich eines vorhandenen Produkts andersartige — Gestaltung. Hierzu gehören auch bekannte Baustrukturen wie Baukastenkonstruktionen und Baureihenkonstruktionen.

Eine *Baukastenkonstruktion* soll gegenüber speziell entwickelten Einzelmaschinen verwirklichen, daß sich gleiche Bauelemente oder Baugruppen in verschiedenen Maschinenausführungen verwenden lassen (Wiederholteile), und daß an einer Stelle der Maschine je nach Zweck verschiedene Bauelemente oder Baugruppen eingesetzt werden können (Austauschteile) [BOR-61]. Gleiches gilt für Geräte und Anlagen.

Bei *Baureihenkonstruktionen* baut man "ähnliche Maschinen". Zunächst wird eine Maschine mittlerer Größe, der sogenannte Mutterentwurf (Modell), konstruiert und erprobt; danach werden alle Werte auf die übrigen größeren und kleineren Baugrößen mit Hilfe sogenannter Ähnlichkeitsgesetze übertragen. Die abgeleiteten Baugrößen verhalten sich in allen wesentlichen Punkten genau so wie — vom Mutterentwurf ausgehend — mathematisch vorausbestimmt [GER-68, GER-71, GER-77].

Eine *Anpassungskonstruktion* oder *Detailkonstruktion* beginnt etwa bei ③ (Bild 2.1). Bei einer vorgegebenen Maschinenart oder einem Gerätetyp werden lediglich Änderungen an ausgewählten Gestaltungszonen vorgenommen, die entweder weitgehend die gesamte Maschine bzw. das Gerät betreffen (typische *Weiterentwicklung*) oder die nur Einzelteile betreffen (*Weiterentwicklung* von Einzelteilen).

2.2.2 Beispiele für Konstruktionsarten

Im folgenden sind ausgewählte Beispiele aus dem Arbeitsfeld des Verfassers dargestellt, die den unterschiedlichen Entwicklungsumfang veranschaulichen sollen.

Beispiel für Neukonstruktion: Meßgerät zum berührungsfreien Erfassen von Bewegungen an schnellen Mechanismen.

Zur Aufnahme von Weg-Zeit-Diagrammen mechanisch bewegter Teile wird ein Meßgerät entwickelt, das den Bewegungsvorgang berührungsfrei erfaßt, analog als elektrische Spannung anzeigt oder diese weiterzuverarbeiten gestattet [GER-69a]. Bild 2.2 zeigt das Strukturdiagramm, das von einer Dreiteilung der Aufgabe ausgeht. Dabei entspricht das gesamte Meßgerät der Gesamtfunktion (nach VDI 2222) "Überführen eines Weges s(t) in eine Anzeige a(t)", die Baueinheiten Wandler, Elektronik und Anzeige den Teilfunktionen "Wandeln eines Weges s(t) in eine elektrische Spannung u(t) oder einen Strom i(t)", "Aufbereiten des u(t) bzw. i(t) in eine für eine Anzeige geeignete Spannung $u_a(t)$" und "Anzeigen der dem Weg analogen Spannung $u_a(t)$". Lösungsprinzipien für den Wandler (z. B. Ändern einer Kapazität, Ändern eines Lichtstromes, Reflektieren einer Schallwelle), den Elektronikteil (z. B. Meßwertverstärker, Verstärker mit Regeleinrichtung) und die Anzeige (z. B. analoge, digitale Anzeige) führen zur Prinzipkombination für das Meßgerät. Im folgenden sind — nur für ein Wandeln nach dem Lichtstrommodulations-Prinzip — Konzeptvarianten zum Erzeugen eines parallelen Lichtstromes und entsprechende Entwürfe für einen besonders schmal baubaren Meßwertwandler nach dem Prinzip der Totalreflexion herausgearbeitet. Durch Variation ausgewählter Gestaltungszonen ergibt sich die Lösung für die Meßsonde, von der lediglich die vollständige Funktionsgestalt und die wichtigsten Daten der in Serie gebauten Sonde angegeben sind. Ein rohrförmiges Gehäuse mit dem ausgewählten Frontschutz und Verschluß nimmt das Chassis mit dem optoelektronischen Bewegungswandler auf. Lampenstromregler, Meßwertaufbereitung und Energieversorgung sind in der Elektronikeinheit untergebracht.

Beispiele für Variantenkonstruktionen

Wird für bestehende Produkte der Anwendungszweck variiert, so muß zumindest ein Baustein qualitativ (anderes Bauprinzip) geändert werden; das führt zu Baukastenkonstruktionen. Baureihenkonstruktionen entstehen bei quantitativer Änderung von Produktdaten (andere Arbeitsbereiche) unter Beibehalten des qualitativen Prinzips.

Beispiel für Baukastenkonstruktion: Seismisch aufgehängter Bewegungsmesser

Seismische Systeme werden in der Schwingungsmeßtechnik eingesetzt. Die mechanische Anregung — vom Schwingungserreger her — wird auf das Gehäuse übertragen. Ein im Gehäuse zentrisch aufgehängtes schwingungsfähiges Feder-Masse-System bleibt bei gegenüber seiner Eigenfrequenz höherfrequenten Schwingungen praktisch fest im Raum stehen.

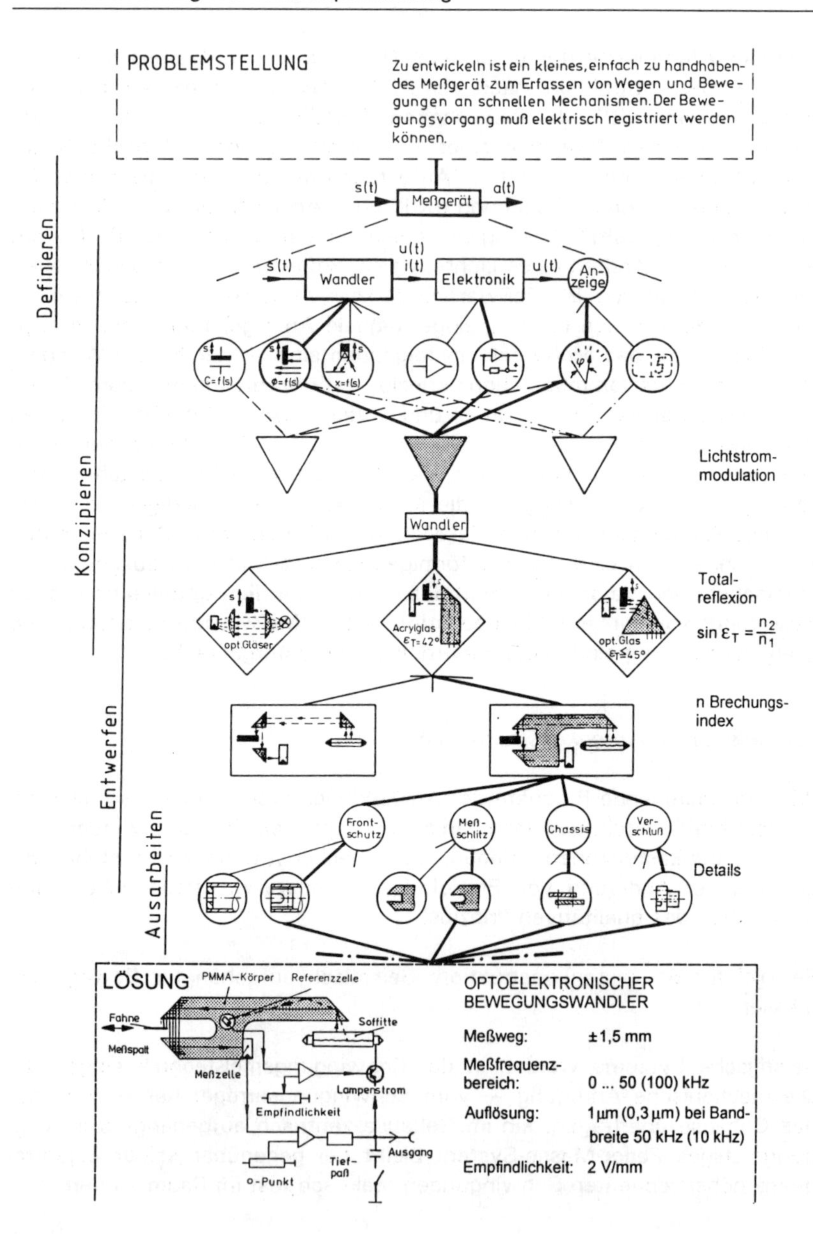

Bild 2.2: Neukonstruktion: Berührungsfreies Messen schneller Bewegungsvorgänge

Für verschiedenste Anwendungsfälle soll ein Baukasten entwickelt werden, der als Zentraleinheit ein Magnetsystem entsprechend Bild 2.3 (oben) enthält. Im Arbeitsluftspalt soll wahlweise eingefügt werden können

- ein Element zur Wegmessung s(t) oder
- ein Element zur Geschwindigkeitsmessung v(t) (vgl. auch Bild 2.5).

Als Aufhängung der Schwingmasse werden hier Kronfedern benutzt; sie sollen wahlweise ausgelegt werden

- für verschiedene Eigenfrequenzen des Systems (verschiedene Rückstellkräfte des Federelements),
- für mehr oder weniger exakte axiale Führungen (vgl. auch Bild 2.5), wie dies in verschiedenen Anwendungsfällen gefordert wird.

Als Teilaufgabe für diesen Gesamtbaukasten ergibt sich u. a. die Problemstellung nach Bild 2.3, wobei Konzeptvarianten für eine Wandlung eines Weges in eine elektrische Größe unter Anwendung des vorhandenen Magnetfeldes im Arbeitsluftspalt (z. B. mit Hallsonde, Feldplatte, Magnetdiode) erarbeitet werden [GER-76].

Für diese z. T. elektrotechnische Aufgabenstellung ergeben sich Entwürfe vorwiegend aus der Lage der Sonde im Magnetfeld und aus der zugehörigen elektrischen Verschaltung. Ausgewählte Gestaltungszonen (Sondenträger, Anordnung bezüglich der Temperaturkompensation, Verbindung) führen zu einem Baustein als Lösung, von dem die elektrische Schaltung und seine technischen Daten angegeben sind.

Beispiel für Baureihenkonstruktion: Schnellanlaufende Gleichstrom-Kleinstmotoren

Als Mutterentwurf bzw. Modell dient ein in seinen Eigenschaften bekannter permanentmagneterregter Gleichstrom-Kleinstmotor mit eisenlosem Läufer entsprechend Bild 2.4 (oben) [GER-77]. Sein dynamisches Verhalten (kurze Hochlaufzeit auf hohe Enddrehzahl) soll auf leistungsstärkere Ausführungen übertragen werden. Unter Anwenden der Ähnlichkeitstheorie ist dies einfachst möglich, wenn der Modellmotor für den Anwendungsfall ausreichend genau mathematisch beschrieben werden kann (Gleichungssystem in Bild 2.4). Das Auslegen der gewünschten Hauptausführungen geschieht hierbei auf rein mathematischem Wege durch Anwenden von Ähnlichkeitsgesetzen unter Beachtung entsprechender Randbedingungen.

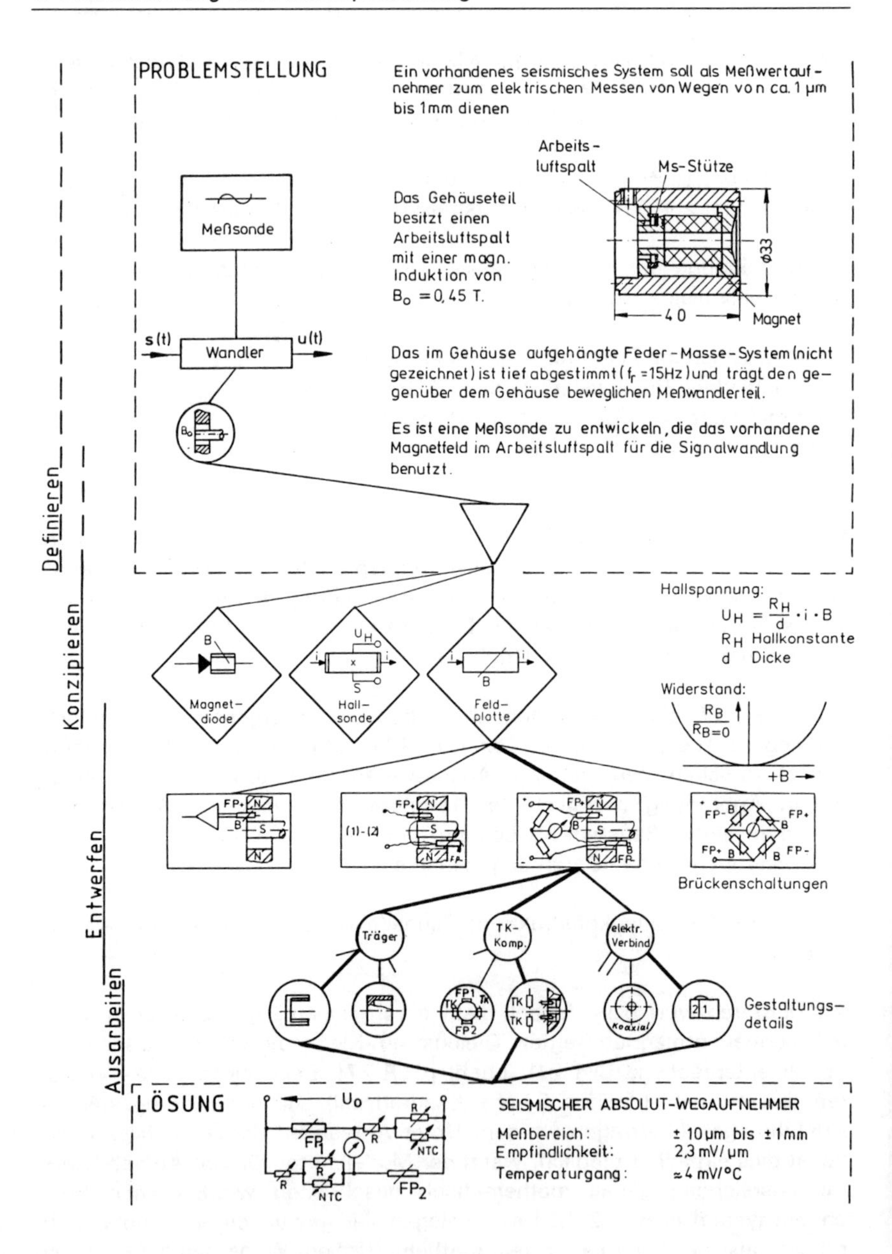

Bild 2.3: Baustein einer Baukastenkonstruktion: Seismisch aufgehängter Bewegungsmesser

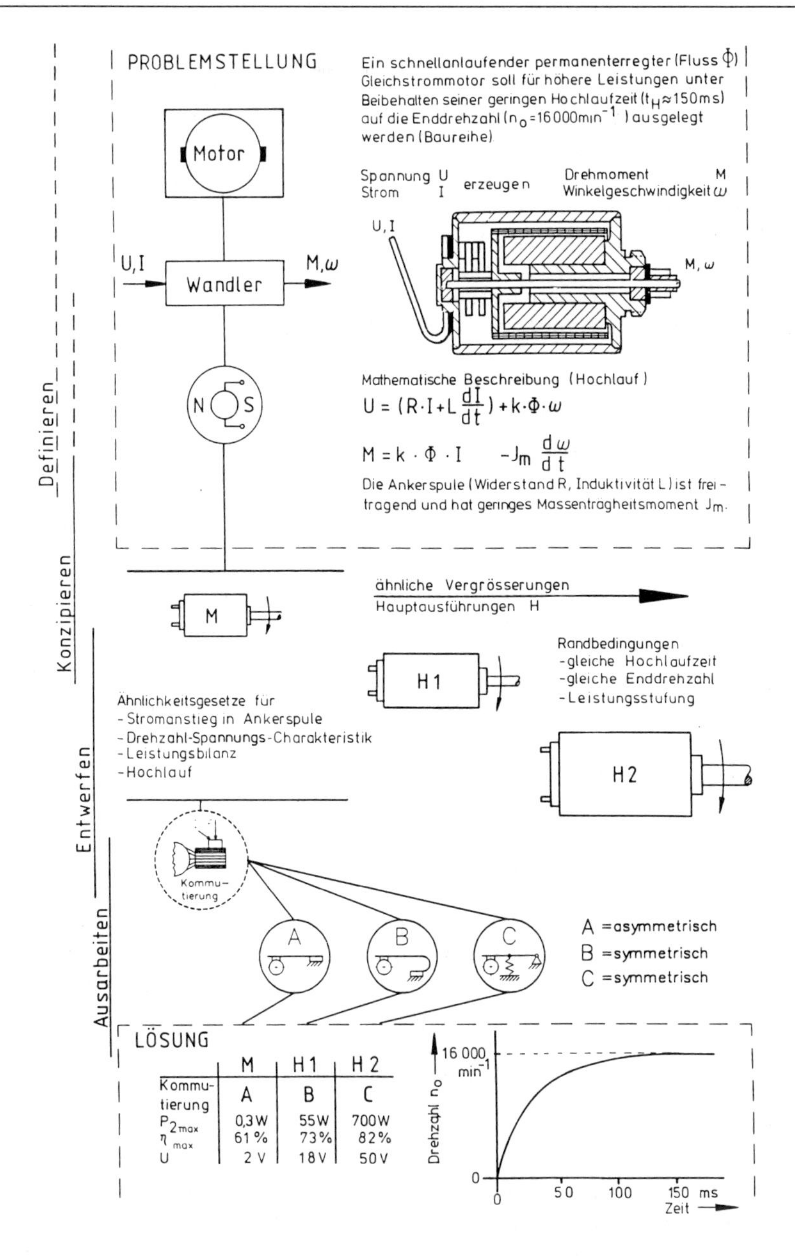

	M	H1	H2
Kommutierung	A	B	C
P_{2max}	0,3 W	55 W	700 W
η_{max}	61 %	73 %	82 %
U	2 V	18 V	50 V

Bild 2.4: Baureihenkonstruktion: Schnellanlaufende Gleichstrom-Kleinstmotoren

Demzufolge versteht man hier unter Konzipieren und Entwerfen die rein mathematische Lösungsbestimmung sowie das Kontrollieren der theoretisch vorbestimmten Daten durch Probeläufe an späteren Baumustern. Da meist die eine oder andere Gestaltungszone nicht mit der Ähnlichkeitstheorie allein bestimmt werden kann – wie dies bei Gleichstrommotoren für die Kommutierung zutrifft –, ist diese entsprechend anzupassen. Die wichtigsten Daten der realen Baureihe (Kommutierungsart, maximale Abgabeleistung $P_{2max.}$, Wirkungsgrad η, Klemmenspannung U, Hochlaufdiagramm) sind als Lösung für die Hauptausführungen H1 und H2 im Vergleich zum Modellmotor M angegeben [GER-69b, GER-71].

Beispiel für Anpassungskonstruktion: Schwingmassenaufhängung für seismischen Schwingungsaufnehmer

Ein in Serie gebauter elektrodynamischer Schwingungsaufnehmer hat sich seit Jahren beim Kunden bewährt. Für einige neuere Anwendungsfälle aber ist seine Führung für die Schwingmasse nicht ausreichend, Bild 2.5. Die benutzte Kronfeder (Lösung I) hat linksdrehend und rechtsdrehend verschiedene Rückstellmomente, was im Einsatz zum Taumeln des Feder-Masse-Systems führt, da die Feder sowohl Rückstellkraft als auch Führung zugleich ist. Der Schwingungsaufnehmer, insbesondere die Schwingmassenaufhängung, muß an die neuen Anforderungen angepaßt werden. Es gilt, für die Feder neue Gestaltungsvariationen zu suchen, die einen symmetrischen Aufbau zeigen, wie es die Lösung II darstellt [GER-76].

2.2.3 Formen von Aufgabenstellungen

Aufgabenstellungen werden als Kundenwunsch an Herstellerfirmen herangetragen oder stammen aus dem Unternehmen selbst bzw. von Produktplanungsteams; sie müssen stets für bestimmte Produkte und für bestimmte Märkte (Einzelkunde, anonymer Markt) präzisiert werden.

Eine Aufgabe kann mehr oder weniger präzise gestellt sein.

1. Extremfall:

Die Aufgabe ist äußerst kurz und allgemein gefaßt. Der Chef sagt: „Wir brauchen unbedingt mal so ein ... ! Machen Sie mal!“

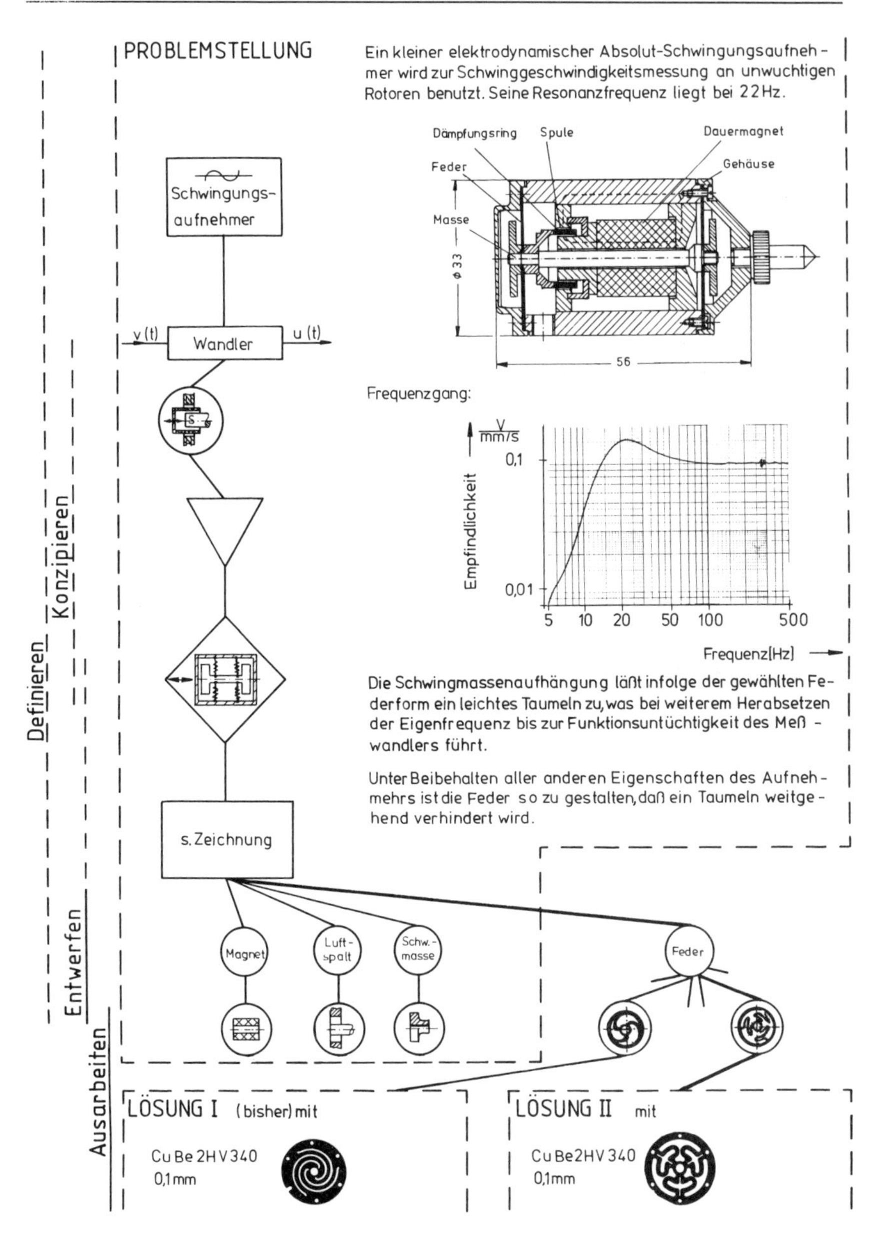

Bild 2.5: Anpassungskonstruktion: Schwingmassenaufhängung für seismischen Schwingungsaufnehmer

Zur Klärung und Präzisierung einer so knapp formulierten Aufgabe sind viele Rücksprachen notwendig.

2. Extremfall:

Die Aufgabenstellung ist in allen Einzelheiten fixiert. Die einzelnen Spezifikationen (Restriktionen) sind als Anforderungen im Pflichtenheft (Lastenheft, Anforderungsliste) zusammengestellt, so z. B. bei Aufträgen von Behörden, Aufträgen an Unterlieferanten. Ist ein solches Pflichtenheft zwischen Fachleuten von Auftraggeber und Auftragnehmer ausgehandelt oder von einem entsprechenden unternehmensinternen Team (Geschäftsleitung, Vertrieb, Entwicklung/Konstruktion/Design, Fertigung) aufgestellt, so bleibt dem einzelnen Konstrukteur im allgemeinen wenig zu ergänzen und dementsprechend auch wenig Entscheidungsspielraum bei der Lösungsfindung.

Eine Aufgabenstellung in Form eines Entwicklungsauftrages sollte die wichtigsten Orientierungsdaten enthalten, wie (vgl. auch Richtlinie VDI 2222)

- Beschreibung des zu entwickelnden Produkts nach Art und Zielvorstellung,
- Grundlegende technische Anforderungen,
- Wirtschaftliche Anforderungen wie zulässige Herstellkosten, zu erwartende Stückzahl, eventuelle Betriebskosten,
- Zulässiger Entwicklungsaufwand,
- Zeitplan.

Die Wirksamkeit des konstruktiven Arbeitens beginnt bei der Klarheit in der Formulierung einer Aufgabe. Die Angabe der technischen Zielsetzung sowie grundlegender Preisüberlegungen sind dafür prinzipielle Voraussetzungen, unabhängig von der Konstruktionsart.

2.3 Erst präzisieren, dann konstruieren

2.3.1 Wettbewerbsorientierte Marktanforderungen

Die formulierte ausgewählte Aufgabe enthält in den meisten Fällen nicht alle zur Bearbeitung des Problems notwendigen Informationen. Im Gesamtablauf des produktbezogenen technischen Problemlösungsprozesses nimmt deshalb die Problempräzisierung eine grundlegende Stellung ein. Sie erfolgt in der Definitionsphase zeitlich vor eventuellen Überlegungen zur Problemlösung und bezieht sich auf

- das Zusammentragen von Zweck und Eigenschaften des zu schaffenden Produkts (Forderungen und Wünsche) und
- das Herausarbeiten des Problemkerns. Dieser ist als reine Abstraktion Ausgangspunkt für alle Lösungsalternativen.

Damit sind — ausgehend von der Problemstellung — zwei parallele Wege zu verfolgen, die getrennt gegangen werden sollen (Bild 2.6):

- Einarbeiten von Forderungen und Wünschen in ein Pflichtenheft, ohne an irgendwelche Lösungen zu denken, da sonst Lösungsideen bzw. bekannte Lösungen "präzisiert" werden und nicht das Problem.

- Erarbeiten des Problemkerns mit Hilfe abstrahierender Verfahren, ohne anhand einzelner Anforderungen eine Vorbewertung vorzunehmen.

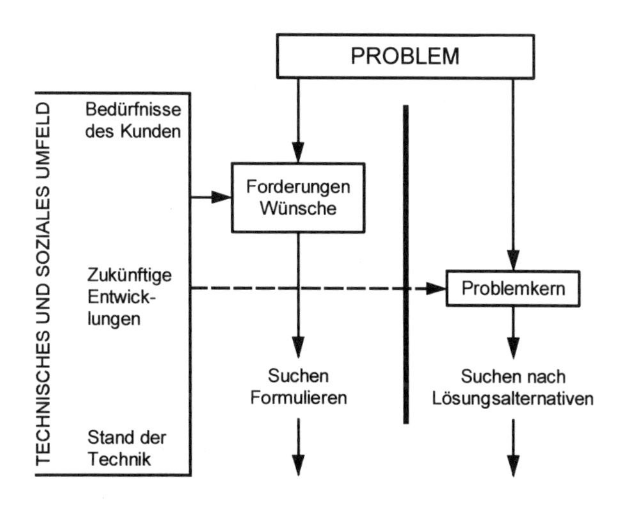

Bild 2.6: Teilaufgaben der Problempräzisierung

Produkte werden im allgemeinen für bestimmte Marktsegmente entwickelt und entsprechend definiert. Die Bedürfnisse des Kunden resultieren aus dessen Umfeld; Alter, Geschlecht, Nationalität, soziale Herkunft, Bildungsgrad, gesellschaftliche und politische Umgebung sowie Religion charakterisieren ihn. Für Großserien- und Massenprodukte hat man eine Kundentypologie geschaffen, die die Individualität der Kunden in einer Massengesellschaft erfaßt und abbildet [HÖR-66, WIS-72]. Unterschiedliche Gefallensurteile müssen auch zu unterschiedlichen Produktvarianten führen.

Nicht nur der Kunde, sondern auch die vom Unternehmen verfolgte Marktstrategie hat entscheidenden Einfluß auf die Anforderungen an ein Produkt. Aussagen zur Zuverlässigkeit, Verfügbarkeit und Instandhaltung der zu entwickelnden Produkte bestimmen direkt oder indirekt die Umsätze beim Erst- oder Ersatzprodukt, bei Wartung oder Dienstleistung.

Immer muß sich der Konstrukteur — zunehmend verstärkt — mit dem Marketing abstimmen, denn die richtige Formulierung der Marktanforderungen werden den Erfolg eines Produktes am Markt bestimmen. Ein entsprechendes wettbewerbsorientiertes Entwickeln und Konstruieren hat ein schöpferisches, kreatives Erarbeiten von Produkten zum Ziel, die dem Wettbewerbsprodukt überlegen sind. Dies bedeutet gegenüber einer rein technisch-wirtschaftlichen Produktoptimierung eine ständige, iterative, optimierende Wechselbeziehung zwischen Wettbewerb, Technologie und Konstruktion [MAY-84], Bild 2.7.

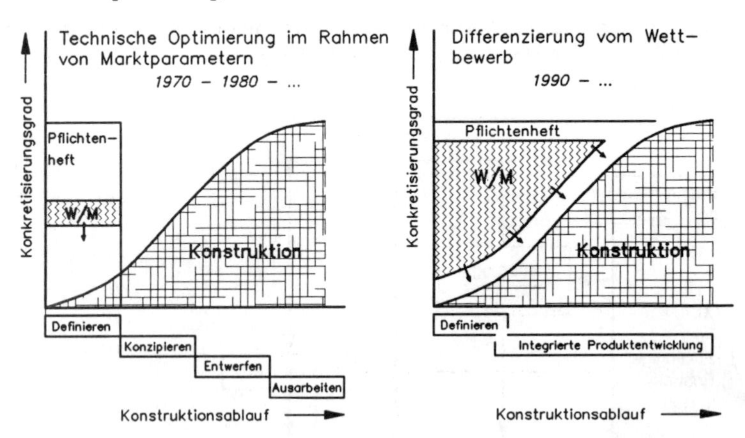

Bild 2.7: Unterschiedliche Ausprägungen wettbewerbsinduzierter Anforderungen

W/M Wettbewerb/Markt; → Einfluß von Markt und Wettbewerb

2.3.2 Informationsbedarf des Konstrukteurs

Der Konstrukteur hat prinzipiell Bedarf an

- laufenden Informationen wie z. B. Firmenschriften, Zeitschriften, Büchern, um wenigstens glauben zu können, er sei auf dem Stand der Technik, und
- retrospektiven, also einmaligen, gezielten, spezifischen Informationen zu Beginn und während der Bearbeitung eines anstehenden Projekts.

Je nach Berufsgruppe, Ausbildung und Institutionszugehörigkeit stellt der Problembearbeiter Forderungen an die Qualität der Informationen hinsichtlich Aktualität, Vollständigkeit, Ballastfreiheit, Preiswürdigkeit und Schnelligkeit ihrer Beschaffung. Außerdem sollten die Informationen in der "Sprache des Konstrukteurs", also als Zeichnungen, Diagramme, Bilder und Daten in deutsch oder zumindest in englisch zur Verfügung stehen.

Auf dem Gebiet der Naturwissenschaft und Technik erscheinen jährlich mehrere Millionen Fachbeiträge und darüber hinaus insbesondere in den Industrienationen einige hunderttausend Patente, zusätzlich Bücher, Berichte, Firmenschriften und ähnliche Druckwerke. Allein die Zahl der wissenschaftlichen Zeitschriften nimmt — nach einer Studie der Organisation für wirtschaftliche Zusammenarbeit und Entwicklung (OECD) [OEC-73] — seit dem 17. Jahrhundert etwa logarithmisch über der Zeit zu. Diese Informationsflut ist bedingt durch die Zunahme der Wissenschaftler in Forschung und Entwicklung (95 % aller Wissenschaftler, die jemals auf Erden lebten, leben jetzt), durch die Spezialisierung der Wissenschaft und Technik und durch die Schrumpfung der einzelnen Entwicklungszeiträume bis zur industriellen Nutzung. Es ist heute praktisch dem Ingenieur nicht mehr möglich, sich allein durch Verarbeiten von laufenden Informationen auf dem neuesten Erkenntnisstand seines Fachgebiets zu halten. Er ist deshalb für die Lösung eines anstehenden Problems auf eine schnelle, aktuelle und umfassende Informationsbeschaffung angewiesen. Nur die Kenntnis des gegenwärtigen wissenschaftlich-technischen Standes sowie der wirtschaftlich begrenzten, subjektiven soziogenetischen und der technologischen Bedürfnisse des Kunden ermöglichen letztlich eine weitgehend optimale Lösung.

2.3.3 Informationsquellen für den Konstrukteur

Zwischen dem Unternehmen und seiner Umwelt besteht eine ständige Wechselwirkung. Der Konstrukteur benötigt daher sowohl unternehmensinterne als auch unternehmensexterne Informationen. Der Anteil unternehmensexterner Informationen ist während der Produktplanung und Problempräzisierung besonders hoch. Mit zunehmender Konkretisierung des Produkts überwiegen immer mehr unternehmensinterne Informationen.

Prinzipiell lassen sich bezüglich der Reaktion auf den Bearbeiter zwei Arten von Informationsquellen unterscheiden:

- Gedruckte Informationen aus einer passiv reagierenden Umwelt und
- Informationen durch Kommunikation mit einer aktiv reagierenden Umwelt.

Gedruckte Informationen sind einfach vorhanden, sie antworten ohne eigene Entscheidungskraft auf eine Anfrage des Bearbeiters. Es sind

- als Primärliteratur:
  Fachliteratur, Forschungsberichte, Tagungsberichte, Reports, Richtlinien, Normen, Firmenschriften, Fach- und Handbücher, Hochschulschriften (Diplomarbeiten, Dissertationen, Habilitationen), Schutzrechtsschriften (Patente, Gebrauchs- und Geschmacksmuster), Werbeschriften, Datenbücher, Korrespondenzen.

- als Sekundärliteratur:
  Dokumentationskarteien, Referatedienste, Fachbibliografien, Magnetband- und Laser-Disk-Dienste (Bildträger, Tonträger), CD-ROM-Datenbanken, Online-Dienste.

Dazu kommen solche Quellen, die nicht zum Zwecke der Information erstellt wurden.

Informationen durch Kommunikation entstehen durch Gespräche des Bearbeiters mit seinen Mitmenschen. Diese Informationsbeschaffung ist in starkem Maße von den Eigenschaften des Bearbeiters und von der Bereitschaft des Angesprochenen zum Informationsaustausch abhängig. Eine solche aktive Umwelt reagiert mit eigener Entscheidungskraft [WÄC-70].

Solche Quellen sind

- als allgemeine Gesprächspartner:
  Mitarbeiter, Kollegen, potentielle Anwender des Produkts, Kunden, Vorgesetzte, Kollegen anläßlich von Messen und Tagungen, aber auch Freunde und Bekannte, die als Nichtbetroffene bzw. Fachfremde durch Erfahrung und Allgemeinwissen nicht unwesentlich zur Informationsgewinnung beitragen können.

- als Partner über Rechnernetze:
  Mitarbeiter/Ingenieure in Billiglohnländern, Know-How-Träger an unterschiedlichen Orten z. B. infolge Ferndiagnose von Geräten, Systemen und Anlagen, Forscher und Erfinder.

- als Spezialisten im Hause:
  Mitarbeiter von Versuchswerkstatt, Labor und Normenstelle, von Projektierung, Einkauf und Vertrieb, von Arbeitsvorbereitung (Fertigungssteuerung), Fertigung und Qualitätssicherung sowie insbesondere von Kalkulation und Controlling.

Einerseits ist ein Großteil der Anforderungen an das zu schaffende Produkt obligatorisch, sofern eine eventuelle Produktanalyse von Konkurrenzfabrikaten und eigenen Vorgängertypen sowie das Studium von Schriften eigenschaftsorientiert durchgeführt wird, andererseits liefert der Stand der Technik oft auch bereits realisierte Lösungen. Hier tritt für den Konstrukteur die Gefahr des Nachempfindens und des "Verschlimmbesserns" auf. Es ist empfehlenswert, für die Lösungssuche eine Konstruktionsmethode anzuwenden und eine vorhandene Lösung als eine Lösung von vielen einzuordnen (vgl. auch Kap. 4 und Kap. 6).

2.3.4 Informationsbeschaffung durch Recherchen

Art und Umfang von Recherchen zur retrospektiven, aber schnellen Beschaffung von Informationen hängen stark von Art und Aufbau der gewählten Informationsquellen ab. Den Datenbanken kommt dabei ein hoher Stellenwert zu, der sich in Zukunft vor allem durch das Internet und dessen Dienste noch weiter verstärken wird. Bild 2.8 gibt eine prinzipielle Übersicht über mögliche Wege bei der Informationsbeschaffung. Dabei ist stets zu bedenken, daß Fachbücher, sofern sie nicht naturwissenschaftliche, technische oder methodische Grundlagen enthalten, schon zu ihrem Erscheinungstermin teilweise veraltet sein können. Zeitschriften, als bis vor wenigen Jahren noch schnellste Art der Informationspublizierung, werden zunehmend von Online-Informationsdiensten abgelöst, über die neueste Forschungsergebnisse verbreitet werden.

Eigene Handkartei

Das Führen einer eigenen Kartei bedingt, daß man nationale und internationale Zeitschriftenverzeichnisse aus Universitäts-, Stadt- und Landesbibliotheken studieren, relevante Fachzeitschriften selektieren, Fachbeiträge analysieren und gegebenenfalls kopieren, oder spezifische Fachzeitschriften bei Verlagen abonnieren muß. Der Konstrukteur kennt seine Kartei, er findet seine abgespeicherten Informationen schnell und unmittelbar dann, wenn er sie benötigt. Solche Handkarteien sind zwangsläufig unvollständig, und ihre Pflege und Verwaltung kostet relativ viel Zeit. Trotzdem kann für Spezialgebiete eine eigene Handkartei unumgänglich sein.

Unternehmensinterne Dokumentationsstelle

Wenn ein Unternehmen eine interne Dokumentationsstelle errichtet hat, so bietet dies dem Konstrukteur den Vorteil einer relativen Vollständigkeit der erfaßten Literatur. In einem zentralen Speicher hat er auch Zugriff zu den Informationen seiner Kollegen bei einheitlicher Fachgebietsordnung. Mit der Verwaltung und Pflege des Informationsspeichers ist der Einzelne nicht mehr belastet. Vorteile bieten zudem Unternehmen, die ein Qualitätsmanagementsystem nach der Normenreihe DIN ISO 9000 ff eingeführt haben und praktizieren. Solche Unternehmen verfügen über Abteilungen, die sich mit der Bereitstellung, Lenkung und vor allem Aktualisierung unternehmensinterner — teils allgemeiner, teils produktspezifischer — Informationsdokumentationen befassen.

Überregionale Informations- und Dokumentationsstellen

Die verschiedenen Informations- und Dokumentationsstellen (IuD-Stellen) sind in Größe, Personal, Zielsetzung, Informationsleistung und Benutzerkreis sehr unterschiedlich. Von verschiedenen IuD-Stellen werden neben retrospektiven Recherchen vor allem auch individuelle Profildienste, Standard-Profildienste, Magnetbanddienste, CD-ROMs und Dialogteilnehmerdienste angeboten [REI-76]. Einzelheiten über Aufbau, Prinzip und Einsatz von Informationssystemen finden sich in der Richtlinie VDI 2211 [VDI-73].

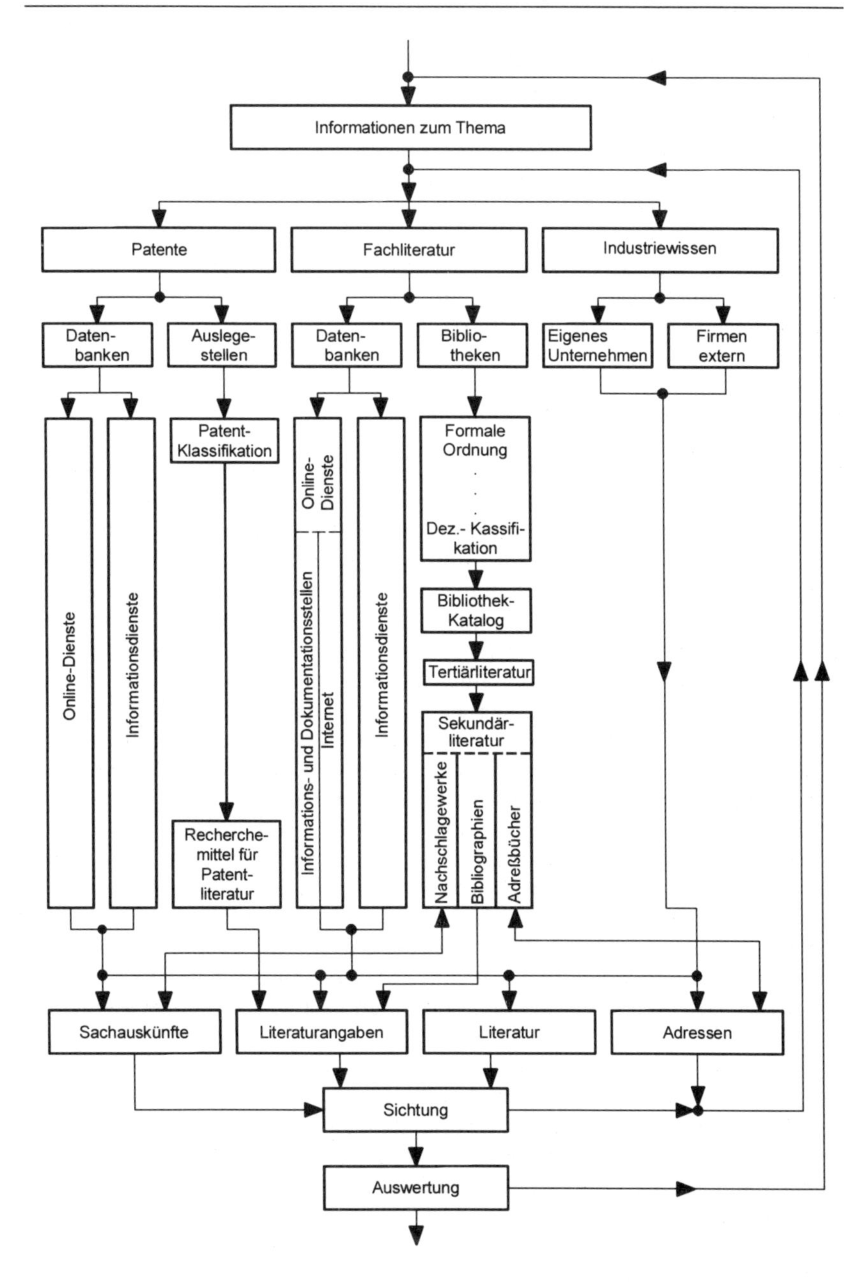

Bild 2.8: Wege zur Information

Das Deutsche und das Europäische Patentamt in München unterhalten Patentdatenbanken mit Online-Zugriff. Im Bereich der Forschung und Entwicklung bietet das Bundesministerium für Bildung, Wissenschaft, Forschung und Technologie (BMBF) in Zusammenarbeit mit den für die einzelnen Forschungsförderungsprogramme zuständigen Projektträgergesellschaften bzw. -vereinen Informationen in Form von Berichten, Veröffentlichungen und Übersichten über den aktuellen Stand der Forschung an. Ähnliches gilt für die Referateorgane von Zentralverbänden und Vereinen wie z. B. Zentralstelle Dokumentation Elektrotechnik (ZDE) und Dokumentationsstelle Maschinenbau (DOMA).

Multimediale Informationsstellen

Seit 1993 kann sich der Konstrukteur immer größer werdende Informations- und Dokumentationsangebote "online" via Computer zu jeder beliebigen Zeit direkt an seinen Arbeitsplatz holen; Voraussetzung ist ein einfacher Internet-Anschluß, um auf Informationen z. B. in dem wohl größten internationalen Informationssystem, dem World-Wide-Web, zugreifen zu können. Hier werden von Unternehmen nicht nur Produktinformationen und technische Daten angeboten, sondern hier offerieren auch Hochschulen ihre Forschungsergebnisse, Studien- und Diplomarbeiten sowie Dissertationen und Habilitationen. Die Form aller angebotenen Informationen reicht von der Textdarstellung über Grafiken, Tabellen, Diagramme und hochauflösende Farbbilder bis hin zu Videosequenzen, 3D-Animationen und Tondokumenten. In diesem virtuellen Informationsspeicher werden zunehmend Suchhilfen wie z. B. die sogenannten Suchmaschinen ALTAVISTA, LYCOS oder WEBCRAWLER angeboten. Hingewiesen sei auch auf die Möglichkeit, neben dem Austausch von Nachrichten als elektronischer Post (E-Mails) sich in sogenannte "News-Groups" einzuschreiben, um schnell und selektiv an, von den "Informationsgebenden" als "Fachinformationen" verstandene, Unterlagen zu kommen; Themen können hier bequem vom Arbeitsplatz aus mit der weltweit verstreuten Fachwelt diskutiert werden.

Das Durchführen von Literaturrecherchen im Internet ist besonders effektiv, da die meisten — zumindest bundesdeutschen — Hochschulbibliotheken Suchseiten im World-Wide-Web für Bücher und Zeitschriften anbieten und z. T. sogar die Fernleihe über das Netz ermöglichen. Der Konstrukteur selbst kann so die gewünschte Literatur schnell lokalisieren, eingrenzen und auswählen.

Einmal gewonnene Informationen sind druck- und archivierbar und können so in die eigene Handkartei übernommen werden. Die Zukunft dieses globalen Datennetzes wird von neuen Technologien und neuen Daten-Pipelines im Multimediabereich gekennzeichnet sein.

2.4 Anforderungsliste und Pflichtenheft

2.4.1 Planungs- und Anforderungsdaten

Die Anforderungsliste mit ihrer Menge A von Anforderungen ist der Teil eines "Pflichtenheftes", der das zu schaffende Produkt so beschreibt, wie es einmal werden soll. Für die Abwicklung des Problemlösungsvorgangs ist zusätzlich eine Menge von Planungsdaten notwendig. Diese organisatorischen (P_i, Z_i und K_i in Bild 2.9) und rechtlichen (R_i in Bild 2.9) Aussagen bleiben selbstverständlich für die Bewertung sowohl des Produkts als auch von zwischenzeitlichen Konstruktionsergebnissen, wie z. B. Prinzip, Konzept oder Entwurf, ohne Bedeutung. Den so festgelegten Inhalt eines Pflichtenheftes, wie er sich aus Planungsdaten und Anforderungsdaten ergibt, zeigt Bild 2.9

Die Anforderungsliste ist das betriebsinterne Verzeichnis aller Forderungen und Wünsche an ein zu entwickelndes Produkt in der Sprache der jeweiligen Unternehmung oder Entwicklungsabteilung. Sie begleitet als dynamischer, während des Problemlösungsablaufs stets ergänzter Eigenschaftenkatalog die Produktentstehung bis hin zur Serienreife. Es empfiehlt sich, die in der Anforderungsliste dokumentierte Aufgabenpräzisierung unter Mithilfe aller Betroffenen (Entwickler/Konstrukteur, Fertigungsfachmann, Kalkulator, Verkäufer, Kunde ...) zu erarbeiten. Nicht zuletzt wird damit auch der Auftraggeber zu einer klaren Stellungnahme gezwungen.

2.4.2 Kriteriengruppen in der Anforderungsliste

Soll die Anforderungsliste als vorbereitende Grundlage für die später zu treffenden Entscheidungen dienen, so müßte diese frühzeitig möglichst umfassend und komplett sein. Vollständig wird dies nie gelingen können, da Ergänzungen und Korrekturen im Laufe der Problembearbeitung immer notwendig werden. Ein wahlloses Aufzählen von Anforderungen, so wie sie dem Bearbeiter gerade einfallen, wird nur in den seltensten Fällen zu einer zufriedenstellenden Anforderungsliste führen.

Firma	Pflichtenheft (=1.+2.)	....
1. PLANUNGSDATEN-LISTE		
Ziel (Perspektive)	P_1 Zielvorstellung (produktbezogen) P_2 Benennung (Zusatz oder Ergänzung zu ...) P_3 Entwicklungsart (Neuentwicklung, Weiterentwicklung, Variantenkonstruktion ...) P_4 Auftraggeber	
Zeit	Z_1 Terminvorstellung des Auftraggebers; Lieferzeiten Z_2 Terminlaufplan (Balkenplan, Netzplan) Z_3 Literaturbeschaffung Z_4 Stand der Technik / mathematische und technische Grundlagen	
Kapazität und Kosten	K_1 Bearbeiter/Team/Abteilung K_2 Kapazitätzplanungsverfahren K_3 Kostenplanung (für Entwicklung, Konstruktion, ...) K_4 Verantwortlichkeit	
Rechtliche Fragen	R_1 Schutzrechte (Gebrauchsmuster, Patente, ...) R_2 Allgemeine Vorschriften (DIN, VDE, DNA ...) R_3 Vorschriften der Verbraucher und Behörden (TÜV, Lloyd, Veritas ...)	
sonstiges	.. ...	
2. ANFORDERUNGSDATEN-LISTE		
Physikalisch-technische Funktion	F_1 *Quantität* . . . . F_m *Qualität*	
Technologie (Herstellbarkeit)	T_1 *Fertigung* . . . . T_n *Montage*	siehe CHECKLISTE
Wirtschaftlichkeit (Kosten)	W_1 *Herstellkosten* . . . . W_s *Beseitigungskosten*	
Mensch-/Umwelt-Produkt-Beziehung	M_1 *Design/Ergonomie* . . . . M_t *Recycling*	

Bild 2.9: Inhalt eines Pflichtenheftes

Geht man von dem zu entwickelnden Produkt aus, so muß dieses stets

- funktionieren,
- herstellbar sein,
- wirtschaftlich sein sowie
- menschen- und umweltgerecht sein.

Daraus resultieren folgende Gruppen von Anforderungen an eine Konstruktion:

- Anforderungen an die physikalisch-technische Funktion (F_i),
- Anforderungen an die Technologie (Herstellbarkeit) (T_i),
- Anforderungen an die Wirtschaftlichkeit (Kosten) (W_i) und
- Anforderungen an die Mensch-Produkt-Beziehungen (M_i).

Diese vier Hauptgruppen bilden in ihrer Summe stets die Gesamtheit aller Anforderungen. In mengentheoretischer Schreibweise ist diese Gesamtheit der Anforderungen die Vereinigungsmenge A aus der Menge der Funktionsanforderungen F, der Technologieanforderungen T, der Wirtschaftlichkeitsanforderungen W und der Mensch-Produkt-Beziehungen M inklusive der Umwelt- und Recyclingproblematik:

$$A = F \cup T \cup W \cup M.$$

Dabei haben diese Mengen die Elemente (Einzelanforderungen)

$$F = \{F_1, F_2, F_3 \ldots F_i \ldots F_m\},$$

$$T = \{T_1, T_2, T_3 \ldots T_i \ldots T_n\},$$

$$W = \{W_1, W_2, W_3 \ldots W_i \ldots W_s\},$$

$$M = \{M_1, M_2, M_3 \ldots M_i \ldots M_t\},$$

und damit

$$A = \{F_1, F_2 \ldots F_m; T_1, T_2 \ldots T_n; W_1, W_2 \ldots W_s; M_1, M_2, \ldots M_t\}.$$

Diese vier Grundmengen F, T, W und M sind endlich, aber i. a. nicht gleichmächtig, d. h. die Anzahl ihrer Elemente ist verschieden. Die technisch-physikalischen (funktionalen), die technologischen und die kostenbestimmenden Anforderungen sind im allgemeinen *objektiv* meßbare, wertbestimmende Eigenschaften des Produkts; die marktbezogenen und aus den Mensch-Produkt-Beziehungen folgenden dagegen beinhalten zum großen

Teil *subjektive* oder nicht exakt meßbare, statistische Wahrscheinlichkeitsurteile, auch wenn z. B. in der Ergonomie an der Festlegung statistischer Mittelwerte als Normen gearbeitet wird.

2.4.3 Aufbau und Gliederung

Soll die Anforderungsliste als vorbereitende Grundlage für die später zu treffenden Entscheidungen bei der Lösungsauswahl dienen, so müssen bei den Anforderungen drei Stufen der Wichtigkeit unterschieden werden:

Duale Ja/Nein-Forderungen (J/N):

Solche Anforderungen an das zu entwickelnde Produkt müssen unter allen Umständen erfüllt werden. (Beispiel "Berührungsfrei arbeitender Bewegungsmesser": Entweder ein betrachtetes Meßprinzip arbeitet praktisch berührungslos oder nicht.)

Als Kriterien tragen diese Ja/Nein-Forderungen zum Ausscheiden von Lösungsalternativen bereits vor der Anwendung eines Bewertungsverfahrens bei.

Tolerierte Forderungen (F):

Solche Anforderungen enthalten klare Sollwertangaben und die noch akzeptablen Toleranzbereiche. Sie sind durch drei Wertdaten angebbar: Mindesterfüllung, Sollwert, Idealerfüllung. (Beispiel "Auflösungsgrenze für Bewegungsmesser": Sollwert (Nennwert) 1 μm; mindestens 1,5 μm; ideal wäre 0,1 μm.)

Bei einer späteren Bewertung stellen diese Forderungen die Kriterien dar, die — wenn vielleicht auch mit unterschiedlichem Gewicht — die "Vergleichsdaten" für die Eigenschaften von Lösungsalternativen beim Bestimmen des Erfüllungsgrades liefern. Der Bereich zwischen Sollwert und Mindesterfüllung gibt an, wo das Ergebnis schlechter wird; die Grenze des "Noch-Tragbaren" ist durch Angabe der Mindesterfüllung eindeutig festgelegt (mindestens muß ... erreicht werden). Ein Erfüllungsgrad im Bereich zwischen Sollwert und Idealerfüllung trägt zur Verbesserung des Ergebnisses bei. Die Grenze ist die noch machbare Idealerfüllung (es wäre ideal, wenn ...). Solche Angaben sind nicht nur für quantitativ erfaßbare

Forderungen möglich, sondern auch für nur verbal formulierbare, aber in der Praxis wichtige Forderungen. Zu ihrer Verarbeitung als Bewertungskriterien ist stets ein Bewertungsverfahren notwendig.

Die in der Richtlinie VDI 2222 [VDI-77] definierten Mindestanforderungen, die nach der günstigen Seite über- oder unterschritten werden dürfen, entsprechen der Mindesterfüllung.

Wünsche (W):

Wünsche sollen nach Möglichkeit berücksichtigt werden. Ihre Nichterfüllung darf den Wert einer Konstruktion (Problemlösung) nicht schmälern, ihre Erfüllung jedoch den Wert erhöhen. (Beispiel "Elektronik für Bewegungsmesser": Schaltungselemente möglichst nur auf einer einzigen Printplatte unterbringen; Platzprobleme bestehen nicht.)

Bei einer späteren Bewertung von aufgefundenen Lösungsalternativen dürfen Wünsche auf keinen Fall mit Tolerierten Forderungen gemischt als Kriterien benutzt werden. Allerdings ist bei der Definition von Wünschen stets zu beachten, daß eine Anforderung nur im Einzelfall entweder als Wunsch oder als Forderung bezeichnet werden kann. Es gibt prinzipiell keine "generellen Wünsche" (Beispiel: „Es wäre schön, wenn die Kanten des Gehäuses (z. B. aus Guß) abgerundet wären" ist ein Wunsch. „Bei uns sind alle Kanten abgerundet (Firmenimage)" ist eine Forderung, hier sogar eine Ja/Nein-Forderung). Generell können Wünsche auch mit einem Sollwert und einer Toleranz angegeben werden.

Darüber hinaus findet sich in einem Pflichtenheft oft noch die Angabe von *Zielen*, oft auch Zusatzziele genannt [HAN-65, VDI-77, STA-76]. Dies sind Anforderungen, die im Rahmen einer Gesamtentwicklung angestrebt werden, aber nicht unbedingt mit der vorliegenden Problemstellung erreicht werden müssen. Sie sind nur dann zu berücksichtigen, wenn dadurch keine Zusatzkosten verursacht werden; sie haben somit für eine spätere Bewertung den Charakter von Wünschen.

Da man sich beim Aufstellen und Formulieren der einzelnen Anforderungen mit ihrem Inhalt sehr intensiv beschäftigt, fällt es im allgemeinen nicht schwer, schon in der Anforderungsliste ihre Konstruktionsphasenzugehörigkeit anzugeben. Dabei spielt die Phase die Hauptrolle, während der die entsprechende Anforderung zum ersten Mal zum Tragen kommt oder kommen kann. Diese Angaben müssen sich somit beziehen auf das physikalische Prinzip (P), das an die Aufgabenstellung angepaßte Konzept (K), den

Entwurf (E) oder die Ausarbeitung (Detaillierung) (A). Eine solche Zuordnung erleichtert das Herausfiltern relevanter Kriterien bei einer späteren Lösungsbewertung.

Die Anforderungsliste ist *das* Kommunikationsmittel im Unternehmen. Die Aufgabenklärung ist nach EHRLENSPIEL [EHR-85] „die zentrale Zeugungsphase". Selbstverständlich ist der innere Aufbau einer Anforderungsliste sowohl unternehmens- als auch produktabhängig. Sie wird bei einem Unternehmen, das Einzelstücke herstellt, oder in Unternehmen, in denen die Projektierungsabteilung nach Analyse der vom Kunden vorgegebenen Projektbeschreibung ein Pflichtenheft erstellt, das über Aufbauprinzip und Vorkalkulation zu einem Angebot führt, völlig anders aussehen als in solchen Unternehmen, die große Stückzahlen neuer oder neuartiger Produkte für einen anonymen Markt planen und definieren müssen.

Sowohl als Denkansatz als auch beispielhaft zeigt Bild 2.10 — unter Berücksichtigung der organisatorischen Daten und der Möglichkeit zu Änderungen während des Problemlösungsprozesses — einen möglichen inneren Aufbau einer Anforderungsliste.

2.4.4 Anforderungs-Checkliste und Rechnereinsatz

Zum Erarbeiten der problembezogenen Anforderungen erweist sich eine Art Checkliste als vorteilhaft, die überschaubar viele mögliche Forderungen und Wünsche enthält. So gibt HANSEN in seinem Buch „Konstruktionssystematik" [HAN-65] Richtlinien für die Präzisierung einer Aufgabenstellung in Form eines Leitblattes. Von KESSELRING [KES-51] stammt die wohl sorgfältigste Zusammenstellung möglicher Anforderungen ("Gebrauchswerte"), welche fast die Zahl 800 erreichen. Die Richtlinie VDI 2222 [VDI-77] über das Konzipieren technischer Produkte enthält eine Merkmalliste. STABE und GERHARD [GER-76, STA-74] bringen erstmals eine Art Hierarchie in die Anforderungen; FRANKE [FRA-75] hat schon früh eine weitgestreute Sammlung von Produktanforderungen veröffentlicht. So finden sich in vielen neueren Büchern über Konstruktionslehre mehr oder weniger ausführliche Listen als Leitlinien zur Erarbeitung von Aufgabenstellungen [z. B. KOL-94].

Jede Anforderungs-Checkliste soll und kann nur zu Assoziationen anregen. Vielleicht aber wird es dem betroffenen Bearbeiter mehr helfen, wenn er eine — zwangsläufig immer unvollständige — Checkliste benutzen kann,

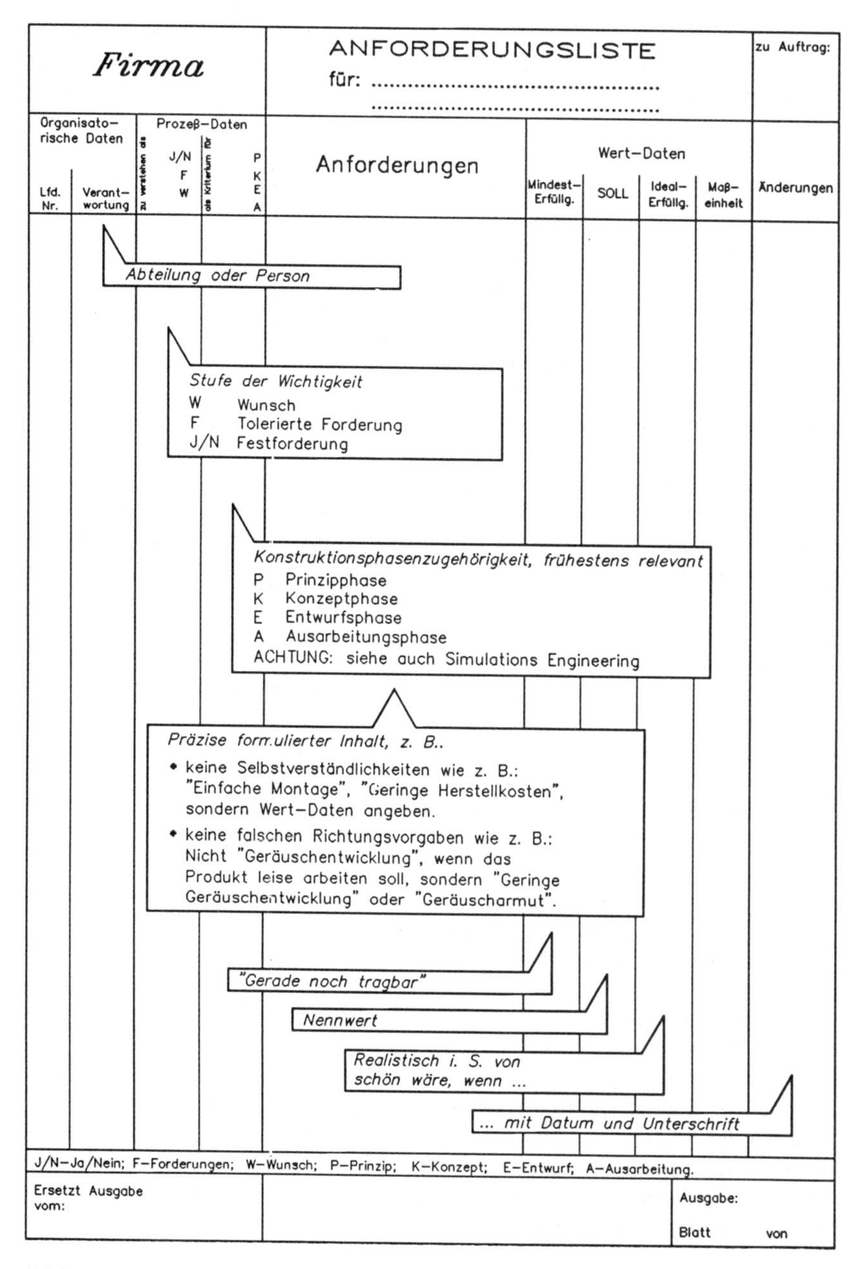

Bild 2.10: Möglicher Aufbau einer Anforderungsliste

die schon gleich die dort aufgezählten Anforderungen in Gruppen vorsortiert enthält. Selbstverständlich muß eine solche produktbezogene oder branchenbezogene Liste genügend Raum lassen für eine betriebsspezifische oder kundenspezifische Präzisierung.

Die im Anhang beigefügte Anforderungs-Checkliste für Geräte der meßtechnischen Feinwerktechnik enthält — quasi hierarchisch gegliedert — die vier Hauptgruppen:

- Physikalisch-technische Funktion (Quantität und Qualität),
- Technologie (Herstellbarkeit: Fertigung und Montage),
- Wirtschaftlichkeit (Herstell-, Betriebs-, Wartungs-, Beseitigungskosten ...),
- Mensch-Produkt-Beziehungen (Design, Ergonomie, Umwelt ...).

Diese Hauptgruppen sind in Untergruppen und diese wieder in Oberbegriffe mit Beispielen unterteilt. In der Liste sind zusätzlich Hinweise auf Normen bzw. Spezialliteratur enthalten. Diese Grobcharakterisierung der Anforderungen wird dem Bearbeiter helfen, schnell die z. T. uninteressanten Präzisierungspunkte zu überblättern.

Hier bietet sich der Einsatz eines Rechners zur Erstellung aussagekräftiger Anforderungslisten an, wenn ein entsprechendes Software-Paket

- provokativ, aus einem gespeicherten Katalog heraus, in Frage kommende Anforderungen stichwortartig oder in der Sprache des Unternehmens bzw. der Abteilung präsentiert und abfragt, ob sie zutreffen,
- auch neue, vorher nicht im Katalog gespeicherte Anforderungen aufnehmen kann,
- im Dialog mit dem Bearbeiter bzw. Produktplanungsteam Prozeß- und Wertdaten einzeln einzutragen gestattet und
- die vollständige Anforderungsliste als Hardcopy ausgeben kann.

Ein solches Rechnerprogramm ist einfach und stellt keine besonderen Anforderungen an die Hardware. Es wird als vorteilhaft empfunden, wenn das Bildschirmbild das getreue Abbild des späteren Ausdrucks ist. Die zur Ein-/Ausgabe, Suche, Korrektur, Speicherung und Datensicherung notwendigen Kommandos helfen, bekannte Anforderungen aus dem Speicher zu übernehmen, zu modifizieren oder zu überschreiben. Eine solche Anforderungsliste wird seitenweise bearbeitet, gespeichert und als "ausgefülltes Formblatt" auf Wunsch ausgedruckt.

Bild 2.11 zeigt beispielhaft einen Teilausdruck einer mit dem Rechner erstellten Anforderungsliste für einen magnetisch betätigten Katheterverschluß. Ein Miniaturverschluß im Katheter oder Katheterstopfen soll durch das Feld eines äußeren Dauermagneten, den der Patient ständig mit sich führt, beliebig geöffnet und geschlossen werden können.

Elektromechanische Konstruktion Prof. Dr.-Ing. E. Gerhard	ANFORDERUNGSLISTE Magnetisch betätigter Katheterverschluß	zu Auftrag: MedTech/Dr.Sa

Organis. Daten		Prozeß-Daten			Wert-Daten			
Nr.	Nm	Art	P	A N F O R D E R U N G E N	Mind.	Soll	Ideal	Einheit
F 01	Ge	F	K	Durchflußmenge (Sekundenvolumen)	8	15	20	ml/s
F 02	Sa	F	E	Auszuhaltender Flüssigkeitsdruck	90	100	130	cm H_2O
F 03	Ge	W	E	Mindestdruck für sicheres Schließen	200	0	0	N/m^2
F 04	Ge	J/N	A	Prüfdruck	5	-	-	10^4 N/m^2
F 05	Ge	F	E	Zulässige Leckverluste	3	1	0	mm^3/h
F 06	Az	F	K	Vorkommende Konkrementgrößen	0,5	1		mm
F 07	Ge	F	K	Verschluß - Außendurchmesser	4	3	2	mm
F 08	Ge	F	E	Verschluß - Länge	12	10	<10	mm
F 09	Ge	J/N	K	Funktionslage				alle Lagen
F 10	Sa	F	A	Arbeitstemperaturber. untere Grenze	+36,3	+35	+30	°C
F 11	Sa	F	A	obere Grenze	+40	+42	+45	°C
F 12	Az	F	A	Temperaturbeständigkeit (Sterilität)	90	100	200	°C
F 13	Sa	J/N	E	Not - Auf				von außen
W 14	Wi	W	E	Erwartete Stückzahl	10^3	10^4	10^5	Stück/ Jahr
W 15	Az	F	E	Mittlere Lebensdauer	70	200	500	Betätig.
W 16	Wi	J/N	A	Wartungsintervalle				keine

J/N-Ja/Nein; F-Forderungen; W-Wunsch; P-Prinzip; K-Konzept; E-Entwurf; A-Ausarbeitung;

Ersetzt Ausgabe vom: 13.02.96	Ausschnitt	Ausgabe: 25.04.96 Blatt 1 von 3

Bild 2.11: Beispiel einer Anforderungsliste (Ausschnitt), rechnerunterstützt erstellt

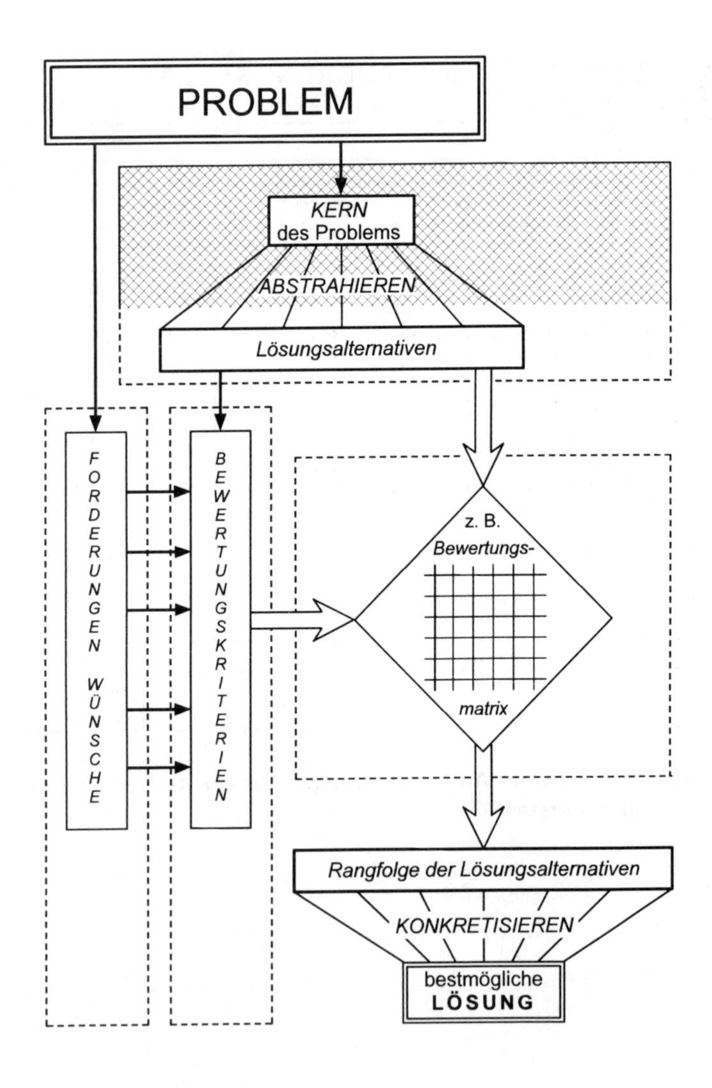
PROBLEM
KERN
des Problems
ABSTRAHIEREN
Lösungsalternativen
FORDERUNGEN WÜNSCHE
BEWERTUNGSKRITERIEN
z. B.
Bewertungs-
matrix
Rangfolge der Lösungsalternativen
KONKRETISIEREN
bestmögliche
LÖSUNG

3.1 Problemkern und seine Abstraktion

3.1.1 "Black-Box"-Denken und Systemgrenzen

Neben der Präzisierung der Restriktionen in der Anforderungsliste ist es wichtig und für die Lösungssuche unumgänglich, das Problem in seinem Kern zu erkennen. Die dazu notwendige Problemanalyse und Abstraktion soll von allem einengenden Beiwerk befreien, das Wesentliche vom Unwesentlichen trennen. HANSEN [HAN-65]: „Bestimme den Wesenskern der Aufgabe, denn er ist das allen Lösungen Gemeinsame".

Die abstrakte Formulierung des Problems verhindert, daß man dem erstbesten Lösungsgedanken nachläuft (hoffentlich auch dann, wenn man glaubt, eine geniale Erfindung gemacht zu haben, deren kleinere und größere Haken man in dieser Situation bekanntlich nicht erkennt), und fördert das Aufsuchen mehrerer Lösungsmöglichkeiten; denn erfahrungsgemäß sind unzählige, voneinander oft stark abweichende Lösungen zu einem gegebenen Problem möglich. Allerdings sollte man das Abstrahieren nie weitertreiben als dies für die klare Kern-Erkennung notwendig ist, da man sonst leicht zuviel Arbeit in den Abstraktionsprozeß investiert. Es bedarf sicherlich einiger Übung, ein vorliegendes Problem in der richtigen Art und im richtigen Maß zu abstrahieren. Der notwendige und hinreichende Abstraktionsgrad ist ausschließlich vom Allgemeinheitsgrad der Konstruktionsaufgabe abhängig. Je spezieller ein Problem gestellt ist, desto weniger abstrakt wird dessen Kern zu formulieren sein [STE-66].

Ein technisches Produkt ist ein von Menschen bewußt geschaffenes Gebilde, das — auf geordnet zusammenwirkenden physikalischen Effekten beruhend — innerhalb der erwarteten Lebensdauer eine gewünschte technische Funktion mit einer vorgesehenen Toleranz auszuführen vermag. Jedes Produkt ist durch Festlegen seiner Funktion (Hauptfunktion mit eventuellen Hilfsfunktionen), seiner inneren Struktur und der Wechselwirkung mit seinem Umfeld vollständig beschrieben. Die Kommunikation zwischen dem technischen Produkt und seinem Umfeld geschieht über Wirkflüsse, sogenannte Kommunikationsflüsse.

Das Umfeld technischer Produkte besteht aus einzelnen definierten und undefinierten Systemen, die in einer inneren Umfeldstruktur vernetzt sind.

Die definierten Systeme sind

- der Mensch,
- benachbarte technische Produkte, mit denen sich das betrachtete Produkt in Kommunikation befindet und
- natürliche Lebewesen wie Tiere und Pflanzen sowie natürliche Gegenstände.

Das undefinierte Umfeld wird von der Umwelt des Produkts, also den Klima- und Umgebungsbedingungen (Labor, Werkhalle, Tropen, Weltall usw.) gebildet.

Der Mensch, die Umwelt und das benachbarte technische Produkt sind im allgemeinen die relevanten Kommunikationspartner, ohne die das betreffende Produkt weder ausreichend beschrieben noch optimal realisiert werden kann. Der Inhalt der Kommunikationsflüsse zwischen den Kommunikationspartnern ist äußerst vielfältig und läßt sich durch entsprechende Kenngrößen charakterisieren. Es können von Fall zu Fall alle denkbaren Größen aus Natur und Technik relevant werden. Aus der Sicht der Philosophie sind dies die Größen "Materie" und "Geist" (bzw. "Idee"). Sie werden in den Naturwissenschaften als die realen Erscheinungsformen der Materie "Stoff" und "Energie" und als "Information" konkretisiert. Die Ingenieurwissenschaften haben die Begriffe "Stoff" und "Energie" zur Charakterisierung der entsprechenden Wirkflüsse übernommen und "Information" mit ihrem physikalischen Träger verknüpft als "Signal" definiert. Damit sind Oberbegriffe zur Ordnung der Kommunikationsflüsse unabhängig von dem jeweiligen Kommunikationspartner gefunden.

Diese Größen "Stoff", "Energie" und "Signal" treten dann als Eingangs- und Ausgangsgrößen bei technischen Systemen (Bauelemente, Baugruppen, Maschinen, Geräte, Anlagen) auf. Sie beschreiben bei einer "Black-Box" die Schnittstelle zwischen dem betrachteten System (Produkt) und dem/den Kommunikationspartner(n), ohne auf die innere Struktur der Black-Box Rücksicht zu nehmen, vgl. Bild 3.1 (Mitte).

Die Charakterisierung der Kommunikationsflüsse in zwei Ebenen — Wirkflüsse von und zu den relevanten Kommunikationspartnern einerseits und physikalisch-technische Wirkflußart anderseits — führt zu einer ganzheitlichen, zielorientierten Modelldarstellung. Sie erweitert die zweidimensionale Black-Box-Darstellung (Art und Richtung der Wirkflüsse) in die dritte Dimension (Kommunikationspartner), Bild 3.1 (unten). Somit lassen sich physikalisch-technische Kenngrößen für die einzelnen Wirkflüsse zwischen dem Produkt und seinen Kommunikationspartnern definieren:

Systembegriff :

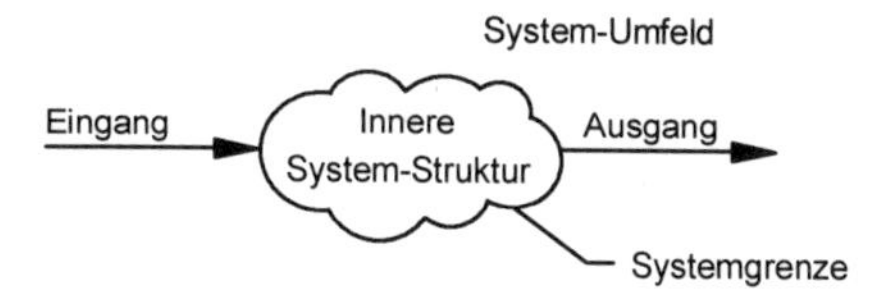

Technisches System (2-dimensionale Black-Box) :

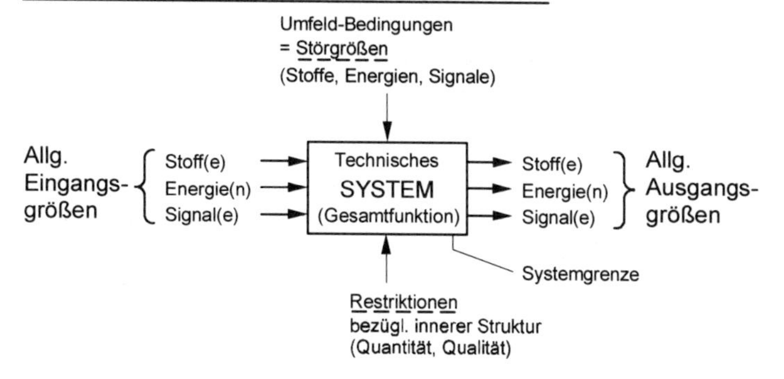

Technisches System und seine Kommunikationsflüsse :

(3-dimensionale Black-Box)

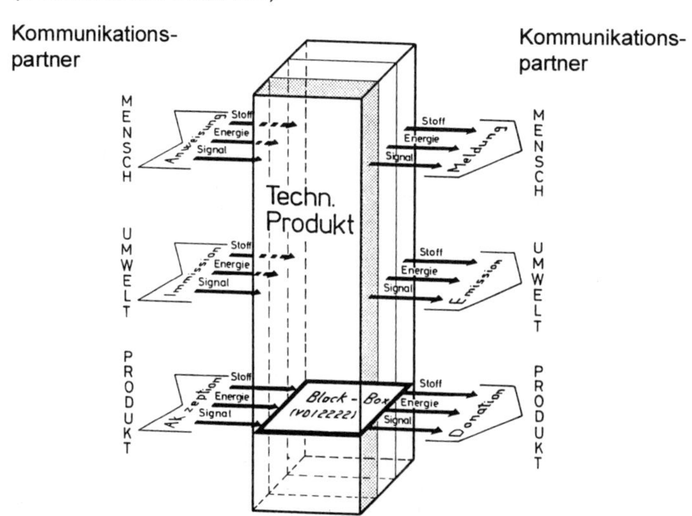

Bild 3.1: Allgemeine Black-Box-Darstellungen für technische Systeme

Die spezifischen Benutzer-Eingangs- bzw. -Ausgangsgrößen werden als "Anweisung" bzw. "Meldung" bezeichnet, unabhängig davon, ob es sich um einen Stoff, eine Energie oder ein Signal handelt. Entsprechend sollen die spezifischen Kenngrößen von und zur Umwelt "Immission" und "Emission" und die von und zum Nachbarprodukt "Akzeption" und "Donation" heißen [GER-82].

Das ganzheitliche Produktmodell-Denken führt schon während des Herausarbeitens des Problemkerns in einer sehr frühen Konstruktionsphase quasi systematisch zu einem vollständigen Definieren aller relevanten Wirkflüsse, die an den Schnittstellen des zu realisierenden Produkts mit seinen Umfeldsystemen (Mensch, Nachbarprodukt, Umwelt) auftreten. Damit wird eine eindeutige Festlegung der Systemgrenze erzwungen.

Die Eingangs- und Ausgangsgrößen (Stoffe, Energien und Signale) können durch quantitative und qualitative Angaben näher präzisiert werden [ROD-70, VDI-77]. Während das Einbeziehen diesbezüglicher Restriktionen die Lösungsvielfalt zur Erfüllung der Gesamtfunktion prinzipiell einschränkt, was für eine auf Produktrealisierung bezogene Lösungssuche äußerst sinnvoll ist, führt das Berücksichtigen von Störgrößen (Umwelteinflüsse, Nachbarsysteme) ganz spezifisch zur Beschränkung der Lösungsvielfalt oder zur notwendigen Erfüllung zusätzlicher Nebenfunktionen.

Die Richtlinie VDI 2222 [VDI-77] definiert die verschiedenen Größen wie folgt:

Funktion

„Eine Funktion ist der abstrakt beschriebene, allgemeine Wirkzusammenhang zwischen Eingangs-, Ausgangs- und Zustandsgrößen eines Systems zum Erfüllen einer Aufgabe."
Anmerkung: Es ist zweckmäßig, die Funktion durch ein Haupt- und ein Tätigkeitswort auszudrücken.

Stoff

Stoff ist „Rohprodukt, Halbzeug, Endprodukt, Bauteil, Flüssigkeit, Granulat, Gegenstände aller Art ..."
Anmerkung: Es erscheint sinnvoll, nicht jede "Materie" als Stoff zu bezeichnen, sondern lediglich solche, die im System zur Funktionserfüllung notwendig ist und/oder eine Veränderung erfährt.

Energie

Energie ist „mechanische, thermische, elektrische, chemische, optische Energie, Kernenergie usw."
Anmerkung: Es ist nicht bei allen Aufgabenstellungen sinnvoll, insbesondere wenn diese schon recht konkret sind, als Eingangs- und Ausgangsgrößen Energiegrößen zu benutzen. In sehr vielen Fällen wird man Leistungen, Kräfte, Momente usw. "umzufunktionieren" haben.

Signal

Signal ist „Meßgröße, Daten, Anzeigewert, Steuerimpuls, Nachricht ..."
Anmerkung: Jedes Signal bedarf eines Stoffes oder einer Energie als Träger. Daher ist es nicht immer einfach, Energiegrößen und Signalgrößen eindeutig zu trennen oder eine Größe als vorwiegend Energie oder vorwiegend Signal zu charakterisieren. Hier bleibt als sinnvoller Ausweg, als Eingangs- oder Ausgangsgröße die entsprechende physikalische Größe direkt zu benutzen.

Quantität

Quantität bzw. Menge ist „Anzahl, Volumen, Masse, Durchsatz, Verbrauch, Leistung ..."

Qualität

Qualität ist „zulässige Abweichung vom Sollwert, Güteklasse, Beschaffenheit, Wirkungsgrad, besondere Eigenschaften wie korrosionsfest, tropenfest, schocksicher ..."

3.1.2 Teilaufgaben und Grobstruktur

Jede gestellte Konstruktionsaufgabe — egal ob Weiterentwicklung oder Neuentwicklung — ist komplexer Natur. Es ist deshalb in der Praxis oft erforderlich, eine Aufgabe durch Aufspalten des Problems oder durch Abtrennen von Teilproblemen zu zergliedern, so daß die einzelnen Teilaufgaben getrennt und oft auch von verschiedenen Bearbeitern oder Gruppen gelöst werden können, Bild 3.2.

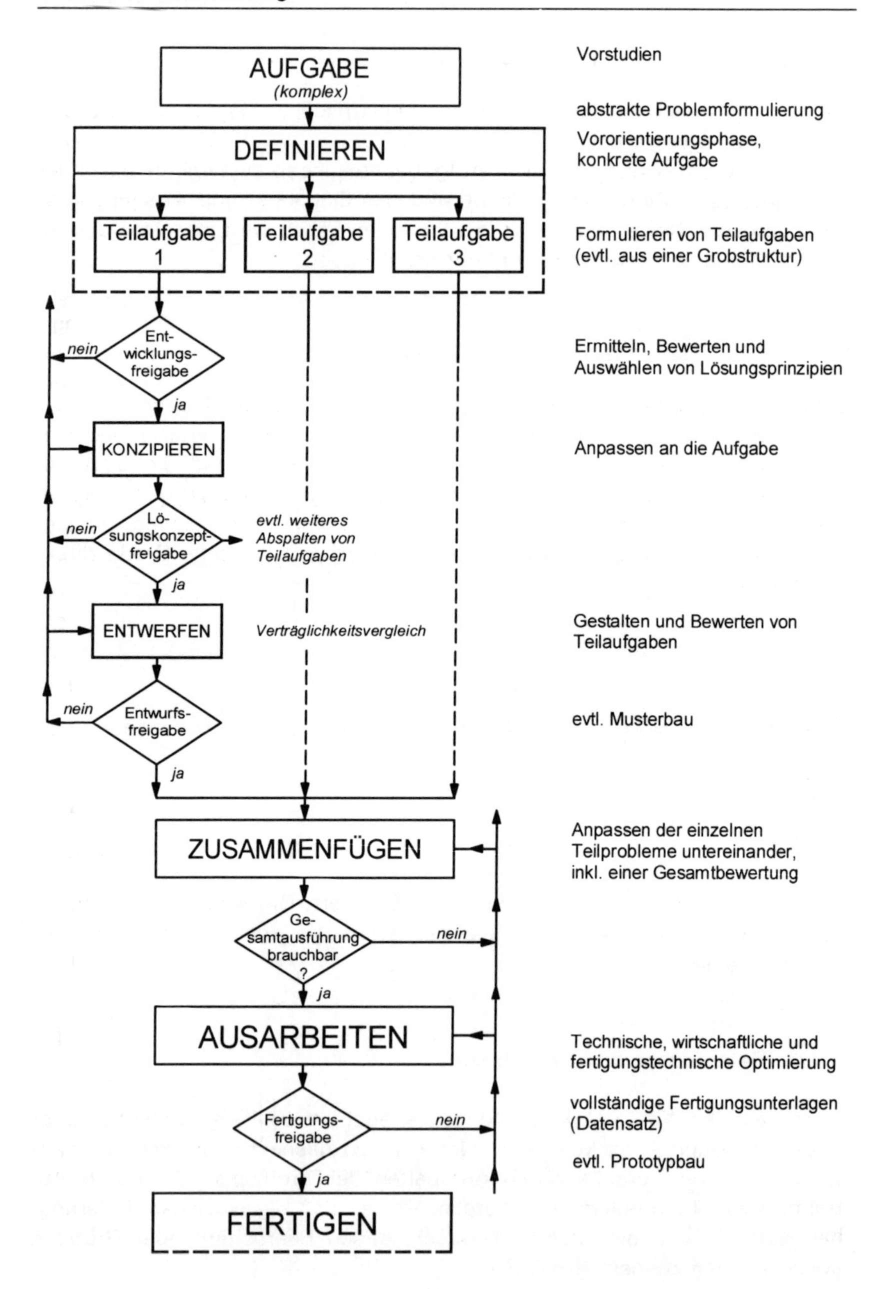

Bild 3.2: Zerlegen einer komplexen Aufgabe in Teilaufgaben

Zum Auffinden solcher geeigneter Teilaufgaben kann versucht werden, die Gesamtfunktion entsprechend dem Black-Box-Inhalt hierarchisch zu unterteilen. Die dabei sich ergebenden Teilfunktionen sollten jedoch noch so allgemein formulierbar sein, daß sie auch als Teilaufgaben einen bestimmten Lösungsaufwand bedingen. Eine zu weit getriebene Zerlegung der Funktion führt zu einer "Funktionsstruktur", einem "Petri-Netz" o. ä., die schon eine Lösungssuche vorbereiten.

Eine Untergliederung in Teilaufgaben bzw. in zu realisierende Baugruppen ist nicht nur beim Konzipieren oder Projektieren von Anlagen unumgänglich, sondern ebenso beim Entwickeln und Konstruieren von komplexeren Bauteilen, von Maschinen und Geräten empfehlenswert und sinnvoll. Dies führt dann zu einer Art Grobstruktur, die entweder erlaubt, den Problemkern zu definieren oder, trennbare Teilprobleme zu erkennen.

Wenn man kaum mehr weiß als für eine allgemeine Black-Box-Darstellung notwendig, wird man zunächst versuchen, entweder in Form von zusammengeschalteten "Kästchen" als Wirkungsschema oder in Form einer kombinierten Prinzipskizzen-Kästchen-Darstellung den Problemkern an sich zu erkennen. Eine solche Darstellung hilft, das "Drumherum" und somit den allgemeinen Zusammenhang bewußt zu machen. Bild 3.3 zeigt beide Darstellungsmöglichkeiten für die Aufgabe "Markiervorrichtung": Aufbringen einer quasi masselosen Marke auf einen rotierenden Wuchtkörper.

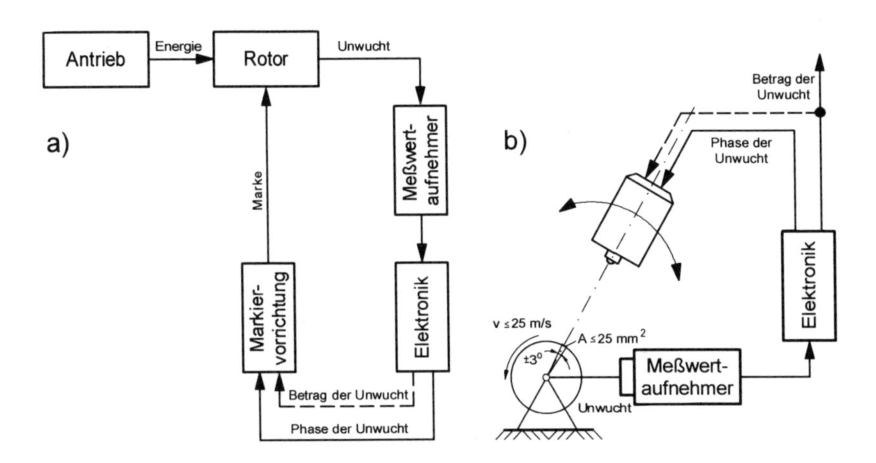

Bild 3.3: Wirkungsschema (a) und Funktionsmodell (b) am Beispiel einer Markiervorrichtung für Auswuchtanlagen

Der unwuchtbehaftete Rotor wird angetrieben, die Unwucht gemessen und nach Größe und Phasenlage getrennt der zu konstruierenden Markiervorrichtung zugeführt, die im richtigen Zeitpunkt eine Marke am richtigen Ort des Rotors anbringen soll. Das Wirkungsschema zeigt kaum mehr als das Blockbild einer Unwucht-Meß- und -Markieranlage. Das Funktionsmodell gibt dem Techniker eher eine anschauliche Darstellung, da es auch das Eintragen von die Lösungsvielfalt einschränkenden Restriktionen gestattet.

Aufgabe einer Problem-Grobstrukturierung ist immer, das Problem soweit zu abstrahieren und vorzubereiten, daß anschließend mit Hilfe von Methoden zur Lösungssuche möglichst viele Lösungsalternativen erarbeitet werden können. Ein Geräte- und ein Bauteilbeispiel sollen die Grobstrukturierung aufzeigen.

Gerätebeispiel: Telefonierhilfe für Sprechbehinderte

Für Personen mit einer eingeschränkten akusto-verbalen Artikulationsfähigkeit, d. h. mit einer partiellen oder totalen Sprachstörung, ist die Benutzung der konventionellen Fernsprecheinrichtungen — mit über 600 Millionen Hauptanschlüssen weltweit — nur sehr eingeschränkt oder gar nicht möglich. Soll es Sprechbehinderten mit z. B. Stimmbandschaden, Kehlkopflosigkeit, mit psychisch bedingter Störung des Sprechvermögens oder Schädigung des Sprachzentrums im Gehirn ermöglicht werden, ortsunabhängig über öffentliche und private Fernsprechnetze mit beliebigen Gesprächspartnern verbal-akustisch zu kommunizieren, so muß der zu übermittelnde Text, über eine alphanumerische Tastatur eingegeben, von einem Synthesizer in synthetische Sprache umgesetzt, der ankommende Text auf getrenntem Kanal ausgegeben werden. Bild 3.4 zeigt die Grobstruktur für ein sprechbehindertengerechtes portables Kommunikationssystem.

Mit Hilfe einer derartigen Grobstruktur kann der Geräteentwickler entscheiden, welche Baugruppen zugekauft werden können oder sollen und welche neu zu konstruieren sind. Die Entscheidungskriterien hierfür folgen in dieser Phase aus der Anforderungsliste und der "Unternehmensphilosophie".

Bauteilbeispiel: Faseroptischer Temperatur-Schwellwertschalter

Zur Überwachung von Temperaturen an verschiedenen Orten oder von verschiedenen Temperaturen am gleichen Ort, verschaltet über eine einzige faseroptische Ringleitung, müssen Temperatur-Schwellwertschalter mit

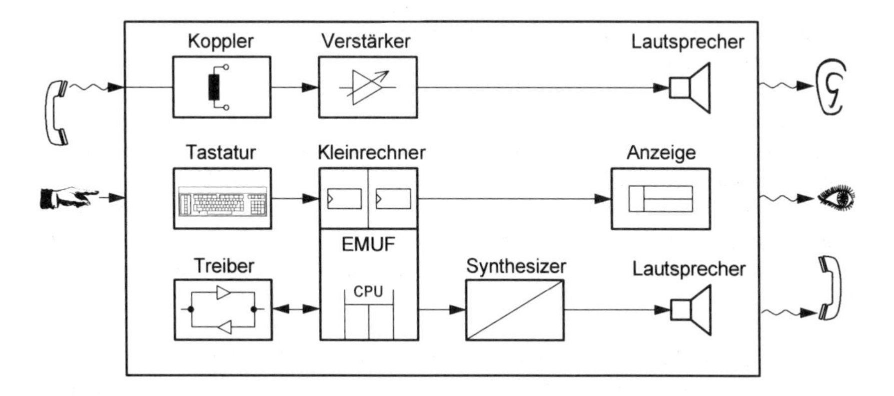

Bild 3.4: Grobstruktur einer Telefonierhilfe für Sprechbehinderte

unterschiedlichen Ansprechschwellen realisiert werden. Extrinsische faseroptische Sensoren – Licht wird außerhalb des Lichtwellenleiters moduliert – mit einer temperaturabhängig eingestellten Stufung ihrer Transmission folgen der in Bild 3.5 dargestellten Grobstruktur.

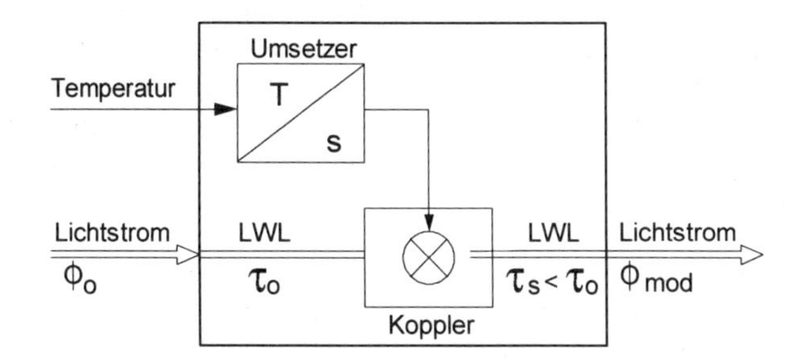

Bild 3.5: Grobstruktur eines faseroptischen Schwellwertschalters

T Temperatur, s Hub, τ Transmissionsgrad, Φ Lichtstrom, LWL Lichtwellenleiter

Diese einfachen Blöcke enthalten einerseits im Temperatur-Hub-Umsetzer die Problematik des schwellwertgeschalteten, mechanischen Kippmechanismus mit seinen einzelnen Teilfunktionen und andererseits im Koppler die Modulationsproblematik zweier getrennt voneinander zu realisierender Hauptfunktionen.

3.1.3 Verfahren zur Strukturierung von Hardware- und Software-Funktionen

Ein technisches System ist durch seine Funktionen (Gesamtfunktion, Teilfunktionen) und den inneren Aufbau (Systemstruktur) charakterisiert. Zum Erarbeiten der Struktur sind spezielle Beschreibungsformalismen notwendig, die alle Funktionen, unabhängig von ihrer späteren Realisierung in Hardware oder in Software, gleich abstrakt beschreiben können. Solche Beschreibungsformalismen sind entweder funktions- oder zustandsorientiert.

Einige wichtige Beschreibungssprachen sind in den Tabellen nach Bild 3.6 für allgemeine Funktionen, Bild 3.7 für vorwiegend Hardware-Funktionen und Bild 3.8 für Software-Funktionen zusammengestellt.

Zur formalen Beschreibung von Maschinen- und Gerätestrukturen kann sich der Entwickler neben dem Aufstellen einer Funktionsstruktur nach Richtlinie VDI 2222 [VDI-77] an einem Funktionsplan nach DIN 40719, Teil 6 orientieren bzw. Strukturbilder oder Signalflußpläne nach DIN 19226 erarbeiten. Eine mathematische Formulierung erlauben Verfahren aus der Automaten- und der Informationstheorie, insbesondere Modellierungsverfahren wie Geometrisch-stoffliche Topologie, Bonddiagramme, Zustandsgraph- bzw. Zustands-Ausgangs-Matrix-Darstellungen und Petri-Netze [NIE-77, PET-62, SAU-87, VDI-88]. Für eine Software-Beschreibung sind verschiedene Darstellungen bekannt, von denen die Methode "Structured Analysis and Design Technique SADT" dem Funktionsstruktur-Denken am nächsten kommt.

Die in Bild 3.6 bis Bild 3.8 kurz beschriebenen und bezüglich ihrer Anwendbarkeit sehr unterschiedlichen Beschreibungsformalismen zur Strukturierung des Problemkerns verlangen, daß die adäquate Abstraktionsebene nicht verlassen wird; manche Verfahren helfen beim Erarbeiten von Unterstrukturen.

<table>
<tr>
<td rowspan="2">FUNKTIONSSTRUKTUR</td>
<td>Darstellung, nach VDI 2222,
- der Operationen als Rechtecke
- der Verbindungen als gerichtete Pfeile

Grundoperationen sind i. a. in ihrer Anzahl beschränkt.

Eingangs-/Ausgangsgrößen sind Stoffe (St), Energien (E), Signale (S).</td>
<td>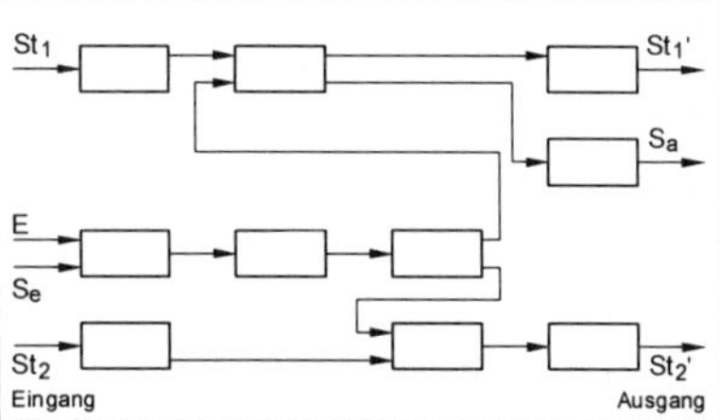
</td>
</tr>
<tr>
<td colspan="2">Geeignetes Mittel zur Darstellung komplexer Probleme im gewünschten Abstraktionsgrad; durch schrittweise Untergliederung der Teilfunktionen ergeben sich sukzessiv die zu konzipierenden Funktionen; hierarchisch gegliederte Abstraktionsebenen.

Anwendung in Feinwerk- und Gerätetechnik, im Maschinen- und Anlagenbau.</td>
</tr>
<tr>
<td rowspan="2">PETRI-NETZ</td>
<td>Bipartiter Graph; Darstellung
- der Zustände (Stellen, Plätze, s) als Kreise,
- der Zustandsübergänge (Transitionen t) als Rechtecke oder Balken
- der Verbindungen als gerichtete Kanten (Pfeile)
Mathematisches Beschreiben durch Vektoren und Matrizen.</td>
<td>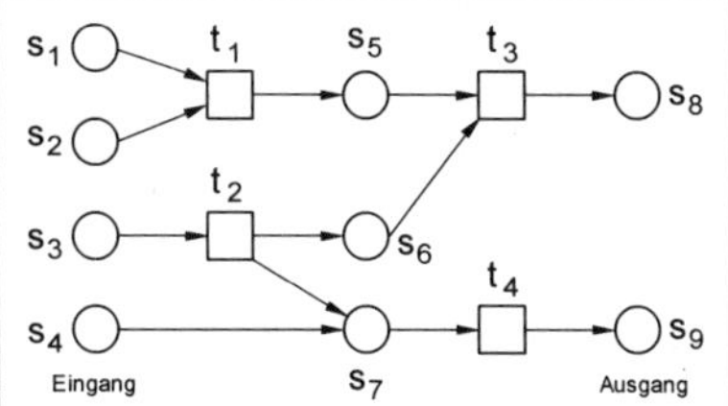
</td>
</tr>
<tr>
<td colspan="2">Geeignetes Mittel zur Analyse und Simulation von Prozeßabläufen und - bei erweiterten Beschreibungshilfen - zur Produktstrukturbeschreibung; statische und dynamische Vorgänge beschreib- und simulierbar; verschiedene Netztypen mit verschiedenen Eigenschaften; zustandsorientiertes Modell; auf Rechnern implementierbar.</td>
</tr>
<tr>
<td rowspan="2">ZUSTANDSGRAPH</td>
<td>Darstellung
- der inneren Zustände durch Kreise,
- der Zustandsübergänge durch gerichtete Graphen (Pfeile) mit Schaltbedingung (x_i, x_j).
Mathematische Formulierung durch Zustandsgleichungen und Matrizen.</td>
<td>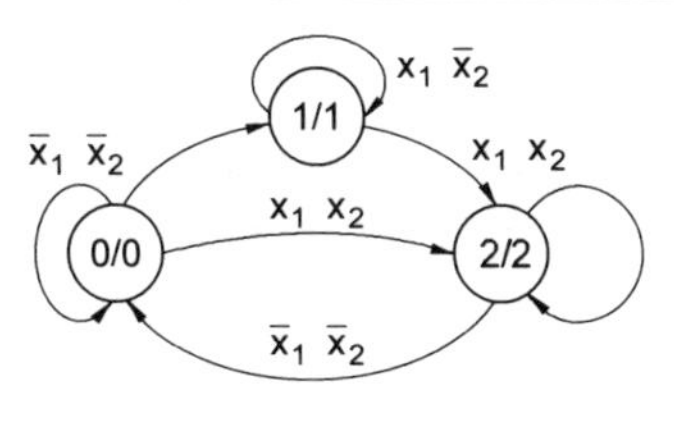
</td>
</tr>
<tr>
<td colspan="2">Geeignet zur Darstellung von synchronen und asynchronen Prozeßabläufen und zur Definition von digitalen Schaltwerken; rein zustandsorientiert; keine Aussage über die zu konzipierenden Funktionen.</td>
</tr>
</table>

Bild 3.6: Verfahren zur Strukturierung allgemeiner Funktionen

LEITBLATT GRUNDPRINZIP

Darstellung inform eines "Leitblattes für das Grundprinzip" nach BISCHOFF, aufgespalten in

- Kern der Aufgabe / des Problems
- Keim für alle Lösungen

Die "Erforderlichen Maßnahmen" zeigen den Weg zur Lösung.

Kern des Problems	Funktion		Gegebenheit	
	Fkts.-Ziel	Eingr. Bed.	Elemente	Eigenschaft.
	....	....	....	....

Keim für alle Lösungen	Erforderliche Maßnahmen		
	Elemente	Eigenschaften	Funktionen
	....	....	....

Die zu erfüllende Gesamtfunktion besitzt ein "Funktionsziel" mit "eingrenzenden Bedingungen", "Gegebenheiten" lassen sich durch die vorhandenen "Elemente" und deren "Eigenschaften" beschreiben.
Die "erforderlichen Maßnahmen" orientieren sich an Bau-"Elementen", die letztlich bestimmte "Funktionen" realisieren.

SCHALTPLAN

Darstellung, z. B. in Hydraulik, Pneumatik, Elektrotechnik

- von Bauelementen, Baugruppen durch definierte Schaltsymbole (Normen!)
- von Verbindungen durch ungewichtete Graphen und Knoten

Größen physikalisch orientiert.

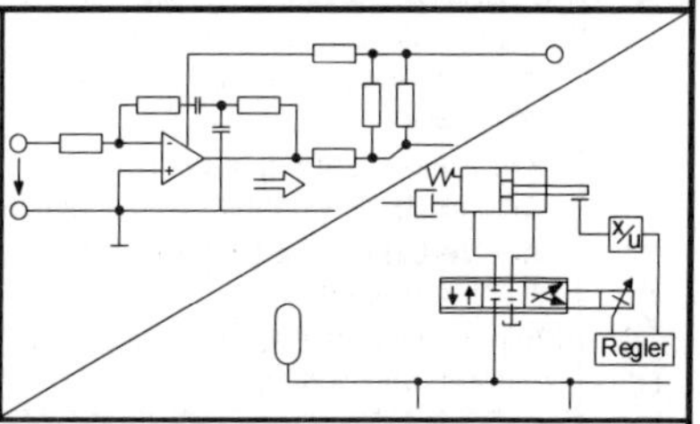

Sehr konkrete Darstellung von i. a. Hardware-Funktionen bzw. Bauteilen und Baugruppen in ihrem Zusammenwirken.
Die Symbole sind für die einzelnen Fachbereiche in DIN-Normen festgelegt.

MATHEMATISCHES MODELL

Darstellung

- des Gesamtsystems z. B. als n-Pol (Mehrtor),
- der Eingangs- u. Ausgangsgrößen als Vektoren bzw. Zeiger (G_1 bis G_4),
- des physikalischen Geschehens als komplexe Parameter (A_{ij}).

Einheitliche, ganzheitliche Betrachtung.

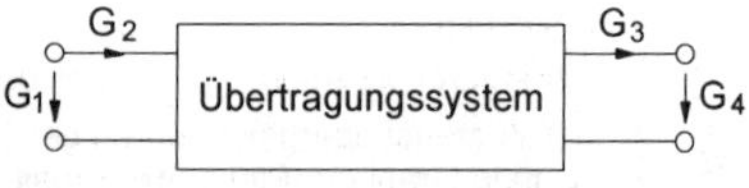

$$G_1 = A_{11} \cdot G_2 + A_{12} \cdot G_3$$

$$G_4 = A_{21} \cdot G_2 + A_{22} \cdot G_3$$

Mathematische Beschreibung nur möglich, wenn das physikalische Geschehen (logische Funktion, Übertrager, Netzwerk) phänomenologisch betrachtet und als Gleichungssystem beschrieben werden kann.

Besonders geeignet für Baureihen-Entwicklungen und in der Mikrosystemtechnik bei extremer Miniaturisierung.

Bild 3.7: Verfahren zur Strukturierung von vorwiegend Hardware-Funktionen

<table>
<tr>
<td rowspan="2">FLUSSDIAGRAMM</td>
<td>Grafische Darstellung
- von deterministischen Prozessen mit unstrukturiertem Charakter durch verschiedene genormte Symbole,
- von internen Verbindungen durch Pfeile.
Zur Sequentialisierung von Programmteilen.</td>
<td> 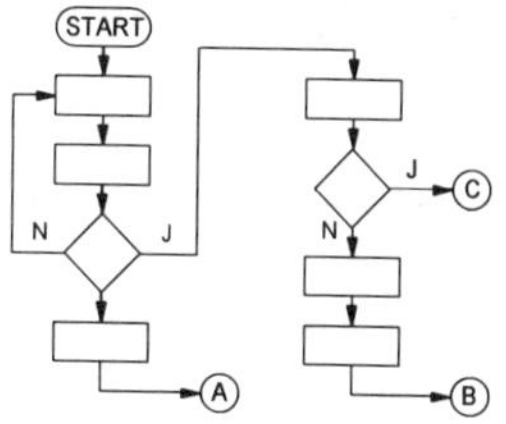START
N J
J C
N
A
B</td>
</tr>
<tr>
<td colspan="2">Detaillierte Beschreibung von Programmabläufen; besonders für kurze Programmteile geeignet; Syntax stellt Abläufe, keine Funktionen oder Zustände dar; Darstellung von Unterprogrammen durch normierte Symbole.</td>
</tr>
<tr>
<td rowspan="2">STRUKTOGRAMM</td>
<td>Grafische Darstellung
- in Form von Blöcken durch Kästchen und Dreiecke,
streng strukturiert.
Symbole zur Fallunterscheidung.</td>
<td> 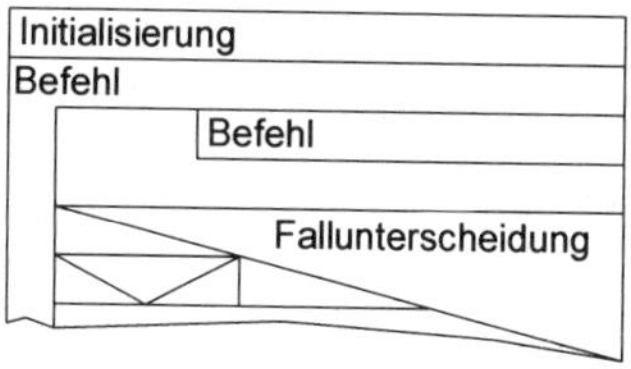Initialisierung
Befehl
Befehl
Fallunterscheidung</td>
</tr>
<tr>
<td colspan="2">Nassi-Schneiderman-Diagramm; Sequentialisierung von Aktionen durch Strukturblöcke ohne unstrukturierte Sprünge; stellt die Sprachelemente zur Verfügung; keine Formulierung von Funktionen oder Zuständen möglich; für Software-Routinen und Module.</td>
</tr>
<tr>
<td rowspan="2">SADT</td>
<td>Grafische Darstellung
- der Aktionen beim Aktivitätsmodell durch Kästchen, beim Datenmodell durch Pfeile,
- der Daten beim Aktivitätsmodell durch Pfeile, beim Datenmodell durch Kästchen.
Aktivitätsmodell dem Funktionsstrukturdenken verwandt.</td>
<td> 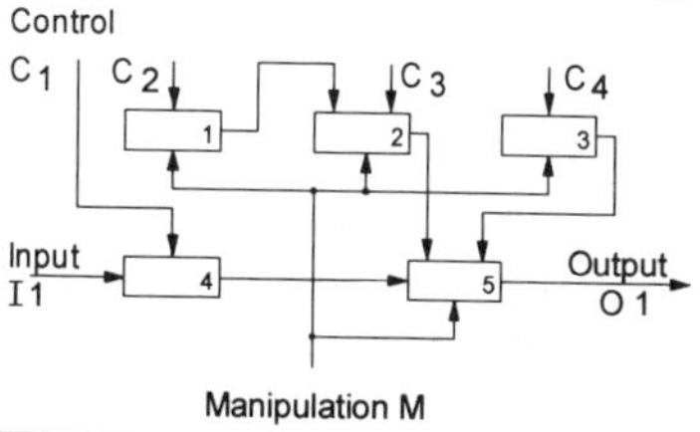Control
C 1 C 2 C 3 C 4
1 2 3
Input I 1
4 5
Output O 1
Manipulation M</td>
</tr>
<tr>
<td colspan="2">Anforderungssprache "Structured Analysis and Design Technique SADT" zur Analyse und grafischen Darstellung bestehender Systeme ebenso geeignet wie als Entwurfshilfsmittel; SADT-Darstellung zur schrittweisen Präzisierung in mehreren Ebenen durch A-0-, A0-, Ak- und Akn-Diagramme als Hierachiestufen.</td>
</tr>
</table>

Bild 3.8: Verfahren zur Strukturierung von Software-Funktionen

3.2 Arbeiten mit Funktionsstrukturen

3.2.1 Allgemeine Funktionen

Die logische Konsequenz aus der Black-Box-Darstellung ist die Funktionsstruktur. Dabei wird die Gesamtfunktion des Problems schrittweise in Teil- bzw. Unterfunktionen geringerer Komplexität zerlegt, solange, bis eine oder meist sogar mehrere Funktionsstrukturen als vollständige Schaltbilder entstehen, die möglichst nur Grundfunktionen enthalten. Diese werden durch das Verknüpfen der allgemeinen Größen Stoffe, Energien und Signale mit allgemeinen Operationen gebildet. Die Anzahl dieser Operationen wird von den verschiedenen Konstruktionslehrern unterschiedlich angegeben:

RODENACKER [ROD-70]	ROTH [ROT-72a]	KOLLER [KOL-76, KOL-85]
Verknüpfen	Leiten	Emittieren ⇔ Absorbieren
Trennen	Speichern	Leiten ⇔ Isolieren
Führen	Wandeln	Sammeln ⇔ Streuen
	Verknüpfen	Führen ⇔ Nichtführen
		Wandeln ⇔ Rückwandeln
		Vergrößern ⇔ Verkleinern
		Richtungändern
		Richten ⇔ Oszillieren
		Koppeln ⇔ Unterbrechen
		Verbinden ⇔ Trennen
		Fügen ⇔ Teilen
		Speichern ⇔ Entspeichern

Das Aufstellen einer allgemeinen Funktionsstruktur ist dann von Vorteil, wenn auch die spätere Lösungssuche sich an solchen Funktionen orientiert wie z. B. beim Einsatz einer systemtechnischen Methode mit einer logischen Struktur. Demgegenüber können allzu logische Strukturen die Ideenfindung mit Verfahren, welche die menschliche Intuition provozieren, behindern.

Empfehlenswert ist immer die Beschränkung auf eine endliche und kleine Anzahl von Grundfunktionen, eventuell ergänzt durch präzisierende Hinweise. Das Verwenden von Symbolen, wie in der Richtlinie VDI 2222 [VDI-77] vorgeschlagen, kann nur bei einem ständigen Arbeiten mit Funktionsstrukturen empfohlen werden. Als Grundoperationen haben sich

– sowohl in der Ausbildung als auch in der industriellen Praxis – die folgenden bewährt: Leiten, Speichern, Wandeln, Verknüpfen und Trennen, die in der Gerätetechnik durch spezielle Operationen für den Signalfluß wie Datenspeichern, Interrupt und Datenlöschen ergänzt werden können. Bild 3.9 gibt eine (tabellarische) Übersicht über die allgemeinen Grundfunktionen, wie sie in Maschinenbau, Feinwerktechnik und Mikromechanik ausreichend sind.

Allgemeine Größen	Allgemeine Operationen					
	Leiten	Speichern	Wandeln	Verknüpfen		Trennen
Stoff	Stoff leiten	Stoff speichern	Stoff wandeln	Stoff u. Stoff - verknüpfen - trennen	Stoff u. Energie - verknüpfen - trennen	Stoff u. Signal - verknüpfen - trennen
Energie	Energie leiten	Energie speichern	Energie wandeln	Energie u. Stoff - verknüpfen - trennen	Energie u. Energie - verknüpfen - trennen	Energie u. Signal - verknüpfen - trennen
Signal	Signal leiten	Signal speichern	Signal wandeln	Signal u. Stoff - verknüpfen - trennen	Signal u. Energie - verknüpfen - trennen	Signal u. Signal - verknüpfen - trennen

Bild 3.9: Allgemeine Funktionen

In der Sprache der Allgemeinen Funktionen heißt es dann z. B.:

nicht

- Bewegung elektrisch anzeigen
- Stromschalter betätigen
- Kohle transportieren

sondern

- Signal wandeln
- Energie und Signal verknüpfen
- Stoff leiten.

Schwierigkeiten bringt dieser Beschreibungsformalismus beim Darstellen zeitversetzter Prozesse und bei mikroprozessorgesteuerten Gerätekomponenten [WEB-90]. Hierbei fällt den Stoff- und Energiegrößen oft nur eine untergeordnete Bedeutung zu; Hauptproblem ist hierbei im allgemeinen der Signalfluß und die Signalverarbeitung. Für solche gerätetechnischen Problemstellungen sind Erweiterungen des dargestellten Beschreibungsformalismus durch Sonderfunktionen notwendig. Bild 3.10 faßt diese für wahlweise Hardware-/Softwarefunktionen zusammen.

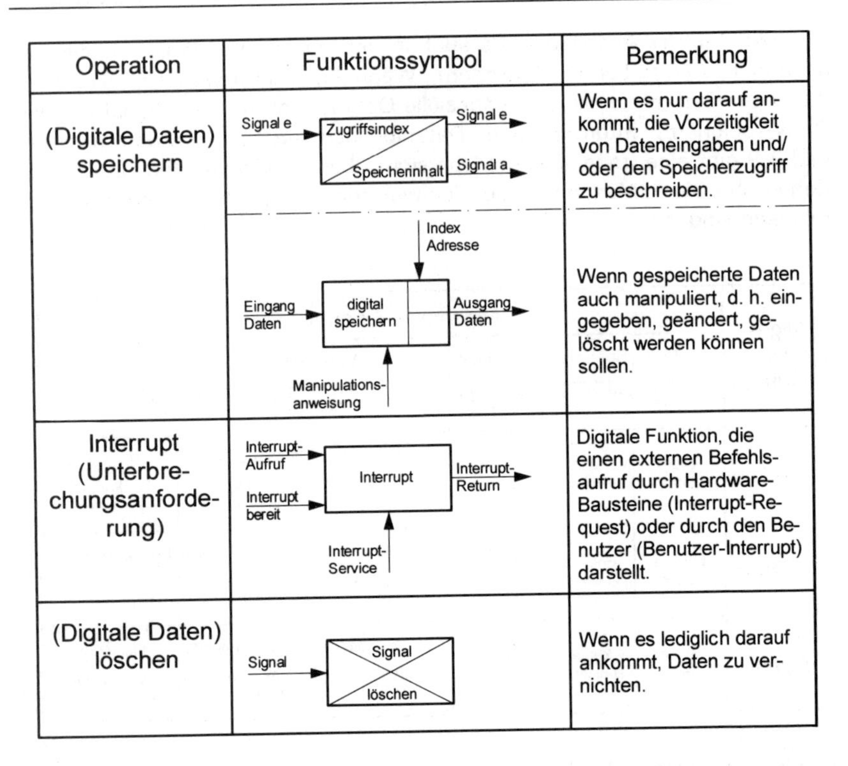

Operation	Funktionssymbol	Bemerkung
(Digitale Daten) speichern	Signal e → [Zugriffsindex / Speicherinhalt] → Signal e, Signal a	Wenn es nur darauf ankommt, die Vorzeitigkeit von Dateneingaben und/ oder den Speicherzugriff zu beschreiben.
	Index Adresse; Eingang Daten → [digital speichern] → Ausgang Daten; Manipulationsanweisung	Wenn gespeicherte Daten auch manipuliert, d. h. eingegeben, geändert, gelöscht werden können sollen.
Interrupt (Unterbrechungsanforderung)	Interrupt-Aufruf, Interrupt bereit → [Interrupt] → Interrupt-Return; Interrupt-Service	Digitale Funktion, die einen externen Befehlsaufruf durch Hardware-Bausteine (Interrupt-Request) oder durch den Benutzer (Benutzer-Interrupt) darstellt.
(Digitale Daten) löschen	Signal → [Signal löschen]	Wenn es lediglich darauf ankommt, Daten zu vernichten.

Bild 3.10: Spezialfunktionen für den Signalfluß und die Signalverarbeitung

Während die Grundfunktionen den lösungsfreien Gedanken eines Systems oder eines Subsystems charakterisieren, geben Funktionsstrukturen zwangsläufig Lösungsstrukturen vor. Für ein komplexes System bzw. eine Problemstellung wird es im allgemeinen immer mehr als eine Funktionsstruktur geben.

3.2.2 Aufstellen von Funktionsstrukturen

Bei der Entwicklung/Konstruktion von technischen Produkten müssen immer – unter Einhaltung von Restriktionen und Beachtung von Störgrößen – Funktionen realisiert werden. Funktionsstrukturen beschreiben das Innere der Black-Box; sie enthalten somit nicht nur alle zu realisierenden (Teil-)Funktionen, sondern auch deren gegenseitigen Beziehungen, die innere Struktur.

Haupt- bzw. Gesamtfunktion (Black-Box):

Eingangsfunktionen: Zentrale Funktionen: Ausgangsfunktionen:

Logische Ergänzungen:

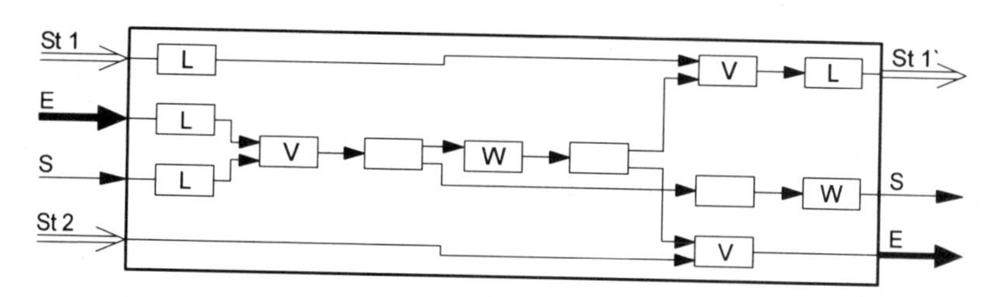

Bild 3.11: Schrittweises Erarbeiten einer Funktionsstruktur

Operationen: L Leiten; W Wandeln; V Verknüpfen
Größen: St Stoff; E Energie; S Signal

Das Aufstellen einer Funktionsstruktur ist in der Praxis nur dann sinnvoll, wenn der Komplexitätsgrad der Aufgabe keine eindeutige Lösungsstruktur vorgibt und/oder eine, sich an Einzelfunktionen orientierende Methode zur Lösungssuche angewendet werden soll oder muß. Generell hilft das

Aufstellen einer Funktionsstruktur – oder andere Strukturierungsverfahren (vgl. Kap. 3.3 und 3.4) –, die Teilprobleme zu erkennen.

Um der Gefahr zu entgehen, durch Abstraktion einer bekannten Lösung zu einer neuen Lösungsstruktur kommen zu wollen, wird eine Vorgehensweise nach Bild 3.11 empfohlen: Alle bekannten oder zwangsläufig notwendigen Einzelfunktionen werden zusammengetragen, z. B. Eingangsfunktionen und/oder Ausgangsfunktionen und/oder zentrale Funktionen. Diese werden durch logisches Verknüpfen und Überlegungen zur physikalischen Verträglichkeit um die noch notwendigen Einzelfunktionen zu einer ersten Funktionsstruktur für die Haupt- bzw. Gesamtfunktion ergänzt.

Der Einsatz von EDV-Anlagen für dieses rein graphische Verfahren der Funktionsstrukturerstellung ist grundsätzlich möglich, sinnvoll aber nur, wenn eine logische Konsistenzprüfung erfolgt.

3.2.3 Funktionsstruktur-Varianten

Das Erstellen von Funktionsstrukturen ist der frühestmögliche Zeitpunkt während des Entwicklungsablaufs, eine systematische Variation durchzuführen. Variiert wird dabei die gegenseitige Beziehung der Funktionen, ihre Verflechtung bzw. ihre Struktur. Dies betrifft überwiegend die Operationen "Verknüpfen" und "Wandeln". Erst eine systematische Variation von Funktionsstrukturen gestattet es, alle möglichen Funktionsstrukturen zur Realisierung einer in der Black-Box vorgegebenen Gesamtfunktion zu erkennen. Da jede Funktionsstruktur eine Lösungsstruktur festlegt, ergeben sich alle denkbaren Lösungsstrukturen aus allen Funktionsstruktur-Varianten. Selbstverständlich hängt es vom konkreten Problem ab, ob es sinnvoll ist, die gesamte Funktionsstruktur oder nur Teilbereiche zu variieren.

Bild 3.12 zeigt beispielhaft eine solche systematische Variation einer Funktionsstruktur. Zwei Stoffe St 1 und St 2 sollen gemischt werden; dazu ist, neben den Stoffen selbst, Energie notwendig. Ausgehend von der allgemeinen Black-Box entstehen die einzelnen Funktionsstrukturen durch Variation einer erstgefundenen.

Bild 3.13 zeigt den Weg zu einer allgemeinen Funktionsstruktur für das Beispiel einer Markiervorrichtung entsprechend Bild 3.3 für den Sonderfall eines schnellen Markierers mit Flüssigkeit (Farbe) zum Markieren von z. B. unwuchtigen Rotoren:

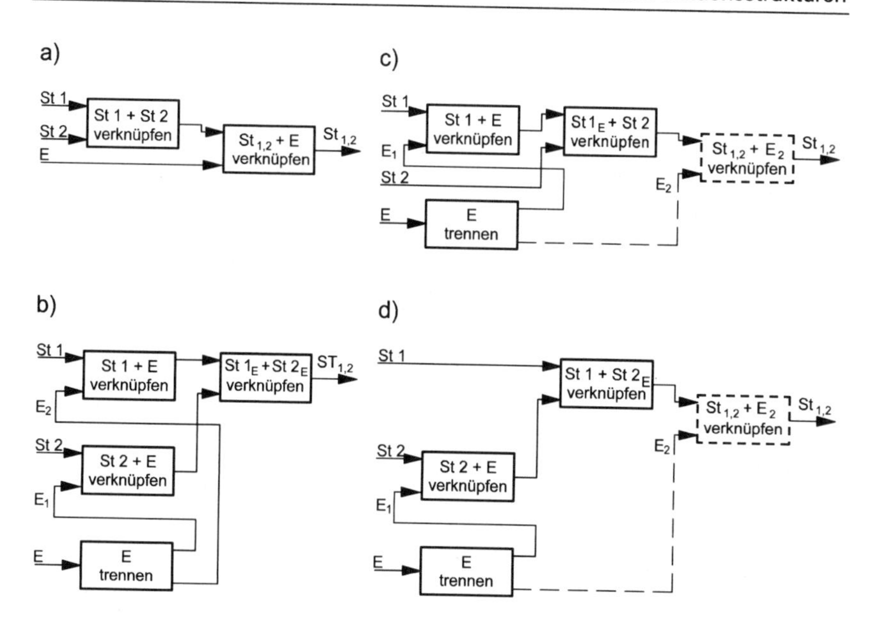

Bild 3.12: Funktionsstrukturen für das Mischen zweier Stoffe: "Stoff St 1 mit Stoff St 2 unter Hinzunahme von Energie verknüpfen"

Die Strukturen (c) und (d) enthalten mögliche zusätzliche Verknüpfungsfunktionen

Eine definierte Flüssigkeitsmenge soll auf elektrischen Befehl schnell ausgestoßen werden. Ausgehend von der allgemeinen Black-Box-Darstellung wird eine mögliche Funktionsstruktur erarbeitet, bei der der Bearbeiter vielleicht an ein Lösungsprinzip denkt, wie es Bild 3.13c zeigt: In einer Druckkammer wird ein mechanischer Energieimpuls erzeugt, der über das Ausbeulen einer Membran einen Flüssigkeitstropfen aus der Hauptkammer ausstößt; der Vorratsbehälter liefert die Flüssigkeit nach.

Eine Variation dieser (ersten) Funktionsstruktur in ihrer Gesamtheit ist — unter Beibehalten des Lösungsprinzips nach Bild 3.13c — nur im Bereich der "Druckkammer" sinnvoll, da hier "mechanische Energieimpulse" erzeugt werden müssen. Somit ergeben sich durch systematische Variation der beteiligten Funktionen — ohne die eingangs immer auftretenden Funktionen "Energie leiten" und "Signal leiten" — für die Vorgänge in der Druckkammer die in Bild 3.14 zusammengestellten Teil-Funktionsstrukturen. Sie führen zu verschiedenen Teil-Lösungsstrukturen und damit zum Teil zu unterschiedlichen Lösungsprinzipien für die Gesamtfunktion.

a) BLACK-BOX :

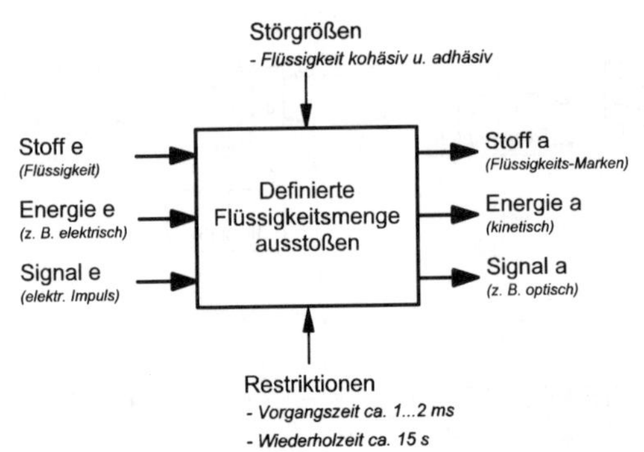

b) Eine mögliche FUNKTIONSSTRUKTUR :

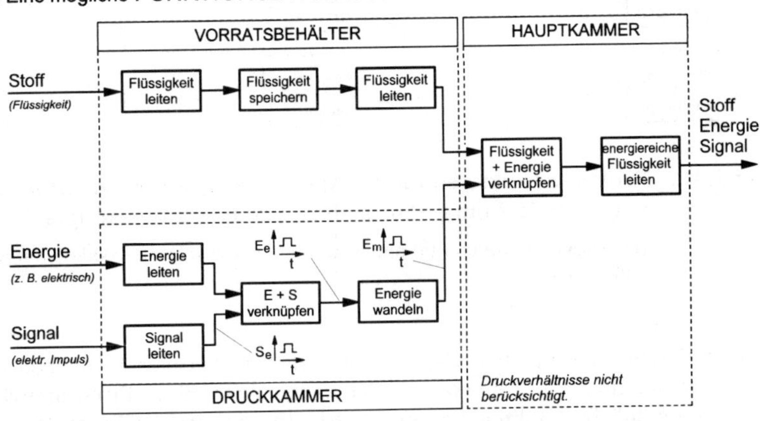

c) Grundlegendes LÖSUNGSPRINZIP (?!) :

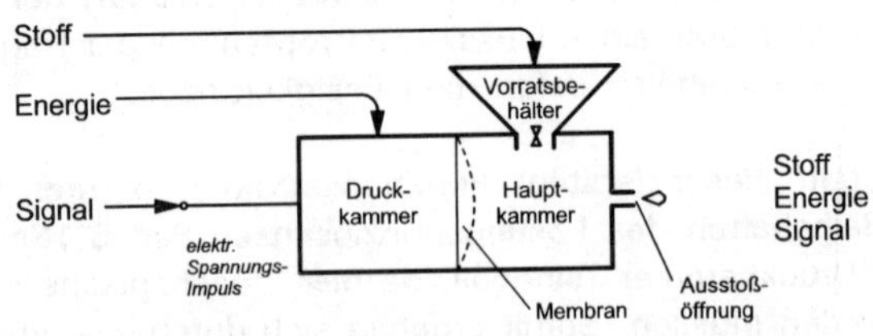

Bild 3.13: Eine allgemeine Funktionsstruktur für eine Markiervorrichtung (Farbmarkierer)

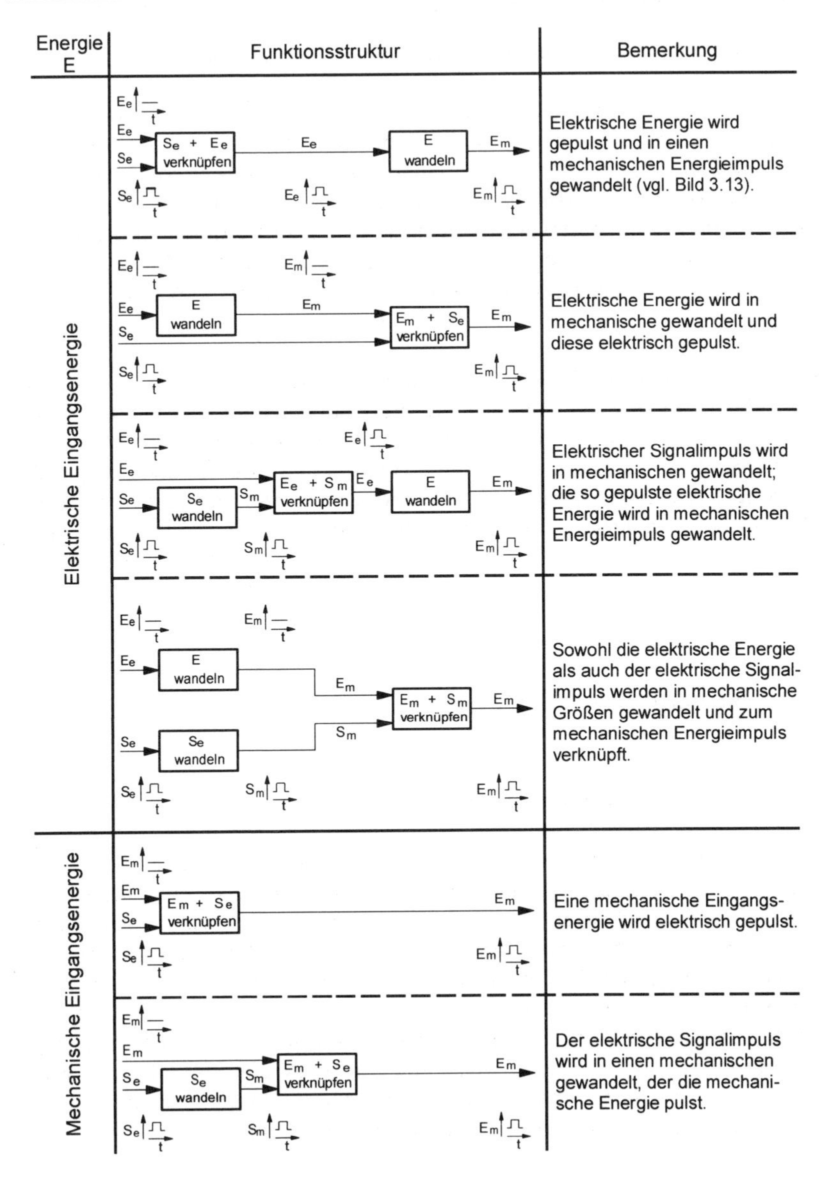

Bild 3.14: Varianten von Funktionsstrukturen für die Gesamtfunktion "Erzeugen eines mechanischen Energieimpulses aus Energie und elektrischem Signalimpuls"

E Energie; S Signal; t Zeit; e elektrisch; m mechanisch

3.2.4 Funktionsstrukturen in verschiedenen Abstraktionsebenen

Je nach Komplexitätsgrad der Aufgaben- oder Problemstellung werden die einzelnen Grundfunktionen in sich wieder unterstrukturiert sein. So meint die Funktion "Elektrische Energie leiten vom Kraftwerk zum Verbraucher" inhaltlich komplexere Teilfunktionen als z. B. die Funktion "Elektrische Energie leiten vom Verteiler in einem Zimmer zum Verbraucher". Bild 3.15 zeigt beispielhaft einzelne Unterstrukturen, vom Elektrizitätsversorgungsnetz bis zum einpoligen Netzschalter für die Funktion "Elektrische Energie leiten".

Für das Arbeiten mit Funktionsstrukturen ist das Wissen über die Abstraktionsebene, in der man strukturiert, von entscheidender Bedeutung. Bezieht sich die entsprechende Funktion auf eine Grobstruktur einer Lösungsmöglichkeit (hohe Abstraktionsebene; weit weg von einer endgültigen Gestaltung bzw. Dimensionierung), so wird sie auf dem Wege zu ihrer Realisierung noch mehrfach unterstrukturiert werden müssen ("innere Funktionsstruktur").

3.3 Struktur aus der Bio-Analogie

3.3.1 Strukturanalyse biologischer Systeme

Die im allgemeinen in der Bionik-Forschung bearbeiteten Probleme bestehen zu einem großen Teil darin, in der Natur realisierte charakteristische Eigenschaften einzelner Systeme analog auf die Technik zu übertragen. Denn die Natur hat in ihren biologischen Systemen Lösungsprinzipien entwickelt, die inzwischen altbewährt sind. Die hier realisierten Lösungsstrukturen mit technischen Mitteln zu analysieren und für technische Probleme zu diskutieren, ist Aufgabe eines "biologisch-orientierten Problemlösungsprozesses". Er soll die Erkenntnisse aus den Strukturen der lebenden Natur auf die Technik übertragbar machen und in den Vorgang einer technisch ausgerichteten Lösungsfindung integrieren [GER-86a].

Funktionsstrukturen bilden ein universelles Werkzeug sowohl zur Analyse und Beschreibung biologischer Systeme als auch zur Synthese technischer Strukturen. Die so erkannten, biologisch realisierten Strukturprinzipien können an die Stelle von, oder als Alternative zu systematisch oder intuitiv erarbeiteten Funktions- und Lösungsstrukturen treten und so Ausgangspunkt

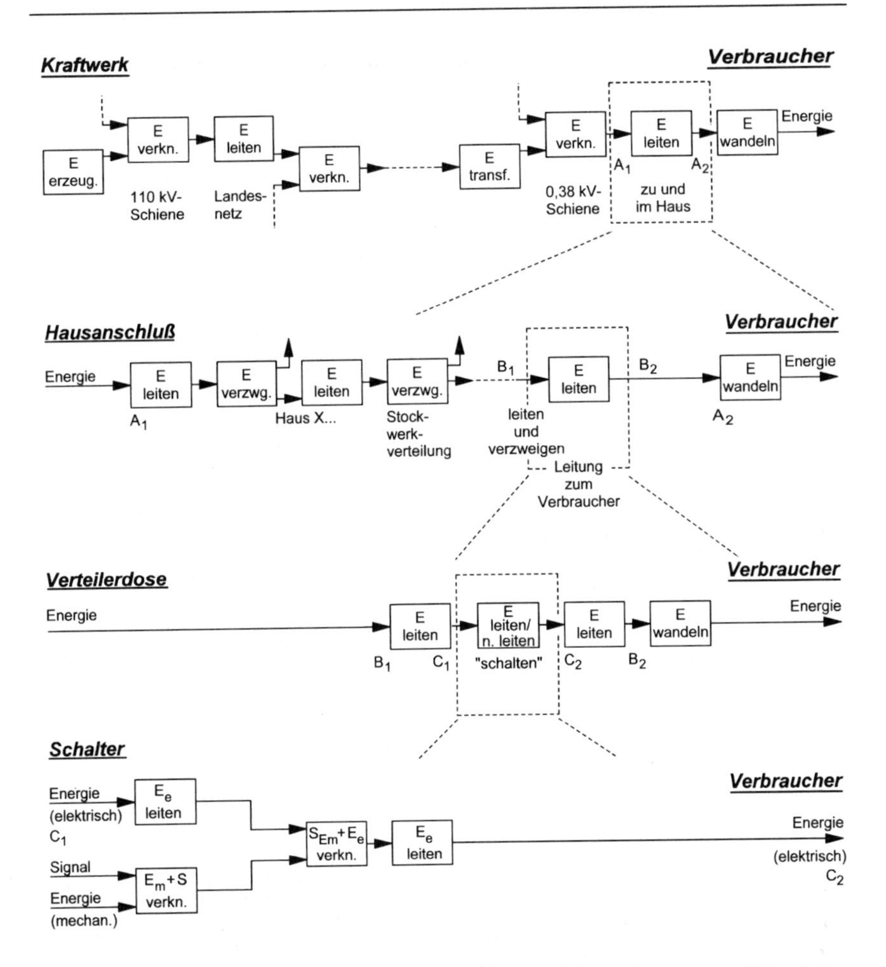

Bild 3.15: Funktionen in verschiedenen Abstraktionsebenen am Beispiel "Energie leiten" (vereinfacht)

für die Realisierung technischer Problemlösungen sein. Unter Strukturprinzipien werden dabei universelle Strukturen verstanden, die allen Systemen mit gleicher Gesamtfunktion gemeinsam sind.

Das Ablaufschema für die Analyse biologischer Systeme als Hilfe bei der Erarbeitung technischer Lösungsstrukturen zeigt Bild 3.16. Werden unter den existierenden biologischen Systemen solche aufgefunden, welche die Gesamtfunktion erfüllen (z. B. die Funktion "Stoff leiten/nicht leiten" im

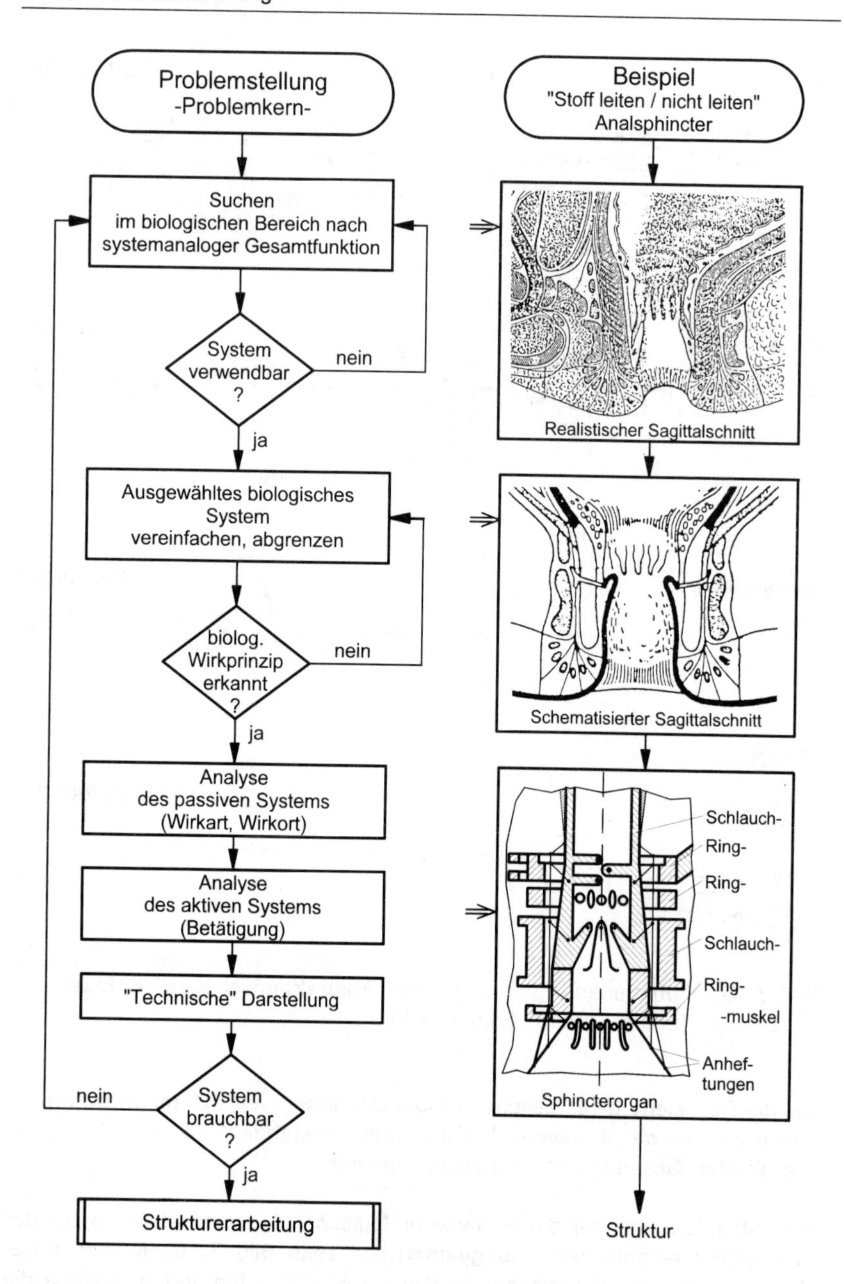

Bild 3.16: Ablaufschema für die Analyse biologischer Systeme

biologischen System "Analsphincter"), so wird eine erste Analyse – über Systemabgrenzung, Vereinzeln und Vereinfachen – das Wirkprinzip erkennen lassen. Eine weitere Reduzierung der Elemente durch Elimination oder Funktionsintegration führt zu einem abstrahierten, sowohl das passive als auch das aktive Organ beschreibenden Funktionsbild, welches als Ausgangspunkt für die Strukturdarstellung dient.

3.3.2 Spezielle Eigenschaften biologischer Systeme

Biologische Systeme sind, äquivalent zur Technik, abgrenzbar, besitzen Ein- und Ausgangsgrößen, werden durch Störgrößen beeinflußt und weisen Restriktionen auf. Die Natur hat eine Vielzahl biologischer Systeme im Pflanzen- und Tierreich sowie beim Homo sapiens mit außerordentlich unterschiedlichen geometrie-, werkstoff-, antriebs- und energiespezifischen Eigenschaften geschaffen.

Die Systemabgrenzung ist bei biologischen Systemen nicht beliebig, da das Funktionieren eines Organs nicht nur von ferne gesteuert, sondern meist auch betätigt wird. So können beispielsweise Muskeln nur monodirektional Kräfte erzeugen, indem sie sich zusammenziehen; sie können sich aktiv über ihre Ruhelage hinaus nicht dehnen, sondern benötigen dazu einen Antagonisten. Damit würden einer Strukturbeschreibung, die sich aus dem Sagittalschnitt des Organs ableitet und somit nur eine Verknüpfung von z. B. Schließfunktionsteilen darstellt, die Öffnungsfunktionsteile des Antagonisten fehlen. Notwendigerweise resultiert daraus eine Verlagerung der Systemgrenze durch Einbeziehen der Öffnungsmuskulatur. Ein Verschlußsystem z. B. ist auf mehrere Orte aufgeteilt und über Kraftleitungssysteme verbunden (vgl. auch Bild 3.16, aktives Sphincterorgan).

Die Komplexität einer "anatomischen" Struktur läßt im allgemeinen nur schwer einen universellen Funktionszusammenhang erkennen. Durch den Vergleich mit anderen Organen mit gleicher Gesamtfunktion aber wird die übergeordnete Grundstruktur deutlich. Es ist eine Frage des gewünschten Abstraktionsgrades, wie allgemeingültig eine bio-analoge Struktur erarbeitet werden muß.

3.3.3 Die bio-analoge Funktionsstruktur

Die Beschreibung biologischer Strukturen in der Sprache "Technische Funktionsstruktur" und das Verwenden der gleichen Grundfunktionen erleichtert die Übertragung der Struktur des ausgewählten biologischen Systems in die Technik. Bild 3.17 zeigt die für viele Verschlüsse des Homo sapiens [GER-86a] geltende universelle Struktur.

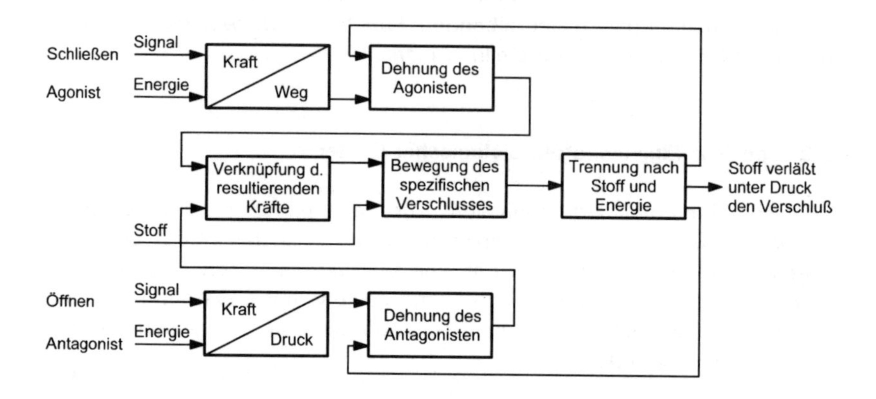

Bild 3.17: Universalstruktur von menschlichen Sphinctern

Für das Beispiel (Bild 3.16) des Analsphincters, dem infolge von vier unterscheidbaren Hautfaltentypen vier Verschlußzonen mit spezifischer Gestalt zugeordnet werden können, zeigt Bild 3.18, ausgehend von einer quasitechnischen Darstellung des aktiven Sphincterorgans, die Funktionsstruktur des Gesamtverschlusses, ausschnittsweise vollständig. Die einzelnen Funktionen "Stoff mit Energie verknüpfen" sind über die energiereichen Stoffe Blut und Lymphe verbunden und werden über Muskeln gesteuert.

Je nach technischer Aufgabenstellung liegt eine Funktionsstruktur aus der bio-analogen Betrachtung vor als

- Struktur eines einzelnen Organs, z. B. eines Ringverschlusses oder eines Schlauchverschlusses,
- übergeordnete (universelle) Funktionsstruktur, entstanden aus der Analyse verschiedener Organe gleicher Gesamtfunktion, z. B. Lissosphincter der Harnröhre, Kelchhalssphincter des Nierenkelches, Fornix des Nierenkelchgewölbes [GER-86a, SAU-87],
- bis ins einzelne gehende Gesamtstruktur eines Organs, z. B. Analsphincter mit den verschiedenen, zusammenspielenden Einzelverschlüssen.

Der Entwickler kann von Fall zu Fall entscheiden, wie tief er die Analyse treiben will und wie abstrakt er die Funktionsdarstellung verlangt.

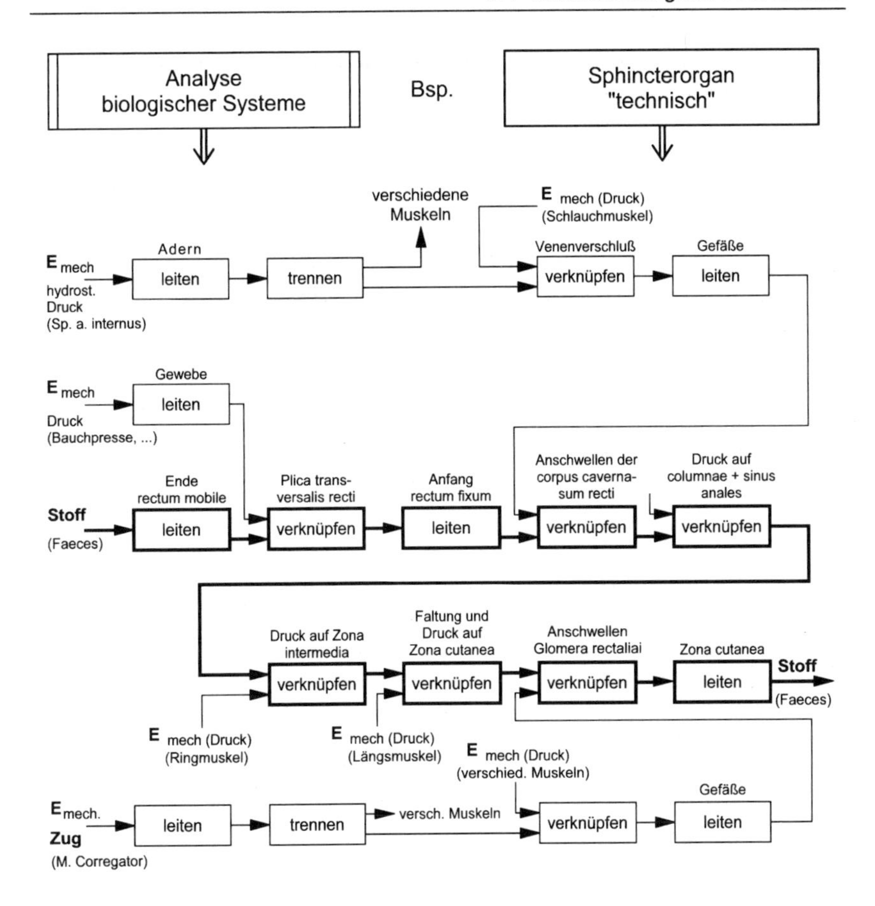

Bild 3.18: Funktionsstruktur (Ausschnitt) des Analsphincters

3.4 Strukturierung mit Petri-Netzen

3.4.1 Grundlagen der Petri-Netz-Theorie

Die Petri-Netz-Theorie ist zur Strukturbeschreibung von Baugruppen und Geräten, aber auch zur Beschreibung der Mensch-Gerät-Schnittstelle [GER-87b] besonders geeignet, da gerade nicht-sequentielle Prozesse, sogenannte Nebenläufigkeiten, durch Petri-Netze beschreibbar sind [HER-84, REI-82, REI-85, ZUS-80].

Petri-Netze sind gerichtete, bipartite Graphen aus zwei disjunkten Mengen S (Stellen) und T (Transitionen). Elemente der Menge S können mit Elementen der Menge T (und umgekehrt) durch gerichtete Kanten (Relationen) miteinander verknüpft werden. Zwischen Stellen (Bedingungen, Plätze, Zustände) und Transitionen (Aktionen, Ereignisse) bestehen formale Zusammenhänge, die bei problemorientierten Beschreibungen immer inhaltlich materiell interpretierbar sein müssen: Jede Transition (Ereignis) setzt eine exakt definierte Menge realisierter Zustände (Vorbedingungen) und eine exakt definierte Menge noch zu realisierender Zustände (Nachbedingungen) voraus. Die Modellierungsvorschrift für ein Petri-Netz ergibt sich aus der Verknüpfung der S-Elemente (Symbol: Kreis) mit den T-Elementen (Symbol: Quadrat) über die Kanten (Symbol: Pfeil), Bild 3.19.

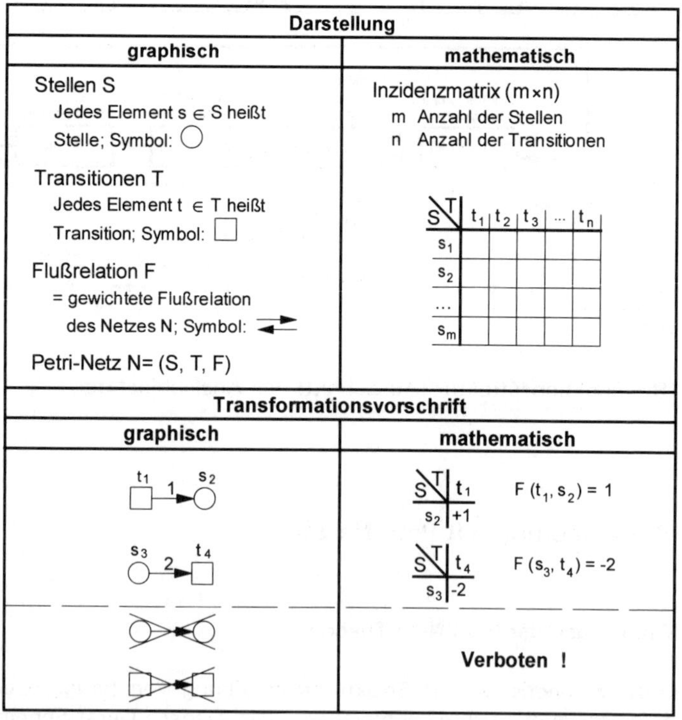

Darstellung	
graphisch	**mathematisch**
Stellen S Jedes Element $s \in S$ heißt Stelle; Symbol: ○ Transitionen T Jedes Element $t \in T$ heißt Transition; Symbol: □ Flußrelation F = gewichtete Flußrelation des Netzes N; Symbol: ⇄ Petri-Netz N= (S, T, F)	Inzidenzmatrix (m×n) m Anzahl der Stellen n Anzahl der Transitionen S\T: t_1, t_2, t_3, ..., t_n s_1, s_2, ..., s_m
Transformationsvorschrift	
graphisch	**mathematisch**
t_1 —1→ s_2	S\T: t_1; s_2: +1 — $F(t_1, s_2) = 1$
s_3 —2→ t_4	S\T: t_4; s_3: -2 — $F(s_3, t_4) = -2$
○→←○ (durchgestrichen) □→←□ (durchgestrichen)	**Verboten !**

Bild 3.19: Petri-Netz-Symbolik

Aufbauend auf die Netztopologie wird mit der Einführung von Netzmarken eine Betrachtung der dynamischen Vorgänge möglich, so daß z. B. zur Verifikation eines erarbeiteten Netzes auch "Schaltvorgänge" durch die Weitergabe von Marken simuliert werden können. Somit ist eine Simulation schon in der vor-konzeptionellen Phase des Entwicklungsprozesses möglich. Dazu werden für Petri-Netze eingeführt

- die Kapazitätsfunktion K, die eine Aussage über die Begrenzung der Markenzahl auf den jeweiligen Stellen macht;
- die Markierungsfunktion M, die den aktuellen Zustand des Netzes kennzeichnet und
- die Schaltregel:
  Transitionen $t \in T$ sind bei der Markierung M(s) aktiviert und können schalten, wenn alle einlaufenden Stellen dieser Transition, die auch als Vorbereich ($^{\bullet}t$) bezeichnet werden, markiert sind (positive Schaltbedingung) und wenn alle auslaufenden Stellen, die als Nachbereich ($t^{\bullet}$) bezeichnet werden, nicht markiert sind (negative Schaltbedingung).

Beim Schalten einer aktivierten Transition werden aus dem Vorbereich, dem Kantengewicht entsprechend, Marken abgezogen und dem Nachbereich der Transition hinzugefügt. Der nach dem Schalten der aktivierten Transition eingenommene Markierungszustand wird als Folgemarkierung $M_F(s)$ der Markierung M(s) bezeichnet, vgl. Bild 3.20.

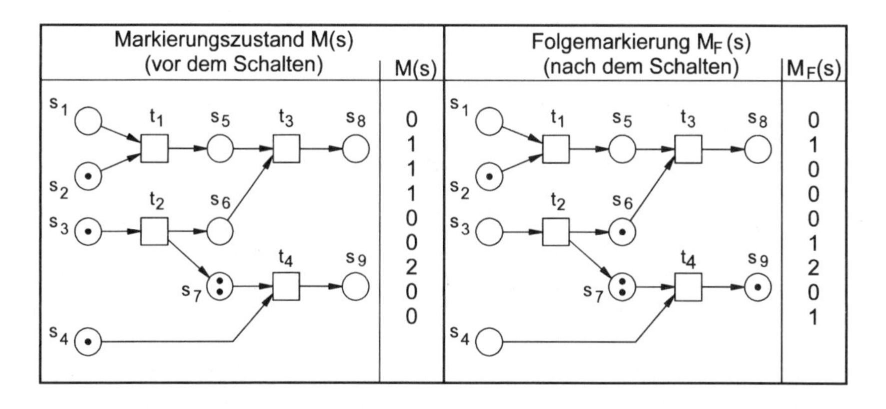

Bild 3.20: Schaltregel und Markierungsvektoren eines Beispielnetzes, vor und nach dem Schalten der Transitionen t_2 und t_4

Die verschiedenen Petri-Netz-Typen unterscheiden sich insbesondere bezüglich ihrer Eignung zur Simulation dynamischen Geschehens. Während beispielsweise die fundamentalen Stellen-Transitions-Netze (S/T-Netze) mit einer einzigen Markenart arbeiten, benutzen höhere Petri-Netze wie z. B. Prädikat-Transitions-Netze (P/T-Netze) unterschiedliche Marken, mit Variablen beschriftete Flußrelationen sowie eine partielle Schaltregel. Bei Zeitbewerteten Petri-Netzen werden den Flußrelationen und Transitionen Zeitattribute, bei Stochastischen Petri-Netzen den Transitionen Schaltwahrscheinlichkeiten zugeordnet.

Für die Strukturierung von Baugruppen und Geräten eignen sich durchaus Stellen-Transitions-Netze in einer speziell erweiterten Form.

3.4.2 Technische Interpretation und Modellierungssyntax

Ein technisches System ist durch seine Zustände und Zustandsübergänge ebenso zu beschreiben wie durch seine Teilfunktionen. Eine technische Interpretation von Petri-Netz-Konstrukten verlangt also, den Knotenelementen des bipartiten Graphen Zustands- und Zustandsübergangseigenschaften zuzuweisen.

Stellenelemente eines Petri-Netzes repräsentieren in ihrer Gesamtheit die möglichen Zustände eines technischen Systems, als da wären die Funktionszustände, aber auch Eingangs- und Ausgangsgrößen sowie spezielle Bedingungen.

Transitionselemente eines Petri-Netzes repräsentieren in ihrer Gesamtheit die möglichen Zustandsübergänge, die Veränderungen im System bewirken, also die Funktionen bzw. definierte Objekte.

Geht man von den gleichen Grundoperationen (Leiten, Wandeln, Speichern, Verknüpfen, Trennen) wie bei Funktionsstrukturen aus, so ergibt sich eine — einfache — Modellierungsvorschrift für eine realitätstreue Abbildung des Systems, Bild 3.21.

In der Realität sind Grundoperationen bei technischen Systemen nur dann aktivierbar, wenn bestimmte Bedingungen erfüllt sind; eine realitätsgetreue Modellierungssyntax muß zwischen Bedingungs- und Verarbeitungssignalen (Steuer- und Datensignale) unterscheiden können. (Hinweis: Funktionsstrukturen können dies prinzipiell nicht!)

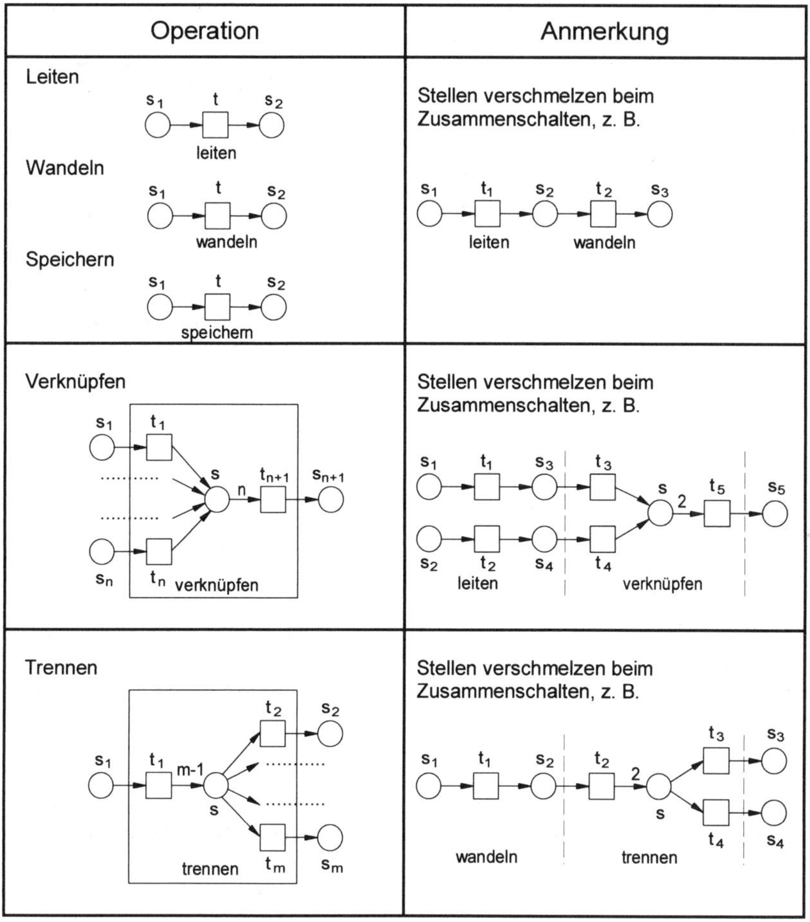

Operation	Anmerkung
Leiten s_1 t s_2 leiten Wandeln s_1 t s_2 wandeln Speichern s_1 t s_2 speichern	Stellen verschmelzen beim Zusammenschalten, z. B. s_1 t_1 s_2 t_2 s_3 leiten wandeln
Verknüpfen s_1 t_1 s n t_{n+1} s_{n+1} s_n t_n verknüpfen	Stellen verschmelzen beim Zusammenschalten, z. B. s_1 t_1 s_3 t_3 s 2 t_5 s_5 s_2 t_2 s_4 t_4 leiten verknüpfen
Trennen t_2 s_2 s_1 t_1 m-1 s trennen t_m s_m	Stellen verschmelzen beim Zusammenschalten, z. B. t_3 s_3 s_1 t_1 s_2 t_2 2 s t_4 s_4 wandeln trennen

Bild 3.21: Modellierungssyntax für Grundoperationen

Soll aus der Netzstruktur erkannt werden, von welchen Eingangsbedingungen die Aktivierung einzelner Operationen abhängt bzw. welche Ausgangsbedingungen sie generieren, so muß die bisherige Modellierungssyntax erweitert werden [WIP-90]. Die unabhängigen Operationen, vgl. Bild 3.21, müssen zu abhängigen, generierenden und allgemeinen Operationen erweitert werden, Bild 3.22. Diese Modellierungsvorschrift für Operationen in Stellen-Transitions-Netzen gilt für alle Grundoperationen.

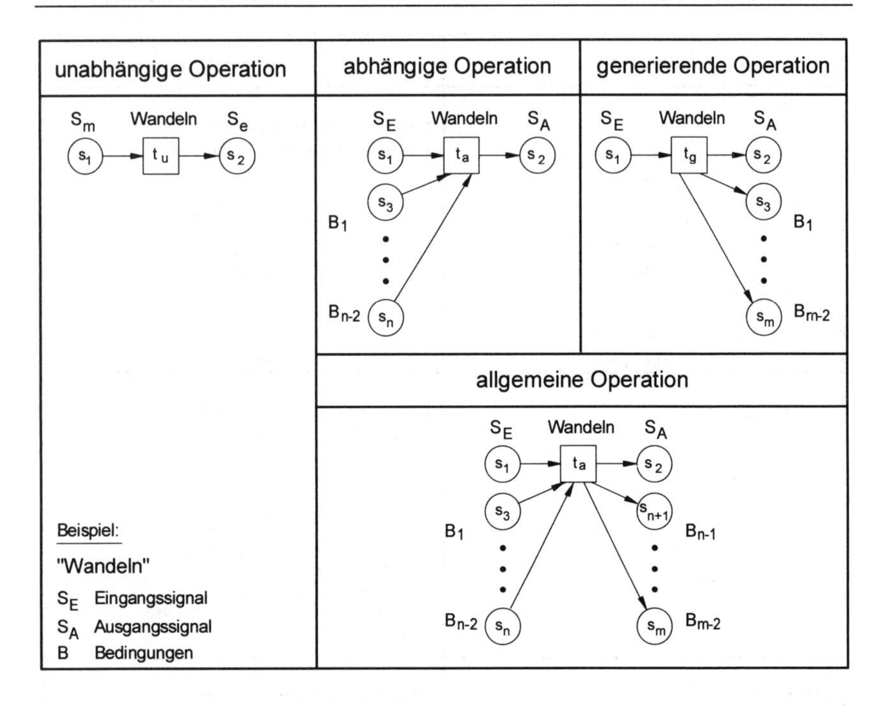

Bild 3.22: Erweiterte Modellierungssyntax für alle Grundoperationen nach WIPPICH [WIP-90]

Bild 3.23 zeigt die in Bild 3.4 dargestellte Grobstruktur einer Telefonierhilfe für Sprechbehinderte als grobes Stellen-Transitions-Netz, ohne Stoff- und Energieflüsse.

3.4.3 Rechnereinsatz zur Strukturverifikation und -variation

In einer Inzidenzmatrix werden die einzelnen, modellierten Operationen dargestellt. Dies muß sowohl für unabhängige als auch für abhängige bzw. generierende Operationen gelten; der jeweilige Operationstyp muß eindeutig identifizierbar sein. Bild 3.24 zeigt die Inzidenzmatrizen ausgewählter Grundoperationen im Vergleich.

Da die Inzidenzmatrizen der verschiedenen Grundoperationen sich prinzipiell unterscheiden, sind sie auch bei äußerst komplexen Operationszusammenhängen innerhalb der Gesamtinzidenzmatrix erkennbar (Zeilen- und

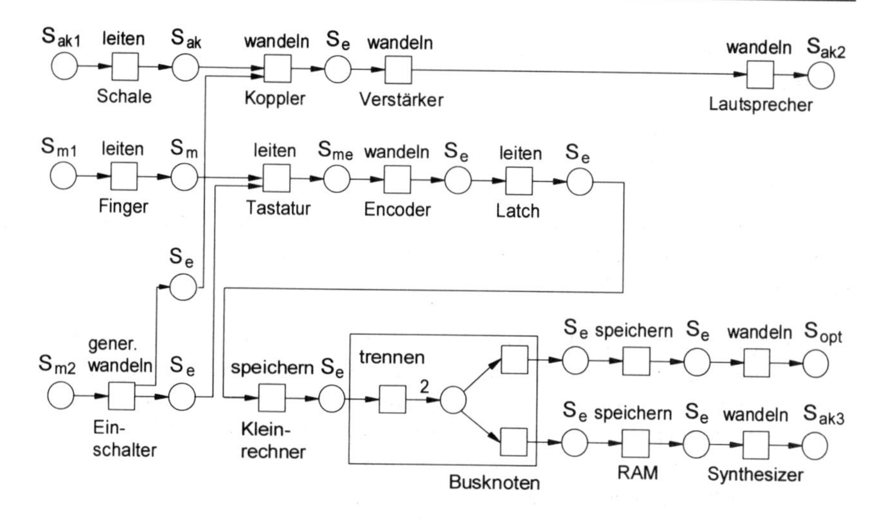

Bild 3.23: Grobes Stellen-Transitions-Netz für eine Telefonierhilfe als "strukturinterpretierendes Petri-Netz"

S_{ak}	akustisches Signal	S_e	elektrisches Signal
S_m	mechanisches Signal	S_{opt}	optisches Signal

unabhängige Grundoperation	"erweiterte" Grundoperation
Leiten, Wandeln, Speichern S\T: t_u s_1: -1 s_2: +1	Bsp. "Wandeln"
Verknüpfen S\T: t_1 . . . t_n t_{n+1} s: +1 . . . +1 -n	Abhängige Operation S\T: t s_1: -1 s_2: +1 . . . . . . s_n: -1
Trennen S\T: t_1 t_2 . . . t_m s: +(m-1) -1 . . . -1	Generierende Operation S\T: t s_1: -1 s_2: +1 . . . . . . s_m: +1

Bild 3.24: Inzidenzmatrizen verschiedener Grundoperationen

Spaltenanalyse) und infolge der einfachen Algorithmen rechnergestützt handhabbar.

Strukturverifikation

Prinzipiell ist auch ein erstes Petri-Netz-Konstrukt nur eine Strukturalternative von mehreren möglichen zur Erfüllung einer Problemlösung. Eine Überprüfbarkeit verlangt [TES-97]

- eine notwendige logische Bedingung, wonach beim Vorhandensein aller Eingangsgrößen alle Ausgangsgrößen erreichbar sein müssen. Dazu läßt sich beispielsweise die Black-Box als triviales Petri-Netz auffassen und die notwendige Bedingung über die Schaltregel des Stellen-Transitions-Netzes definieren (Erreichbarkeit der Markierung der Ausgangsstellen aus der Anfangsmarkierung).

- die physikalisch-technische Randbedingung, wonach das System und damit auch die Modellstruktur die Eingangsgrößen in die Ausgangsgrößen überführen muß. Über eine Netzsimulation mit vorgegebener Eingangsmarkierung wird eine bei einem "Deadlock" erreichte Ist-Endmarkierung mit der Soll-Endmarkierung verglichen.

- die funktionserfüllende Bedingung, wonach die verschiedenen Operationen nur auf definierte Reize in Form von Markierungen des Vorbereichs reagieren. Ein Nichterfüllen dieser Bedingung führt zu einem Unterbrechen des Markenflusses.

Bezüglich weiterer Einzelheiten zum Rechnereinsatz muß auf die Literatur verwiesen werden [GER-88, TES-97, WIP-90].

Strukturvariation

Um alle denkbaren Lösungsstrukturen zu einer Problemstellung zu erhalten, müssen diese — im allgemeinen ausgehend von einer ersten Struktur — systematisch erarbeitet werden. Die dazu benutzte Methode muß zu einem rechnerimplementierbaren Algorithmus führen, wodurch die Variantensuche automatisiert werden kann, was mit Petri-Netz-Konstrukten möglich ist. TESTRUT [TES-97] beschreibt einen Generierungsalgorithmus zur Strukturvariation, der prinzipiell alle Strukturvarianten durch Erzeugen einzelner Variantenmatrizen über Inzidenzmatrizen liefert.

3.4.4 Mensch-Produkt-Schnittstelle als Petri-Netz

Der Benutzeroberfläche eines Produkts sowie der Mensch-Produkt-Kommunikation (Maschinenbau: Mensch-Maschine-Schnittstelle; Gerätebau: Mensch-Gerät-Schnittstelle) kommt generell eine immer größere Bedeutung zu, so daß eine grundlegende, konsequente und auf dem Rechner verarbeitbare Betrachtung für benutzergeführte Produkte notwendig wird. Je intelligenter die innere Steuereinheit des Produkts ist, um so mehr Möglichkeiten erschließt sie dem Benutzer, wenn dessen Aufnahme- und Verarbeitungskapazität dies zuläßt.

Nicht nur zur formalen, sondern auch zur mathematischen Beschreibung der Mensch-Produkt-Schnittstelle sind Petri-Netze besonders geeignet, da sie sich sowohl zur Strukturbeschreibung von technischen Baugruppen, Geräten und Maschinen als auch zur Strukturanalyse von "Baugruppen" des Menschen einsetzen lassen [GER-87b, GER-91]. Da Petri-Netze außerdem auf einem Digitalrechner be- und verarbeitbar sind, bieten sie sich zum einheitlichen Beschreiben der Randstruktur von Mensch und Gerät sowie der verbindenden Kommunikationsstruktur an.

Zur Beschreibung der *Randstruktur des Menschen* bei benutzergeführten Geräten ist eine Beschränkung auf die Fähigkeiten und Möglichkeiten der Rezeptoren und Erfolgsorgane mit angrenzendem peripheren Nervensystem ausreichend. Die Informationsverarbeitung im System Mensch ist im allgemeinen nur in dem Maße zu berücksichtigen, wie sie für eine Kopplung von Rezeptoren mit Rezeptoren oder mit Erfolgsorganen notwendig ist. Wenn bestimmte Informationen vom Produkt auf den Menschen übertragen werden sollen, werden die einzelnen Kommunikationskanäle (z. B. visuell, taktil, auditiv, thermisch, vestibular, vibratorisch, smektisch) im Einzelfall zu modellieren sein, ebenso, wie beim Übertragen von Informationen vom Menschen zum Produkt (z. B. akustisch, manuell, pedell). Immer aber wird der Informationsweg vom Rezeptor über das Gehirn und das Rückenmark zum beteiligten Erfolgsorgan vollständig — wenn auch vereinfacht — zu beschreiben sein [GER-90a, GER-91].

Bei der *Kopplung der Randstrukturen* ist es wichtig, Breite (Umfang, Kanalzahl, Komplexität) und Tiefe (Eindringen des Netzmodells ins Gerät bzw. in den Menschen) der Mensch-Produkt-Kopplung aufzufinden und zu definieren. Durch die Gleichartigkeit der Beschreibung bei den beiden Kommunikationspartnern Mensch und Gerät werden die Netzmodelle koppelbar und somit benutzergeführte Geräte bezüglich ihrer Anpassung an den Menschen beschreibbar und optimierbar. Ein erstes Grobnetz kann sukzessive durch Zerlegen jedes einzelnen Moduls in weitere Teilmodule verfeinert

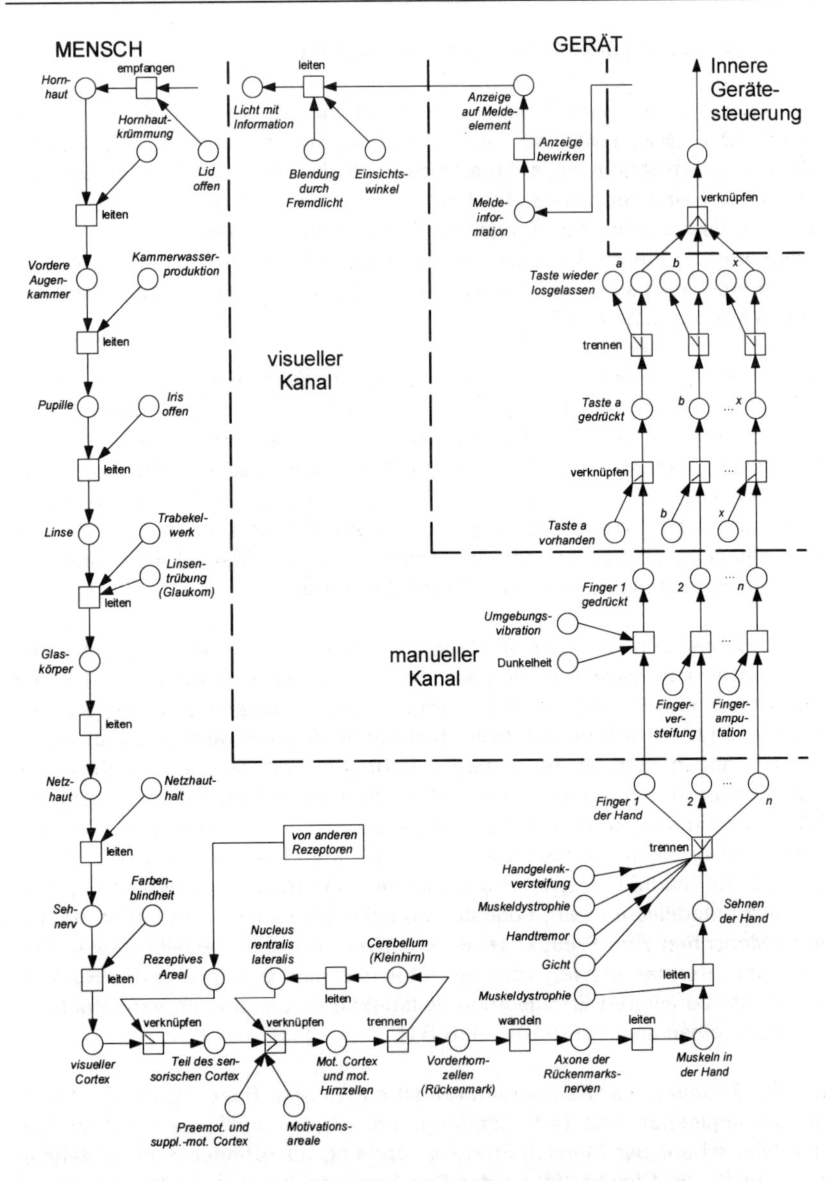

Bild 3.25: Petri-Netz für tastaturbediente Anzeigegeräte (taktile Rückkopplung nicht berücksichtigt), mit möglichen Störungen und Voraussetzungen (Bedingungen)

Verknüpfungssymbol   Trennsymbol

werden, die ihrerseits wiederum Petri-Netze sind. Solche Feinnetze erlauben Untersuchungen bezüglich Konfliktfreiheit und Lebendigkeit.

Bild 3.25 zeigt die Kopplung der Teil-Petri-Netze für die Geräteoberfläche einerseits und für zwei beispielhaft ausgewählte Kommunikationskanäle des Menschen andererseits am Beispiel eines tastaturbedienten (manueller Bedienkanal) Anzeigegeräts (visueller Rezeptorkanal). Einzelheiten bezüglich taktiler Rückmeldung sowie Energie- und Stoffflüsse sind nicht mitmodelliert.

Durch die Kopplung von Teilnetzen von Mensch und Produkt und durch Berücksichtigen möglicher oder gegebener Randbedingungen ist eine Prüfung des Gesamtnetzes auf Lebendigkeit, d. h. Konflikt- und Verklemmungsfreiheit möglich. Entsprechend notwendig werdende Untersuchungen und Modellierungen bedingen dynamische Petri-Netze und eine Implementierung auf dem Digitalrechner mit einem Net-Analyzer als Werkzeug.

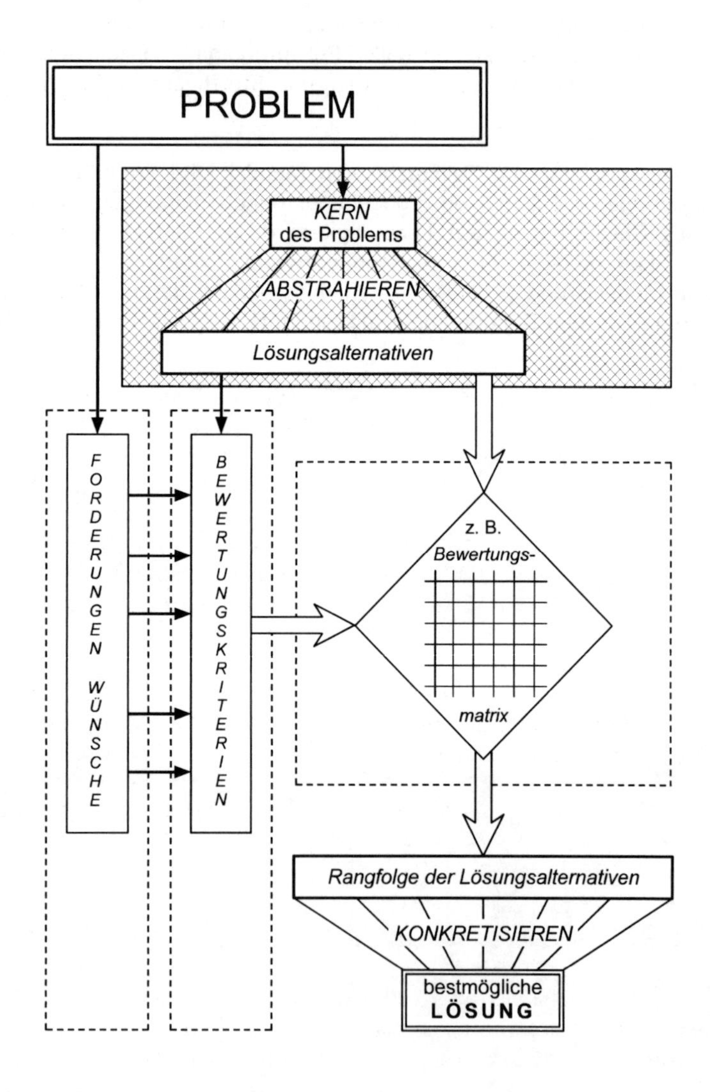
PROBLEM
KERN
des Problems
ABSTRAHIEREN
Lösungsalternativen
FORDERUNGEN WÜNSCHE
BEWERTUNGSKRITERIEN
z. B.
Bewertungs-
matrix
Rangfolge der Lösungsalternativen
KONKRETISIEREN
bestmögliche
LÖSUNG

4.1 Ideenfindung und Kreativität

4.1.1 Notwendigkeit von Lösungsideen

Neue Ideen erscheinen als das Geheimrezept des Erfolges in unserem Wirtschaftssystem. Neue und neuartige Produkte verleihen den entscheidenden Wettbewerbsvorsprung. Ideen haben heißt also, erfolgreich sein, sowohl für den einzelnen als auch für das Unternehmen.

Der technische Fortschritt der Menschheit dokumentiert sich in ihren Erfindungen; sie haben sowohl einen Neuheitsgrad als auch eine Erfindungshöhe. Der Ingenieur steht im Mittelpunkt des technischen Geschehens. Er, wissenschaftlich vorgebildet, arbeitet als Forscher, Entwickler, Konstrukteur in einer Unternehmung, die für den Markt produziert. Dieser Markt wandelt sich mit zunehmender Geschwindigkeit, die Lebensdauer seiner Produkte wird immer kürzer, die internationale Konkurrenz drängt. Außerdem erfolgt der Anstieg des Wissens seit dem 17. Jahrhundert exponentiell, was zu einer nicht mehr überschaubaren Informationsflut führt; die *Halbwertszeit* unseres Wissens beträgt heute — branchenabhängig — etwa 4 bis 5 Jahre.

Der Nutzungsgrad des problemlösenden Potentials — das sind die Mitarbeiter in den Unternehmen — wird heute auf lediglich 30 % bis 40 % geschätzt, d. h. die Effizienz von Problemlösungsprozessen läßt sich noch wesentlich steigern.

Der Entwickler bzw. Konstrukteur muß der Ideenlieferant sein. Er ist synthetisierend tätig, stets auf der Suche nach dem Machbaren und nach der optimalen Lösung.

Kreativität ist der Schlüssel zur Ideenfindung; der kreative Prozeß setzt "kreatives Denken" voraus.

4.1.2 Schöpferisches Denken, Kreativität

Reproduktives Denken bedeutet beim Problemlösen ein Zurückgreifen auf im Gedächtnis gespeicherte Erkenntnisse; hierbei kommt es auf die Erinnerung an existierendes Wissen an. Reproduktives Denken bringt neue Ergebnisse hervor, egal ob diskursiv, also schrittweise logisch, oder intuitiv entstanden. Produktiv konvergentes Denken zielt in eine Richtung und führt zu *einer* neuen Lösungsidee. Produktiv divergentes Denken schreitet in allen Richtungen fort und führt zu einer Mannigfaltigkeit von Antworten.

Nach DE BONO [BON-71] ist *vertikales Denken* analytisch und folgerichtig; jeder einzelne Schritt muß begründet sein. *Laterales Denken* ist provokativ und eher sprunghaft; nicht jeder einzelne Schritt muß richtig sein, es gibt keine Verneinung. Laterales Denken erforscht den am wenigsten wahrscheinlichen Weg und sucht die Vielzahl von Antworten auf ein Problem.

Den schöpferischen Denkprozeß des Menschen zu klären, ist Aufgabe der Psychologie (Kognitionspsychologie), der Kybernetik (Lernsystem) und der Medizin (Hirnforschung), entsprechende methodische Hilfen zur Ideenfindung zu schaffen, Aufgabe der Konstruktionsforschung. Das Vordringen dieser Forschung befreit den Menschen zunehmend von mystischen und metaphysischen Deutungen der Begriffe Intuition, Kreativität, Intelligenz. Interpretationen wie Eingebung, Erleuchtung oder Inspiration werden – zumindest auf dem Gebiet der Lösung für technische Probleme – verdrängt durch die Erkenntnis, daß Kreativität Denken voraussetzt.

Der Psychologe J. DREVDAHL [DRE-56] definiert:

„Kreativität ist die Fähigkeit eines Menschen, Denkergebnisse beliebiger Art hervorzubringen, die im wesentlichen neu sind und demjenigen, der sie hervorgebracht hat, vorher unbekannt waren."

Damit schließt Kreativität das Bilden neuer Muster und Kombinationen aus Erfahrungswissen ebenso ein wie das Übertragen bekannter Zusammenhänge auf neue Situationen. Kreativität ist also eine menschliche Fähigkeit, die bei allen Menschen – wenn auch in unterschiedlichem Maße – vorhanden ist. Kreativität hat mit Genie nichts zu tun.

Kreatives Denken ist

- kein Ersatz für Wissen, kann aber das Wissen vor der Gefahr des Sterilwerdens bewahren,
- keine ziellose "Spinnerei", kann aber durch das bewußte Anwenden von Denktechniken unterstützt werden,
- kein Ersatz für logisches Denken, kann dieses aber ergänzen, und
- kein Privileg begnadeter Denker und Künstler.

Ideenfindung ist das Produkt der Kreativität!

4.1.3 Der kreative Prozeß

Eigenmotivation, innere Ruhe und Selbstsicherheit machen kreativ.

Der kreative Prozeß kann durch vier Phasen gekennzeichnet werden: Vorbereitungs-, Inkubations-, Fremdkonzentrations- und Erleuchtungsphase.

Vorbereitungsphase

Die Vorbereitung bedeutet ein aktives Beschäftigen mit der speziellen Problemsituation, also ein Bewußtmachen mit anschließender Problempräzisierung. In einer ersten diskursiven, also einer analytisch-systematischen Aktion wird das problemrelevante Wissen für erste Lösungsansätze, sogenannte Hypothesen, aktiviert. Diese diskursive Aktion kommt zum Stocken und löst die intuitive Aktion aus.

Inkubationsphase

Wenn das Problem eine derartige Stärke besitzt, daß die zum Unterbewußtsein existierende Reizschwelle überschritten werden kann, so wird das Problem dorthin verlagert. Diese Reizschwelle verhindert, daß der im Unterbewußtsein ablaufende Prozeß — wahrscheinlich eine erneute Problemanalyse mit Problemabstraktion — bewußt nicht erkannt wird. Das Problem existiert im Unterbewußtsein weiter und kann jederzeit reaktiviert werden.

Fremdkonzentrationsphase

Bei der Beobachtung und beim Durcharbeiten anderer Problemstrukturen kommt es — insbesondere im Zustand der körperlichen und geistigen Entspannung — zu Assoziationen mit dem noch nicht gelösten Problem, getreu dem Grundsatz:

„Ein Problem lösen heißt,
sich vom Problem lösen!"

Es ist also wichtig, sich möglichst weit vom Problem zu entfernen, durch Konzentration auf andere Dinge.

Erleuchtungsphase

Wenn die im Unterbewußtsein infolge von Assoziationsketten zum Bewußtsein entstandene Idee einen derart hohen Informationswert hat, daß sie die Bewußtseinsschwelle überschreitet, dann wird diese Idee unvermittelt und plötzlich bewußt. Es kommt zum sogenannten "Aha! - Effekt".

Eine Idee kann etwas Neues oder die neue Anwendung von etwas Bestehendem sein, auch eine Kombination bekannter Elemente zu etwas neuem Ganzen. Diese Idee kann nachbearbeitet und verifiziert werden.

Beim Denken treten immer wieder imaginäre Hindernisse, sogenannte Denkblockaden, auf. Ursachen dafür sind, daß sich beim Menschen, der im Laufe seines Lebens unzählige Informationen aufnimmt, Erfahrungen sammelt und Denkmuster anlegt, bestimmte Gewohnheiten — z. B. infolge erfolgreicher Bewältigung unterschiedlicher Lebenssituationen durch das zugelegte Denkmuster — einstellen, die das Denken praktisch abschalten. Die Denkblockaden sind bedingt durch ein mechanisches Anwenden von Gelerntem, durch Vorurteile mit unzureichendem Wahrheitsanspruch, durch vorzeitige Ideenbewertung und durch emotionale Unsicherheit. Solche Denkblockaden gilt es, durch Training von Fähigkeiten wie gedankliche Flexibilität, Offenheit und Spontaneität, von Kreativität mit Kreativitätsspielen oder Heuristiken und von Verfahren zur Lösungssuche abzubauen.

Für ein zielgerichtetes Denken und zum Vermeiden von Denkfehlern ist es notwendig, während der Lösungssuche weitgehend Kreativität und Kritik zu trennen. Durch vorzeitige Kritik bei der Lösungssuche werden Schranken errichtet, die wegen scheinbarer Unmöglichkeit der Realisation einer Lösungsidee deren Weiterbehandlung verwerfen. Damit werden oft neue Lösungsansätze verbaut. Die Kritik bis zu einer späteren Lösungsbewertung zurückzustellen, fällt um so leichter, je klarer die Aufgabe präzisiert und je exakter und vollständiger die einzelnen Anforderungen an die zu schaffende Konstruktion beschrieben sind.

4.1.4 Methodenübersicht und Charakterisierung

Methoden zur Ideenfindung sind Verfahrensrahmen, in welche bestimmte Heuristiken — also Suchregeln, die erfahrungsgemäß die Findewahrscheinlichkeit erhöhen — zur gezielten Anregung von Denkvorgängen eingearbeitet sind. Entsprechend den zwei Arten des bewußten Denkens unterscheidet man auch zwischen *diskursiven* (rein logisch in Schritten aufgebaute und damit auch von einzelnen durchführbare) und *intuitiven* (einfallsbetonte, die Intuition provozierende und vorwiegend im Team durchzuführende) Methoden. Dazu gibt es Methoden, die teilweise diskursiv, teilweise intuitiv zu Lösungsalternativen führen, Bild 4.1.

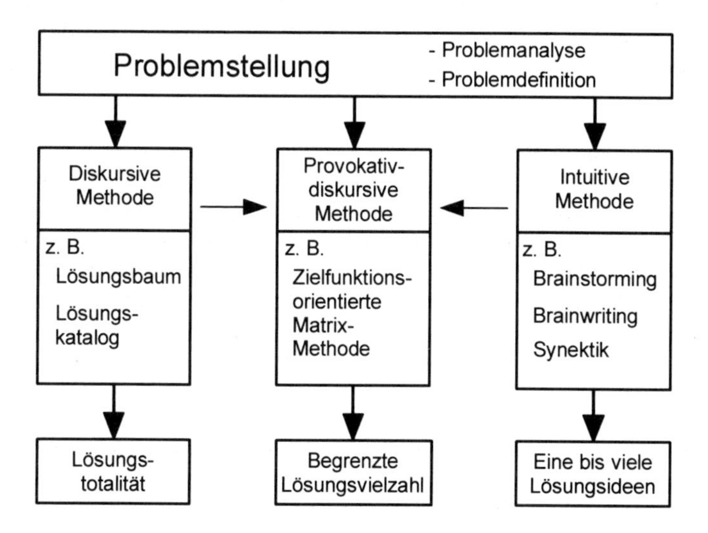

Bild 4.1: Methodengruppen zur Problemlösung

Jeder praktisch arbeitende Konstrukteur wendet beim Lösen seiner Probleme seine eigene "Methode" an. Für ihn gilt es, dies zu erkennen, sich bewußt zu machen und bezüglich Denk- und Vorgehensweise zu analysieren. Dabei wird er bei sich die Bereitschaft wecken, diese seine Methode zu vervollständigen, zu objektivieren, sie nachvollziehbar und begründbar zu machen. Seine Methode ist sicherlich auch davon abhängig, inwieweit er es mit Routineaktionen oder mit Pionieraktionen zu tun hat. Immer wenn der Konstrukteur bestehende Produkte verbessert oder neue Produkte entwickelt, werden auch einzelne Pioniersituationen auftreten.

Die Allgemeingültigkeit eines Vorgehens muß immer durch Abstraktion der Darstellung und der Vorstellungskraft erkauft werden. Das Denken im Abstrakten sowie das Konkretisieren abstrakter Denkergebnisse fällt dem Ungeübten nicht immer leicht. Dazu kommt noch, daß es ein allgemeingültiges Rezept, einen einzigen Algorithmus für die verschiedenartigen Aufgaben beim Konstruieren nicht gibt. Deshalb muß oft sogar der einzelne Konstrukteur mehrere Methoden zur Hand haben, die er aufgabenspezifisch in den einzelnen Problemlösungsphasen anwenden kann. Solche Verfahren sind als *Konstruktionsmethoden* bekannt. Sie entbinden den Konstrukteur keinesfalls von Berechnungen oder von fertigungs-, kosten- oder menschengerechtem Gestalten. Konstruktionsmethoden sollen mehrere Lösungsalternativen gleichen Reifegrads liefern. Verfahren wie iteratives Suchen nach einer Lösung, Analyse bestehender Systeme, Modellversuche und dergleichen genügen im allgemeinen dieser Definition nicht. Das soll keineswegs den Wert solcher Methoden schmälern.

Konstruktionsmethoden sind für die verschiedenen Problemstellungen unterschiedlich gut geeignet. Die Entscheidung, für welche Probleme welche Methode unter welchen vorgegebenen Randbedingungen bezüglich Zeit, Ort, Verfahrenshilfen und Personen bestgeeignet ist, verlangt Methodenerfahrung. Ein, in Bild 4.2 tabellarisch zusammengestellter, — subjektiver — Vergleich prinzipiell verschiedener Methoden zeigt einerseits die unterschiedliche methodische Denkweise auf und gibt andererseits Aufschluß über die an den Anwender gestellten Anforderungen, insbesondere bezüglich methodischer und fachlicher Kenntnisse.

Im folgenden sind einige ausgewählte, vom Konstrukteur anwendbare Methoden zur Lösungssuche zusammengestellt, insbesondere solche, die man heute weitgehend mit bestimmten Autoren identifiziert. Dabei werden einige — wie der Verfasser meint — grundlegende und leicht erlernbare Methoden ausführlicher als andere behandelt. Bei der Kurzbeschreibung der Verfahren wird versucht, das Funktionieren der von den Autoren so grundsätzlich verschieden dargestellten Methoden zur Lösungsfindung in Form einer einheitlichen Methodikstruktur darzustellen, um damit auch die Möglichkeit zum Vergleich der Verfahren untereinander zu schaffen. Dabei ist stets aufgezeigt, wie zu einem Problem (Aufgabenkern) mit Hilfe der vom jeweiligen Autor empfohlenen Methode Lösungsalternativen erarbeitet werden können.

4.2 Diskursive Lösungssuche für einzelne Funktionen

4.2.1 Stufen einer Systematik

Alle Funktionen z. B. einer Funktionsstruktur müssen in Bauelementen oder Baugruppen realisiert werden. Lösungsalternativen für die einzelnen Funktionen enthalten den für die Erfüllung einer Funktion erforderlichen

	Grundlegende **Methoden** zur Lösungssuche	Einsatz-Kriterien: Neukonstruktion	Variantenkonstr.	Anpassungskonstr.	Problemelemente	Konzipieren	Entwerfen	Ausarbeiten	Anwender-Krit.: Intuitiv/Diskursiv	besondere method. Kenntnisse	besondere fachliche Kenntnisse	Einarbeitungszeit	Bemerkungen
Diskursiv	Systematische Lösungssuche - Lösungsbaum - Ordnende Gesichtspunkte	●	●	○		●	●	○	D	△	◇	m	Verfahren strebt Lösungstotalität an. Starke Denkdisziplin erforderlich; z. T. ungewöhnliche Begriffe
	Lösungskataloge	●		○		●	○	○	D	▲	▼	k	Für spezielle Probleme erarbeitet; Richtlinen VDI 2222/2
	Physikal. orientierte Konstruktionsmethode	●			○	●	○		D	□	▽	l	Ungewöhnliche Begriffe bezüglich Wirkzusammenhang; eigenschaftsorientiert
	Systemtechnische Methode	●	○		●	●			D	□	▽	k	Funktionsstruktur-Denken vom Abstrakten zum Konkreten
	Konstruktionsmethode Ähnlichkeit		●			●	●	○	D	□	◇	l	Mathematisches Konzipieren, Denken in Baureihen; Entwicklungskosten sparend
	Morphologisches Schema	●	○		●	●	○		D/I	▲	▼	k	Lösungen sind Kombinationen aus Problemelementen zugegeordneten Lösungskomponenten
	Zielfunktionsorientierte Matrix-Methode	●	●	○	●	●	●	●	D/I	△	▽	m	Teil-Lösungsbäume für Matrix-Achsen; starke Provokation, geführte Intuition
	Heuristik	●	●	○		●	●	○	I/D	▲	▽	k	Erzieht zu einer selbstkritischen Denkweise
	Synektik	●	●			●			I	□	▽	l	Liefert eine (oder wenige) ganzheitliche Lösung(en)
Intuitiv	Brainstorming	●	○		●	●			I	▲	▼	k	Liefert Vielzahl ganzheitlicher allgemeiner Lösungen
	Brainwriting z. B. Methode 6.3.5	●	○		●	●			I	▲	▼	k	Besonders für allgemein formulierbare Probleme geeignet

Bild 4.2: Auswahlmatrix für Methoden zur Lösungs- bzw. Ideenfindung

Methode ist:	Methode ist:	Methode setzt voraus:	Einarbeitungszeit:
● gut geeignet	▲ einfach	▼ wenig	k = kurz
○ (bedingt) geeignet	△ normal schwierig	▽ normal viel	m = mittel (vom Bearbeiter abverlangbar)
ohne nicht geeignet	□ schwierig	◇ viel (Fachleute)	l = lang

physikalischen Effekt und die prinzipielle oder eine ganz konkrete Gestaltung, abhängig davon, ob Konzept- oder Entwurfsalternativen aufgesucht werden.

Eine Lösungstotalität für das Gesamtproblem wird möglich, wenn alle denkbaren Lösungsalternativen der Einzelfunktionen aufgefunden und die Lösungselemente vollständig miteinander kombiniert werden. Ein derartiges, diskursives, schrittweise logisches Vorgehen geht von folgenden Grundvoraussetzungen aus:

- Jeder gedankliche Schritt ist logisch nachvollziehbar. Daraus wird abgeleitet, daß durch systematisches Vorgehen jede beliebige Lösung einer Funktion (Einzelproblem) aufgefunden werden kann.

- Jede Gesamtfunktion-Lösung setzt sich aus der Verknüpfung von Einzellösungen der Einzelfunktionen zusammen. Daraus wird abgeleitet, daß durch systematisches Verknüpfen aller Einzelfunktion-Lösungen alle denkbaren Lösungen des Gesamtproblems aufgefunden werden können.

Eine solche Variationstechnik und Kombinatorik führt zu einem prinzipiell vollständigen Lösungsfeld.

Beim systematischen Erarbeiten von Lösungsalternativen wird eine Lösungshierarchie aufgebaut, die vom abstrakten Prinzip zu konkreten Varianten führt. Leiten läßt man sich dabei von "Ordnenden Gesichtspunkten (OGP)", also von Merkmalen, die es erlauben, einen Oberbegriff vollständig durch sich unterscheidende Teilbegriffe zu unterteilen. Zu jedem Teilbegriff kann wieder eine Vielzahl von Unter-Teilbegriffen kommen, Bild 4.3. Eine derart systematische Unterteilung und Nachordnung ist nahezu beliebig fortsetzbar.

Die jeweiligen Oberbegriffe der einzelnen Hierarchiestufen müssen die Eigenschaft haben, in jeder denkbaren nachfolgenden Lösung enthalten zu sein; zu einem Begriff müssen mindestens zwei sich unterscheidende Realisierbarkeiten auffindbar sein, die sich nicht nur quantitativ unterscheiden. Die Gliederungsgesichtspunkte müssen nach der Richtlinie VDI 2222, Blatt 2 [VDI-77] „eine formale Kontrolle der Vollständigkeit der Unterbegriffe oder aber eine exakte Angabe der Grenze der Vollständigkeit zulassen".

Die Reihenfolge der Ordnenden Gesichtspunkte spiegelt im Grunde für die Alternativen die Konkretisierungsstufen wider:

- Prinzipielle Möglichkeiten zum Realisieren einer Funktion (physikalische Ordnungsprinzipien).

- Physikalische Prinzipien (relevante physikalische Effekte).

- Möglichkeiten der Verwirklichung der relevanten physikalischen Prinzipien (Variation der Ausführungsprinzipien).

- Möglichkeiten der prinzipiellen oder stofflichen Verwirklichung (Variation von z. B. Angriffsart, Angriffsort, Wirkrichtung, Relativlage).

- Möglichkeiten der Gestaltung, oft in mehreren Schritten (Variation von z. B. Formwechsel, Lagewechsel, Zahlwechsel, Abmessungswechsel nach KOLLER [KOL-76]).

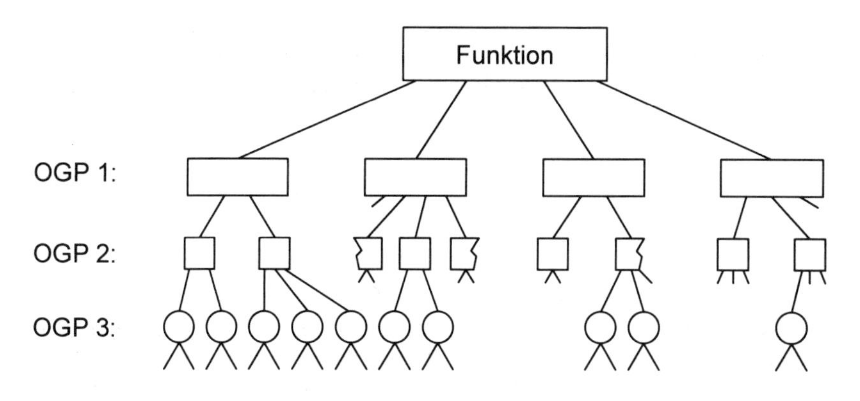

Bild 4.3: Stufen einer Lösungssystematik

OGP Ordnender Gesichtspunkt

4.2.2 Problemlösungsbaum

Für den Problemlösungsbaum ist die sich hierarchisch verästelnde Struktur typisch. Ein Problem mit Hilfe eines Lösungsbaumes zu bearbeiten, erfordert fundiertes Fachwissen über den jeweiligen Sachverhalt. BISCHOFF [BIS-53], BOCK [BOC-55] und HANSEN [HAN-65] haben im Rahmen ihrer Überlegungen zu einer Konstruktionssystematik für feinwerktechnische Produkte bereits 1953/55 die "Methode der Ordnenden Gesichtspunkte" beschrieben. Sie weisen besonders auf die Problematik einer Lösungstotalität hin und verlangen eine "Fehlerkritik", also ein Aufsuchen, Erkennen,

Beurteilen und Vergleichen der verschiedenen Fehler mit dem Ziel, diese zu beseitigen oder durch kompensierende Maßnahmen zu minimieren oder unschädlich zu machen. Unter Fehler wird dabei die Differenz zwischen dem Vorausgedachten und dem — gedanklich oder stofflich — Verwirklichten verstanden.

Die Methodik des Lösungsbaumes ist rein diskursiv und garantiert in ihrer konsequenten Anwendung weitestgehend eine Lösungstotalität, eine Größtzahl aller denkbaren Lösungen zu einer Funktion bzw. zu einem Problem. Lösungsbäume lassen sich prinzipiell immer erarbeiten, werden allerdings schnell unübersichtlich. Um unpraktikable Riesenbäume zu vermeiden, kann ein Abbruch bei einzelnen Ästen durchaus sinnvoll sein, wenn klare und eindeutige Kriterien dies zulassen. Dies verhindert zwar die Lösungstotalität, macht aber diese systematische Methode zum Erarbeiten von Lösungsalternativen praktikabel.

Beispielhaft zeigt Bild 4.4 das systematische Erarbeiten eines Lösungsbaumes für die Funktion "Lagern einer Welle" unter feinwerktechnischen Gesichtspunkten, Bild 4.5 ein entsprechendes Formblatt als Lösungssammlung zum starren Verbinden zweier Wellen.

4.2.3 Lösungskataloge

Entsprechend der Richtlinie VDI 2222, Blatt 2 [VDI-77] unterteilt man "Konstruktionskataloge" in "Objektkataloge", die aufgabenunabhängig allgemeine Sachverhalte enthalten (z. B. Kataloge über physikalische Effekte [KOL-71], Lieferformen von Profilen), "Operationskataloge", die Operationen (Verfahrensschritte) oder Operationsfolgen (Verfahren) enthalten (z. B. Kataloge über Gestaltvariationsoperationen [VDI-77], Operationen zur Variation von Funktionsstrukturen) und "Lösungskataloge", die eine möglichst umfassende Sammlung von Lösungen für eine bestimmte Funktion enthalten (z. B. "Drehbewegung in Schubbewegung umsetzen" [EWA-75], "Kraft einstufig mechanisch vervielfachen" [ROT-72b], "Vergrößern — Verkleinern physikalischer Größen" [KOL-76]).

Lösungskataloge enthalten Lösungen zu definierten Teilaufgaben bzw. zum Erfüllen einer bestimmten Funktion und können bei nicht allzu hohem Konkretisierungsgrad der Lösungen prinzipiell vollständig sein. Die geordneten Lösungen sind durch Auswahlmerkmale beschrieben, welche den inneren Aufbau der Lösungen qualitativ und oft auch quantitativ beschreiben und

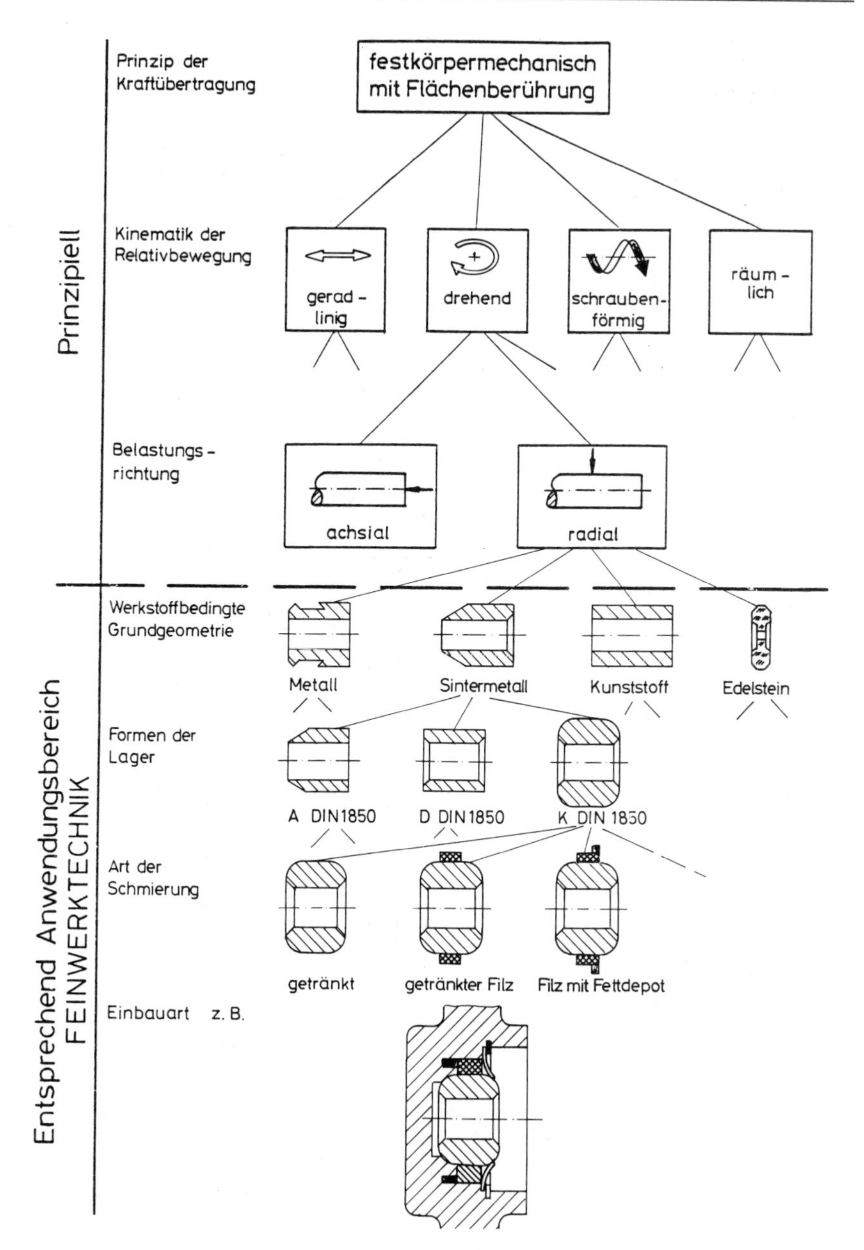

Bild 4.4: Geordnetes Suchen von Lösungen für die Funktion "Lagern einer Welle" in der Feinwerktechnik

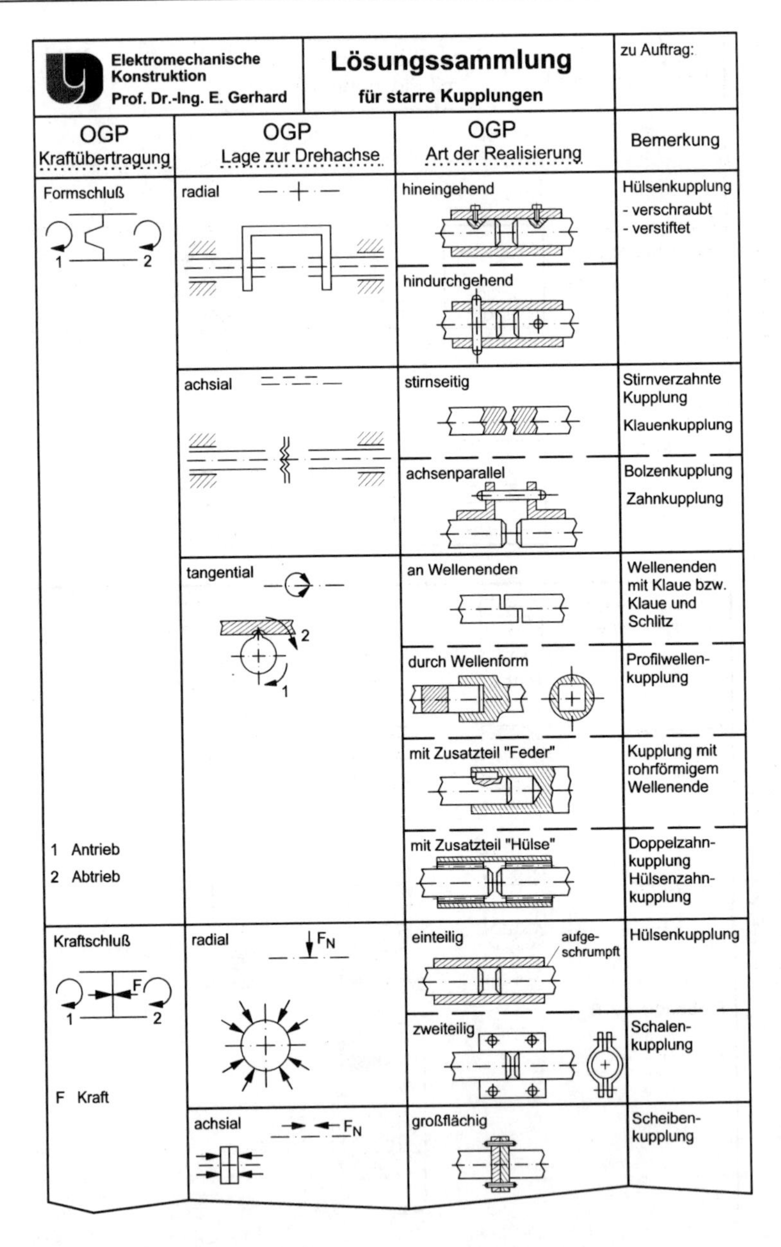

Elektromechanische Konstruktion Prof. Dr.-Ing. E. Gerhard	**Lösungssammlung** **für starre Kupplungen**		zu Auftrag:
OGP Kraftübertragung	**OGP** Lage zur Drehachse	**OGP** Art der Realisierung	Bemerkung
Formschluß 1 2 1 Antrieb 2 Abtrieb	radial	hineingehend	Hülsenkupplung - verschraubt - verstiftet
		hindurchgehend	
	achsial	stirnseitig	Stirnverzahnte Kupplung Klauenkupplung
		achsenparallel	Bolzenkupplung Zahnkupplung
	tangential 2 1	an Wellenenden	Wellenenden mit Klaue bzw. Klaue und Schlitz
		durch Wellenform	Profilwellen-kupplung
		mit Zusatzteil "Feder"	Kupplung mit rohrförmigem Wellenende
		mit Zusatzteil "Hülse"	Doppelzahn-kupplung Hülsenzahn-kupplung
Kraftschluß F 1 2 F Kraft	radial F_N	einteilig aufge-schrumpft	Hülsenkupplung
		zweiteilig	Schalen-kupplung
	achsial F_N	großflächig	Scheiben-kupplung

Bild 4.5: Lösungssammlung zur Funktion "Starres Verbinden zweier Wellen" (starre Kupplungen – Ausschnitt)

somit als Vorauswahlkriterien dienen; Methodikstruktur in Bild 4.6. Das Aufstellen von Lösungskatalogen geschieht rein diskursiv.

Für eine allgemeine Verwendbarkeit müssen die Lösungsalternativen in Lösungskatalogen in abstrakter Form abgespeichert werden. Der Abstraktionsgrad hängt dabei ab von der Konkretisierungsstufe (physikalischer Effekt, Lösungsprinzip, Konzept, stoffliche Verwirklichung, Bauelement), von der Anzahl der zu speichernden Lösungen und von der Komplexität der Einzellösungen. Das Erstellen einer tabellarischen Lösungssammlung, eines Lösungskatalogs, besteht im wesentlichen darin, möglichst alle Lösungen für eine Funktion zu finden, sie übersichtlich und systematisch zu ordnen und die für die Anwendung der Lösungssammlung erforderlichen Informationen zusammenzutragen.

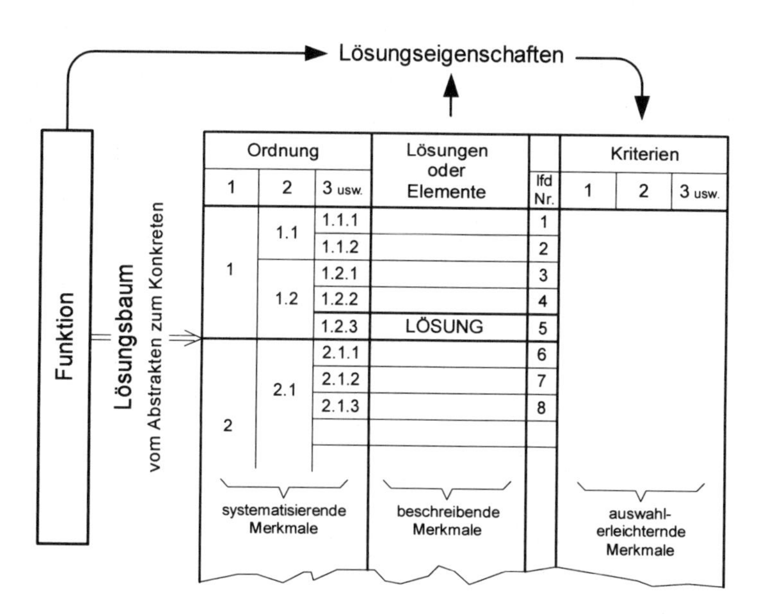

Bild 4.6: Methodikstruktur von Lösungskatalogen

Ein einmal erarbeiteter Lösungskatalog gilt für das gesamte Berufsleben und noch darüber hinaus.

Bild 4.7 gibt einen kleinen Ausschnitt aus einem Lösungskatalog für die Funktion "Wege und Bewegungen analog elektrisch messen" [GER-78a].

Analoge Weg- (Winkel-) Messung; s(t) bzw. α (t)									
					Richtwerte (Bsp.)				
lfd. Nr.	PHYSIK. EFFEKT.	ÄNDERUNG VON ...	PRINZIPBILD	AUSFÜHRUNGS-BEISPIELE	Meß-bereich	Auf-lösung	Frequenz-bereich	Linea-rität	Empfind-lichkeit
1	Widerstandsänderung R	Abgriff		Draht-Potentiometer Ringrohr-Potentiometer Kohle-Potentiometer elektrolytischer Geber	0 ÷ 2000 mm	0,1 ÷ 10^{-3} mm	0 ÷ 5 Hz	≤0,2%	300%
2		Abmessung		DMS Halbleitergeber Freidrahtgeber Metallfilmgeber Flüssigkeitsgeber	-10^{-3} ÷ $+10^{-2}$ mm		0 ÷ 50 kHz	1÷20%	3 Ω bei $\varepsilon=10^{-2}$
3		Engewider-stand		Engewiderstands-dehnungsgeber			0 ÷ 10^4 Hz	nicht linear	
4		Temperatur		Bolometer	÷10^{-1} mm	-10^{-3} mm	0 - 10^2 Hz	1%	10^{-1} A/mm
5	...tten ...stand			Absolut-Aufnehmer Diff.-Aufnehmer Winkel-Aufneh...		bis zu	0 ÷ 40 kHz	nicht linear	abh. vom Meß-
21	"TRÄGER" LICHT	Lage ei... Kante	EV	elektro-optische Bewegungskamera	1 mm ÷ 20 m	1 μm	0 ÷ 20 kHz		
22		Ort der Belichtung	α(t), R(α)	Photoelement mit Graukeil laterales Photoelement z. B. Photopotentiometer					
23		Laser	L, α(t), s(t)	Autokollimationslaser verändern der Resonatorlänge (Frequenzmessung) Laser mit Konverter (Asymmetriemessung)	10^{-6} mm 100 m	10^{-8} mm 10^{-4} mm			
24	Piezo-effekt	Ladung	Q(ε), ε(t)	piezoelektrischer Wegaufnehmer Dehnungsaufnehmer			10 ÷ 10^5 Hz		100 mV bei $\varepsilon=10^{-6}$
25	IONISATION		s(t)	Ionisations-wegaufnehmer			0 ÷ 10^3 Hz		sehr groß
26	"TRÄGER" SCHALL		Sender, Empf., s(t)	Ultraschall-Weg-aufnehmer					

Bild 4.7: Lösungskatalog für die Funktion "Wege und Bewegungen analog elektrisch messen"(Ausschnitt)

4.3 Diskursive Lösungssuche für die Gesamtfunktion

4.3.1 Lösungsansatz und Kombinatorik

Um zu Gesamtlösungen eines gegebenen Problems zu kommen, müssen die Lösungselemente, die als Lösungsalternativen zur Erfüllung der einzelnen Funktionen erarbeitet worden sind, entsprechend der Funktions- bzw. Lösungsstruktur miteinander kombiniert werden. Hauptproblem solcher Kombinationsschritte ist das Erkennen physikalischer Verträglichkeiten zwischen den zu kombinierenden Lösungselementen (störungsfreier Energie-, Stoff- und Signalfluß; Kollisionsfreiheit in der Gestalt).

Zur Kombination von Lösungselementen zu Gesamtlösungen gibt es prinzipiell verschiedene Möglichkeiten:

Gedankliche Kombination

Eine rein gedankliche Kombination einzelner Lösungselemente zu Gesamtlösungen ist nur bei einer extrem kleinen Anzahl von Lösungselementen zu empfehlen. Allzu gerne entstehen hier unkontrolliert "gedankliche Fehler".

Tabelle und Kombinationsmatrix

Wenn Lösungselemente für nur zwei Funktionen zu kombinieren sind, eignet sich eine zweiachsige Tabelle als Kombinationsmatrix, Bild 4.8.

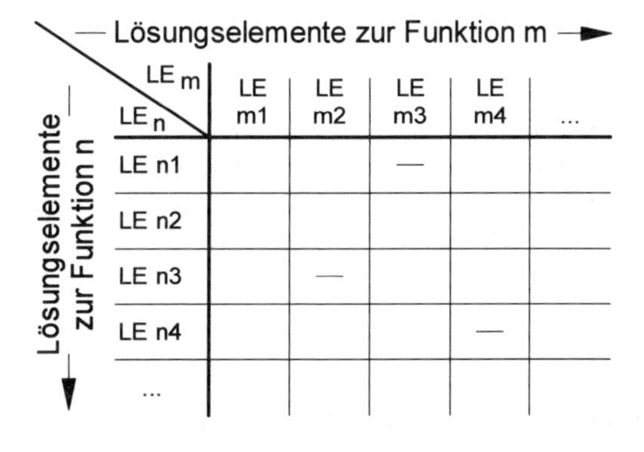

Bild 4.8: Einfache Kombinationsmatrix

In jedem Feld der Tabelle erscheint eine Lösungsalternative des Gesamtproblems. Dabei ist leicht zu erkennen, welche Kombinationen physikalisch bzw. geometrisch denkbar (verträglich) sind und welche nicht (Kennzeichnung in Bild 4.8: —). Theoretisch entstehen insgesamt

$$G = m \times n$$

Gesamtlösungsalternativen.

Kombinationsschema

Wenn Lösungselemente für mehr als zwei Funktionen miteinander zu kombinieren sind, empfiehlt sich ein Ordnungsschema nach Bild 4.9.

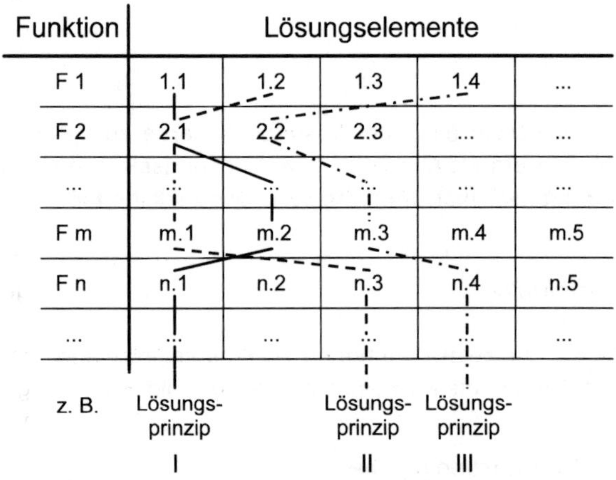

Funktion	Lösungselemente				
F 1	1.1	1.2	1.3	1.4	...
F 2	2.1	2.2	2.3	...	...
...	...	...	...	...	...
F m	m.1	m.2	m.3	m.4	m.5
F n	n.1	n.2	n.3	n.4	n.5
...	...	...	...	...	...
z. B.	Lösungsprinzip I		Lösungsprinzip II	Lösungsprinzip III	

Bild 4.9: Kombinationsschema

Die möglichen Lösungsprinzipien (Gesamtlösungsalternativen) entstehen mit Hilfe von Durchlauflinien. Unverträglichkeiten sind relativ schwer erkennbar. Bei einer großen Anzahl notwendiger Kombinationen ist dieses Verfahren unübersichtlich; immerhin ergeben sich theoretisch

$$G = \prod_{F_i = 1}^{n} LE_i$$

mögliche Gesamtlösungen. Dabei ist n die Anzahl der Funktionen F_i und LE_i die Anzahl der Lösungselemente für eine einzelne Funktion.

Arithmetisches Verfahren

Ab einer bestimmten Anzahl von möglichen Kombinationen ist das Zusammenbauen der Lösungsprinzipien (Gesamtlösungsalternativen) nur in arithmetischer Form möglich, z. B.:

Lösungsprinzip I : [1.1] + [2.1] + ... + [m.2] + [n.1] + ...

Lösungsprinzip II : [1.2] + [2.1] + ... + [m.1] + [n.3] + ...

Lösungsprinzip III: [1.4] + [2.2] + ... + [m.3] + [n.4] + ...

Den Einsatz von mathematischen Methoden und EDV-Anlagen zur Kombination von Lösungselementen wird man nur dann anstreben, wenn wirklich Vorteile aus diesem Vorgehen erkennbar sind, wie z. B. Anstreben einer Totalität der Gesamtlösungsalternativen, Aufsuchen einer patentierfähigen Lösung ("Lücken"-Suche), Kombination bekannter Elemente und Baugruppen (z. B. bei Variantenkonstruktionen), Verknüpfen rein logischer Funktionen durch Anwenden der Booleschen Algebra (z.B. Schaltungs- bzw. Chip-Optimierung in der Elektronik).

4.3.2 Methode des Morphologischen Kastens

Die von ZWICKY [ZWI-66] auf die Lösung technischer Probleme angewandte morphologische Denkweise basiert auf dem Wissen von allen Lösungen eines Problems, auch wenn diese nicht im einzelnen zu erforschen, zu verwirklichen oder konstruktiv zu verwerten sind. Damit ist die morphologische Forschung eine Totalitätsforschung, die vorurteilsfrei alle Lösungen eines vorgegebenen Problems herleitet. Sie unterschiedet drei Methoden:

Die "Methode der systematischen Feldüberdeckung" soll neue Probleme formulieren oder neue Forschungsmethoden entwickeln. Dabei wird das Vorhandensein einer genügend großen Menge von "Stützpunkten" (Tatsachen, Erfahrungen, Bücher, Geräte ...) vorausgesetzt.

Mit der "Methode der Negation und Konstruktion" werden im wesentlichen neue Erfindungen angestrebt. Sie geht von der Überzeugung aus, daß Dogmen, Halbwahrheiten und konventionelle oder diktatorische Schranken dem konstruktiven Fortschritt im Wege stehen. Damit gilt es, diese zu verneinen und das, was sich aus der Negation ergibt, konstruktiv zu verarbeiten. Durch das systematische Negieren scheinbarer Wahrheiten und Tatsachen sowie durch nachfolgendes konstruktives Ausbeuten gefundener Lösungsansätze ist mit neuen Entdeckungen und Erfindungen zu rechnen.

Die "Methode des Morphologischen Kastens" beinhaltet eine Systematik, die vornehmlich auf die Lösung konkreter Probleme zugeschnitten ist und auch tief in diese eindringt. ZWICKY gibt zu ihrer Durchführung fünf Schritte an [ZWI-66]:

1. „Genaue Umschreibung oder Definition sowie zweckmäßige Verallgemeinerung des vorgegebenen Problems."

2. „Genaue Bestimmung und Lokalisierung aller die Lösung des vorgegebenen Problems beeinflussenden Umstände, d. h. in anderen Worten, Studium der Bestimmungsstücke oder, wissenschaftlich ausgedrückt, der Parameter des Problems."

3. „Aufstellen des morphologischen Kastens oder des vieldimensionalen Schemas, in dem alle möglichen Lösungen des vorgegebenen Problems ohne Vorurteil eingeordnet werden."

4. „Analyse aller im morphologischen Kasten enthaltenen Lösungen auf Grund bestimmter, gewählter Wertnormen."

5. „Wahl der optimalen Lösung und Weiterverfolgung derselben bis zu ihrer endgültigen Realisierung oder Konstruktion."

Ausgehend von einer "Definition und Verallgemeinerung" des Problems (Aufgabenkern) muß dieses in seine Parameter bzw. Elemente zerlegt werden (Erarbeiten der Problemelemente). Das Finden der möglichen Totalität von Lösungen hängt sehr stark von der richtigen Bestimmung der Problemelemente ab. Jedes einzelne Problemelement muß in sich geschlossen sein, also ein kleines Problem selbst sein, und es sollte sich mit anderen Problemelementen nicht überschneiden; die Summe aller Problemelemente muß das zu lösende Problem vollständig beschreiben. Dabei dürfte bei konstruktiven Aufgaben sowohl die Problemteilung als auch das Überprüfen der Vollständigkeit der Problemelemente schwierig sein. Die Wahl der Problemelemente, die auch Teilfunktionen zu einer Hauptfunktion sein können, hat durchaus Einfluß auf die Gesamtstruktur der Lösung.

Das Aufstellen und Ausfüllen des Morphologischen Kastens (zwei- oder mehrdimensional) erfolgt so, daß zu den Problemelementen jeweils möglichst viele Lösungskomponenten, also Lösungen der Teilprobleme, aufgesucht und eingetragen werden.

Zweidimensionales Morphologisches Schema

Man nehme das Problem, zergliedere es in seine Problemelemente und lasse sich zu den einzelnen Problemelementen Lösungskomponenten (Ausprägungen) einfallen (reproduktives Denken). Bild 4.10 zeigt das Schema.

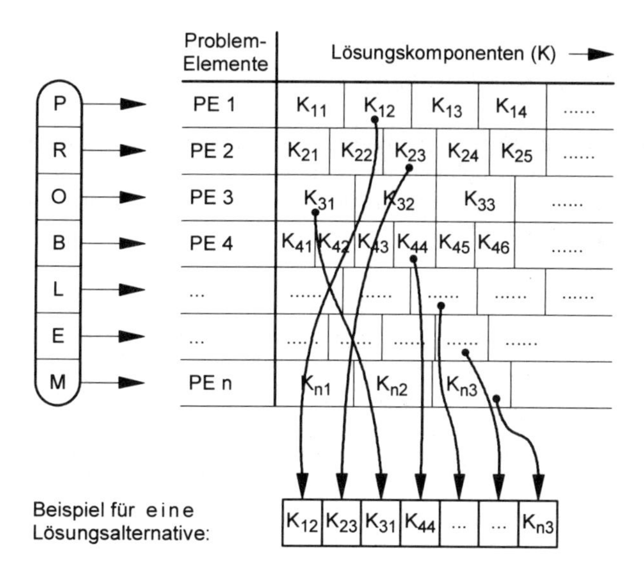

Bild 4.10: Methodikstruktur des zweidimensionalen Morphologischen Schemas mit einer beispielhaften Lösungskombination.

Lösungsalternativen zu dem Gesamtproblem erhält man durch Kombination jeder Lösungskomponente eines Problemelements mit jeweils einer Lösungskomponente der anderen Problemelemente. Somit ergeben sich theoretisch *G* mögliche Gesamtlösungen (vgl. Kap. 4.3.1):

$$G = \prod_{PE=1}^{n} K_{PE} \; .$$

Dabei ist *n* die Anzahl der Problemelemente *PE* und K_{PE} die Anzahl der Lösungskomponenten für ein einzelnes Problemelement. Selbstverständlich sind mehrere theoretisch mögliche Kombinationen praktisch unverträglich oder unsinnig. Wenn die Lösungskomponenten vollständig sind und echte Lösungen der Problemelemente darstellen, dann muß unter den Gesamtlösungen auch die optimale sein. Die Bewertung und Auswertung der oft beträchtlichen Anzahl an Lösungsalternativen ist meist sehr aufwendig. Die von der Methode angestrebte Lösungstotalität ist nicht garantiert und auch nicht überprüfbar, weder die Vollständigkeit und die gegenseitige Unabhängigkeit der Problemelemente noch die Vollständigkeit und die Echtheit der Lösungskomponenten sowie deren Verträglichkeit bei der Kombination zu Lösungsalternativen [KET-71].

Dreidimensionaler Morphologischer Kasten

Bei der Einführung eines dreidimensionalen Schemas, in dem die Lösungskomponenten in Abhängigkeit eines definierten Parameters (z. B. Gestaltung) variiert werden, gewinnt der Ausdruck des Morphologischen Kastens erst Gültigkeit, Bild 4.11.

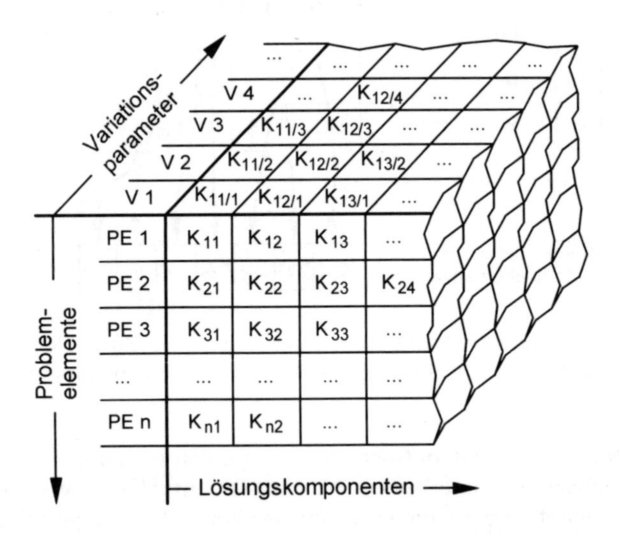

Bild 4.11: Dreidimensionaler Morphologischer Kasten

Die Methode des Morphologischen Kastens besticht durch ihre Einfachheit und Klarheit, sie ist bezüglich der Problemelementeermittlung diskursiv, bezüglich der Suche nach Lösungskomponenten eher intuitiv. Für die morphologische Lösung von Problemen der Funktionsfindung und Prinziperarbeitung bei der Neukonstruktion komplexer technischer Gebilde hat BAATZ [BAA-71b] das Rechnerprogramm "Morpho" entwickelt.

Benutzt man das Morphologische Schema zur Lösungssuche für ein Problem, für das man eine Funktionsstruktur erarbeitet hat, so werden die Problemelemente ersetzt durch die Teilfunktionen, deren Lösungen zugleich Lösungskomponenten sind. Bild 4.13 zeigt dies beispielhaft für ein Heizlüfterkonzept, ausgehend von der elektrischen Prinzipschaltung, der Black-Box und der Funktionsstruktur nach Bild 4.12.

Diese Methode ist dann besonders effektiv, wenn die einzelnen Lösungskombinationen nacheinander abgearbeitet werden können. Die Kombinatorik kostet ein Vielfaches der Zeit, die zum Ausfüllen des Morphologischen Schemas nötig ist. Für technische Problemstellungen aber ist das Morphologische Schema im allgemeinen zu unsystematisch und damit uneffektiv, da für eine Lösungsbewertung Gesamtlösungen gleichen Reifegrades, also alle, notwendig sind. Eine zeilenweise Vorbewertung, die allerdings einer Lösungstotalität widerspricht, dürfte für die Praxis unumgänglich sein.

Das morphologische Denken wird in den verschiedensten Varianten zu Arbeitshilfen ausgebaut [SCH-80], z. B.

Sequentielle Morphologie

Bei diesem Verfahren wird ein Bewertungsverfahren in den Aufbau des Morphologischen Schemas eingekoppelt. Der Bewertungsvorgang mit Kriterien aus der Aufgabenpräzisierung wird schrittweise (sequentiell) durchgeführt.

Attribute-Listing

Dieses Verfahren wird vorwiegend bei der Weiterentwicklung von Produkten und Verfahren angewendet. Eine Analyse des Bestehenden (ähnlich einer Funktionsanalyse) führt zu einer Hinterfragung der bisherigen Teillösungen und eventuell zu neuen Varianten.

Morphologisches Tableau

Diese Problemfelddarstellung bzw. Erkenntnismatrix baut auf Lösungsvorschlägen für zwei Teilprobleme auf, die in Matrixform kombiniert werden (vgl. Kap. 4.3.1, Kombinationsmatrix).

a) Elektrische SCHALTUNG :

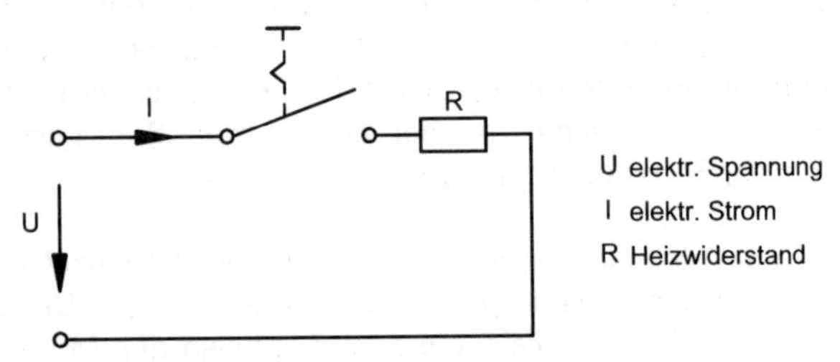

b) BLACK-BOX :

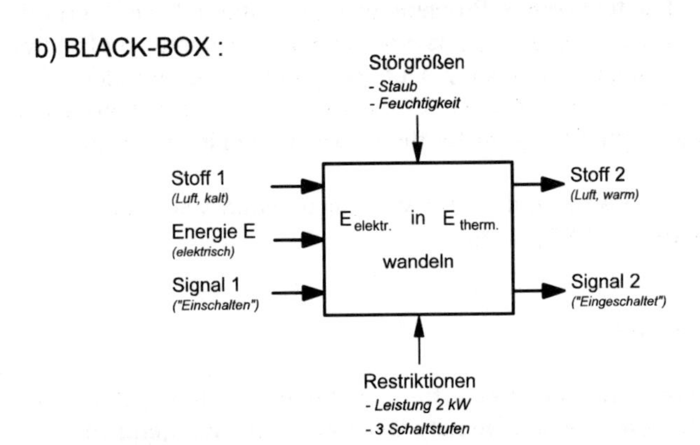

c) FUNKTIONSSTRUKTUR :

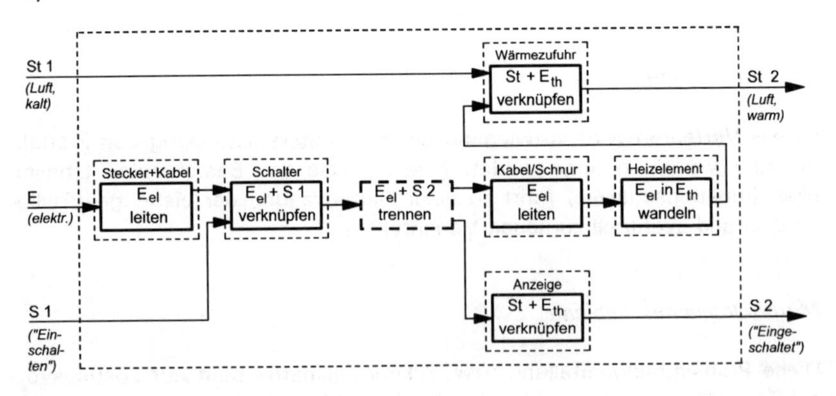

Bild 4.12: Funktionsstruktur als Ausgangspunkt für ein Morphologisches Schema (Beispiel: Heizlüfter)

a) MORPHOLOGISCHES SCHEMA (zweidimensional) :
(Problemelemente entsprechen den Teilfunktionen)

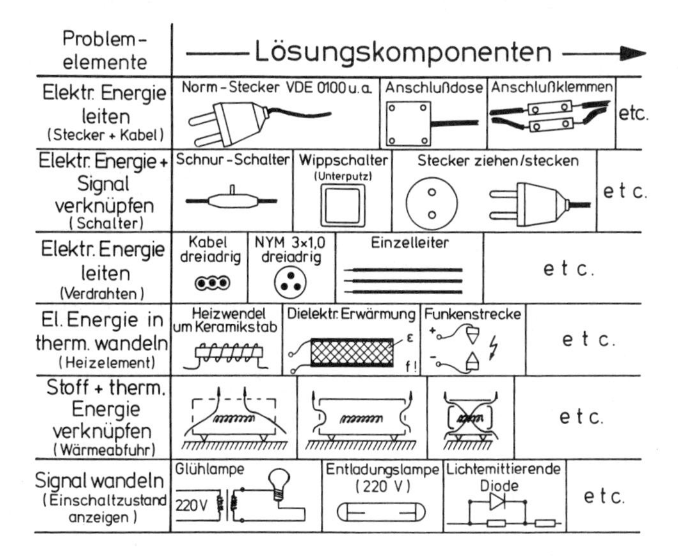

b) KOMBINATORIK :
Zusammensetzen jeweils einer Lösungskomponente für jedes Problem zu n Gesamtlösungen.

c) Eine von n möglichen KOMBINATIONSLÖSUNGEN :

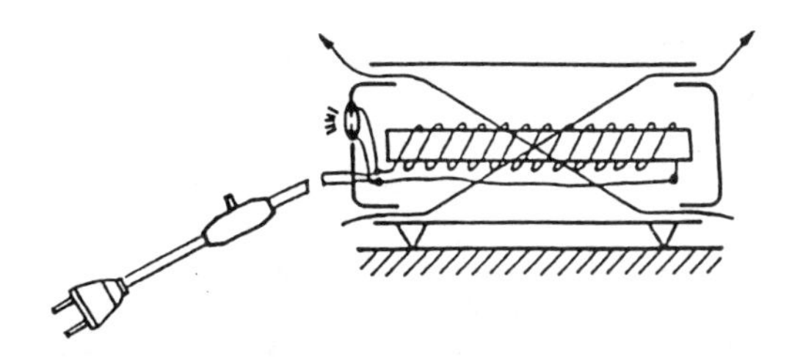

Bild 4.13: Morphologisches Schema und eine mögliche Lösung für ein Heizlüfter-Konzept

4.3.3 Physikalisch orientierte Konstruktionsmethode

Die von RODENACKER [ROD-70, ROD-72, ROD-73] vertretene Methode stellt zum allgemeinen Aufgabenkern (Black-Box) mögliche Funktionsstrukturen als logischen Wirkzusammenhang (WZH) auf; Methodikstruktur in Bild 4.14.

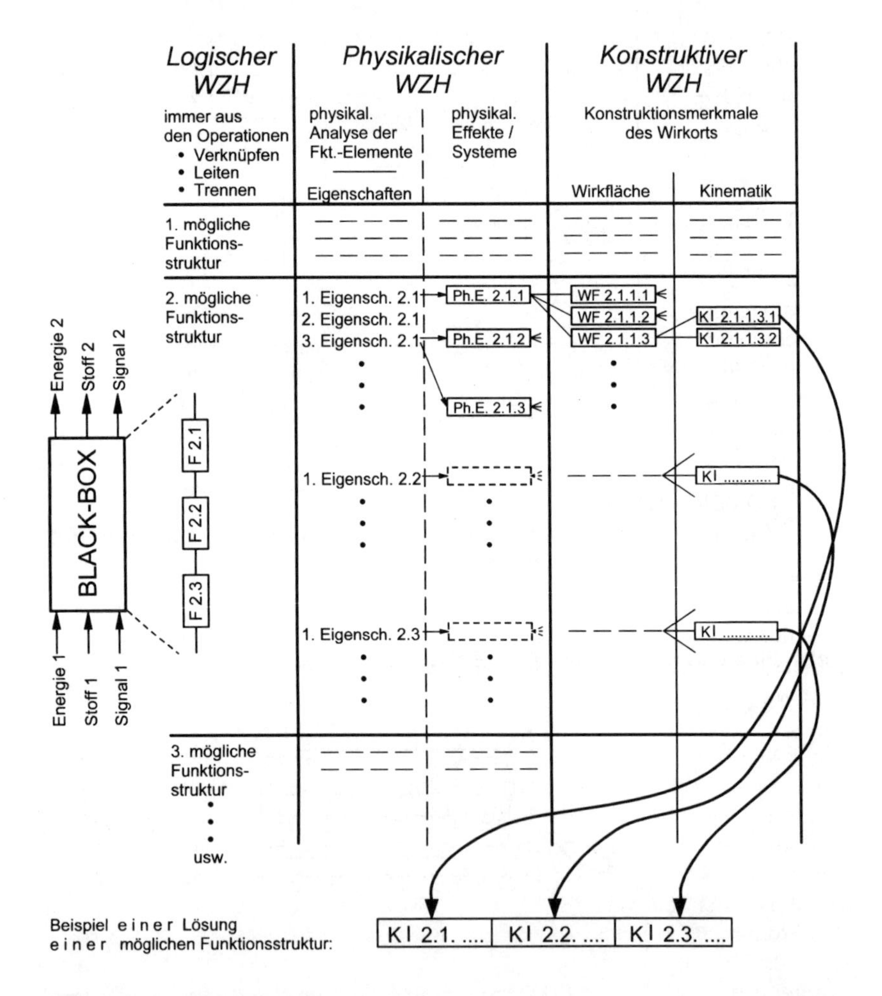

Bild 4.14: Methodikstruktur der physikalisch orientierten Konstruktionsmethode nach RODENACKER
WZH Wirkzusammenhang

Die Funktionsstrukturen ergeben sich aus den Elementarfunktionen "Trennen", "Leiten" und "Verknüpfen". Für die für Funktionen einzelner Funktionsstrukturen zusammengetragenen Eigenschaften werden physikalische Effekte bzw. Systeme (physikalischer Wirkzusammenhang) gesucht, die mit den Konstruktionsmerkmalen des Wirkorts in ihrer Kombination zu Lösungsalternativen führen (konstruktiver Wirkzusammenhang).

Die Methode ist im Ansatz diskursiv, benutzt vorhandenes Wissen (reproduktives Denken) und strebt keine Lösungstotalität an. Die besonders starke Ausrichtung auf physikalische Effekte läßt sie vor allem zum "Erfinden" neuer Maschinen oder Geräte geeignet erscheinen.

4.3.4 Systemtechnische Methode

Systemtechnische Methoden gehen von der Systemdefinition aus, daß das Verhalten eines Systems (Technisches Gebilde) durch Verbindungsgrößen zwischen den Systemelementen und der Umgebung auch ohne Kenntnis der inneren Struktur des Systems eindeutig beschrieben wird. Die Suche nach Lösungsalternativen (Systemsynthese) erfolgt dabei durch Aufgliedern des Gesamtsystems in Teilsysteme bzw. einer Gesamtfunktion in Teilfunktionen. Diese Strukturierung wird solange verfeinert, bis sich für die niedrigsten Teilsysteme Systemelemente als Lösungselemente auffinden lassen, Bild 4.15.

Vorwiegend im Sinne einer funktionsorientierten Synthese führen funktionsbezogene Variationen mit Hilfe von "Grundoperationen" zu möglichen Funktionsstrukturen oder Funktionsketten. Durch Variation physikalischer Effekte gelangt man zu Effektstrukturen, die geometrisch-stofflich verwirklicht werden.

Die jeweiligen Eingangs- und Ausgangsgrößen aufgefundener Strukturmodelle werden über mathematische Beziehungen für das statische und dynamische Verhalten der Elemente verknüpft. Zielsetzung ist eine Algorithmierung der Konstruktionsarbeit, um sie teilweise oder vollständig dem Rechner übertragen zu können. Diese Methode ist rein diskursiv, sie erstrebt ein vollständiges "Schaltbild" für die Gesamtfunktion des zu lösenden Problems, bis hin zur Gestaltung der Systemelemente.

Während ROTH [ROT-71, ROT-75] das "Algorithmische Auswahlverfahren" vorwiegend mit dem Ziel des Konstruierens mit Katalogen betreibt und dabei von wenigen Grundoperationen ausgeht (Stoff, Energie bzw. Nachricht leiten, speichern, wandeln und verknüpfen), legt z. B. KOLLER [KOL-76] besonderen Wert auf elementare Entwicklungsschritte und eindeutige, mathematisch formulierbare Gesetzmäßigkeiten. Als Grundoperationen benutzt KOLLER zwölf Funktionen mit ihren zugehörigen Inversionen. Auf dem Gebiet signalverarbeitender Geräte steht z. B. bei RICHTER [RIC-74] die Optimierung dynamischer Systeme im Vordergrund. Vor allem für den Einsatz im Schwermaschinenbau hat BEITZ [BEI-70, PAH-72] die systemtechnische Denkweise für das Konstruieren aufbereitet [PAH-77].

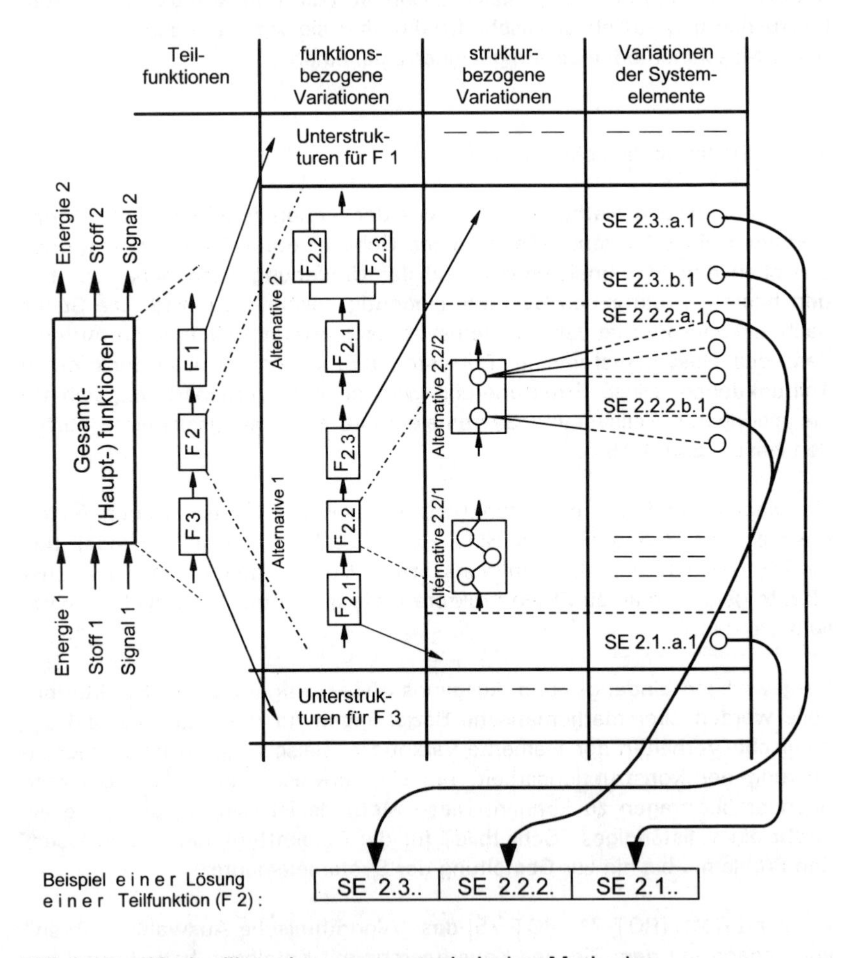

Bild 4.15: Methodikstruktur systemtechnischer Methoden

F Funktion; SE Systemelement

4.3.5 Methodenvergleich am Beispiel

Selbstverständlich ist nicht jede Methode für alle auftretenden Problemstellungen gleich gut geeignet. Ein Vergleich der Methoden am gleichen Beispiel kann einerseits die unterschiedliche methodische Denkweise aufzeigen, andererseits Aufschluß geben über die an den Anwender gestellten Anforderungen, insbesondere bezüglich methodischer und fachlicher Kenntnisse. Für einen solchen Vergleich bieten sich die häufig angewendeten Methoden "Morphologisches Schema" (Kap. 4.3.2), "Lösungsbaum" (Kap. 4.2.2) und "Physikalisch-orientierte Konstruktionsmethode" (Kap. 4.3.3) an, da diese zur Lösungssuche in der Konzeptphase zwar gleich gut geeignet sind (vgl. Bild 4.2 in Kap. 4.1.4), aber doch unterschiedliche Ansprüche an den Bearbeiter bezüglich ihrer Handhabung stellen.

Bild 4.16 zeigt die Aufgabenstellung "Erarbeiten von Lösungsalternativen für einen optoelektronischen Bewegungswandler" (vgl. Kap. 2.2.2; Bild 2.2):

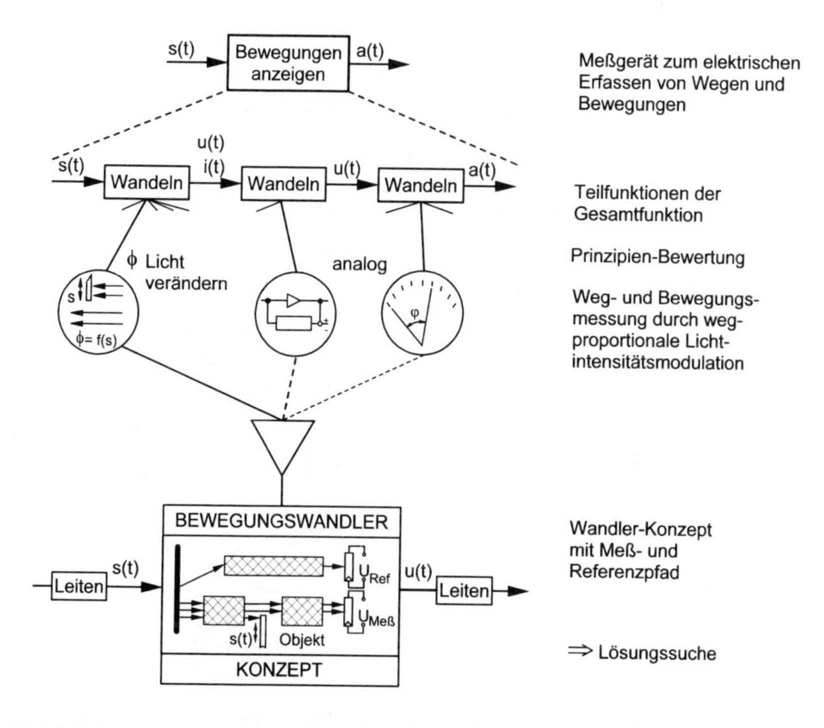

Bild 4.16: Konzept für einen optoelektronischen Bewegungswandler

Von einer linienförmigen Quelle ausgehendes Licht erscheint im Meßspalt als paralleler Lichtstrom, wird dort durch die Bewegung des Meßobjekts moduliert und einem optoelektronischen Empfänger zugeführt; zum Regeln des von der Quelle ausgesandten Lichtstroms trifft ein Teil dessen unmoduliert auf einen Referenzempfänger als Istwertgeber.

Zum Suchen nach Lösungsmöglichkeiten zur Realisierung des Konzepts verlangt die Methode des Morphologischen Kastens die Zerlegung des Problems in Problemelemente, was für dieses Beispiel anhand der Konzeptskizze relativ leicht fällt, Bild 4.17. Die wahllos aufzusuchenden Lösungselemente (Lösungskomponenten) zeigen die leichte Handhabung der Methode. Doch ist weder die angestrebte Lösungstotalität zu garantieren, noch die Vollständigkeit und gegenseitige Unabhängigkeit der Problemelemente einfach zu überprüfen, von denen hier sogar zwei – "Lichtführung vor/nach Modulationsstrecke" – zu den gleichen Lösungselementen führen, die aber für die Kombination der Elemente zu Gesamtlösungen notwendig sind. Die Problemelemente für die Referenzmessung sind im Schema mitenthalten.

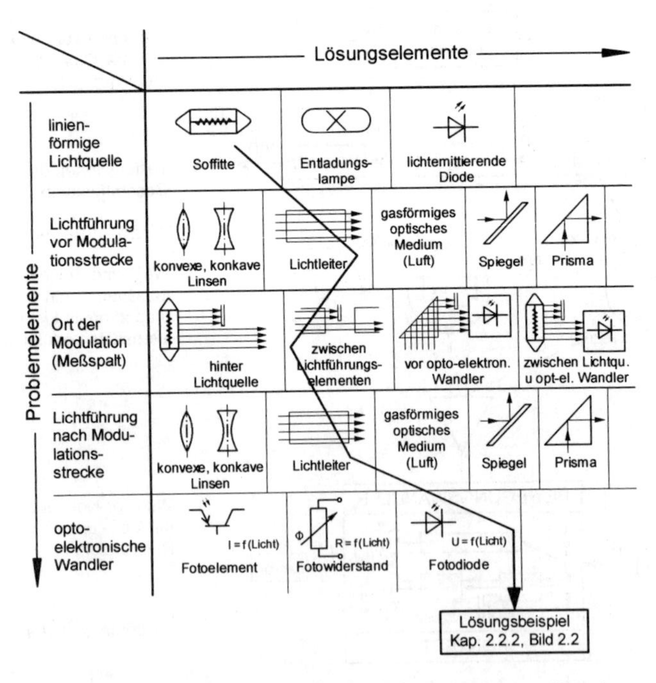

Bild 4.17: Zweidimensionales Morphologisches Schema für einen optoelektronischen Bewegungswandler

Die Lösungssuche mit Hilfe des Problemlösungsbaumes erfolgt durch Oberbegriffbildung: Geführt durch die Wahl von Ordnenden Gesichtspunkten werden systematisch und vollständig Unterbegriffe in mehreren Hierarchiestufen erarbeitet, bis hin zu Lösungselementen in Form von Bauelementen, Bild 4.18. Die in der Gesamtlösung aus Kapitel 2.2.2 bekannten Bauelemente sind eingezeichnet. Der recht hohe Aufwand der Methode wird durch die hierarchische Lösungsstruktur und den sich daraus ergebenden Lösungsbaum (in Bild 4.18 nur sehr unvollständig dargestellt) belohnt. Damit sind — insbesondere bei speziellen Konstruktionsaufgaben mit vielen Konkurrenzausführungen — noch realisierbare Lücken auffindbar.

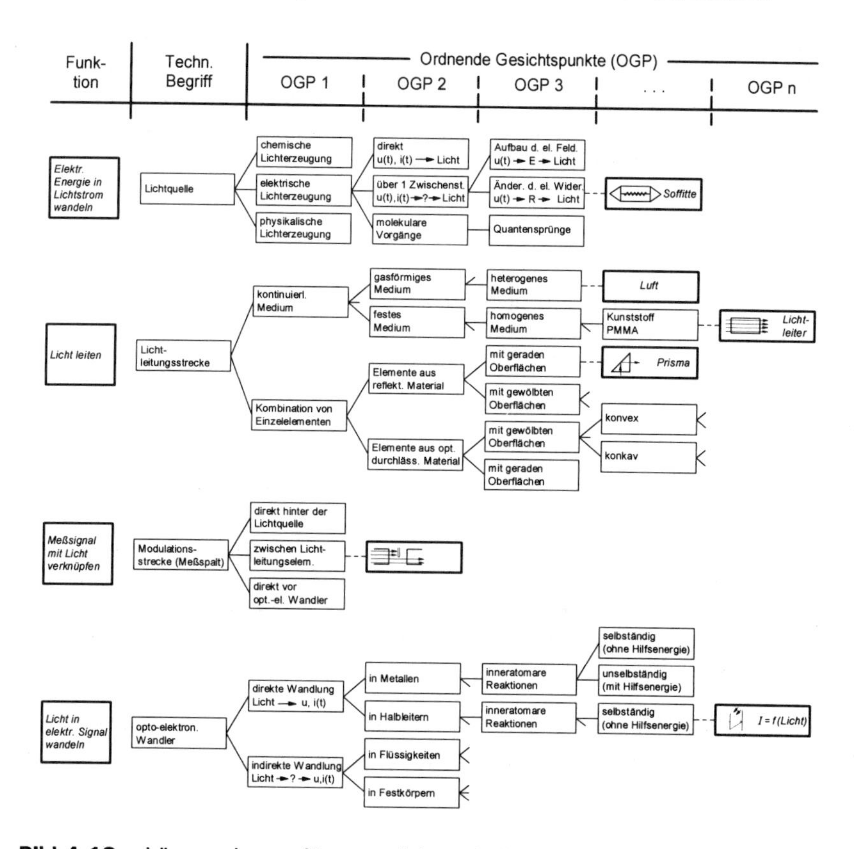

Bild 4.18: Lösungsbaum für optoelektronischen Bewegungswandler

Die physikalisch-orientierte Konstruktionsmethode stellt für den allgemeinen Aufgabenkern (Black-Box) mögliche Funktionsstrukturen als logischen

Wirkzusammenhang (WZH) auf. Eine Funktionsstruktur für das Beispiel des optoelektronischen Bewegungswandlers ist mit den Funktionen Stoff/ Energie/Signal verknüpfen/leiten/trennen [ROD-70] in Bild 4.19 aufgezeigt. Zu jeder dieser Funktionen werden anhand ihrer Eigenschaften mögliche physikalische Wirkzusammenhänge aufgesucht, die am Wirkort mittels Kinematiken realisiert werden. Sie führen in ihrer Kombination zu Lösungsalternativen einer Funktionsstruktur. Die aus Kapitel 2.2.2 Bild 2.2 bekannten "Kinematiken" sind gekennzeichnet. Der große Vorteil dieser Methode liegt im eigenschaftsorientierten Suchen nach physikalischen Wirkzusammenhängen für zu "verstofflichende" Funktionen.

Der praktische Vergleich dieser drei, beispielhaft ausgewählten, weitgehend diskursiven Methoden zum Auffinden von Lösungskomponenten für das gleiche Beispiel zeigt klar die unterschiedlichen Anforderungen. Die bei diesen Methoden äußerst aufwendige Kombinatorik, aus der sich die Gesamtlösungen ergeben, steht noch aus.

4.4 Zielfunktionsorientierte Matrix-Methode

4.4.1 Methodische Grundlagen

Die morphologische Denkweise verlangt das Zerlegen eines Problems in mehrere kleinere, überschaubare und damit leichter lösbare Teilprobleme. Dies ist grundlegend und für die Konstruktionspraxis empfehlenswert. Doch kommt es bei der Anwendung des Morphologischen Kastens in vielen praktischen Fällen vor, insbesondere bei Routinekonstruktionen, daß für ganz wenige Problemelemente, oft nur für eines oder zwei, sehr viele Lösungskomponenten aufgefunden werden, während sich für die restlichen Problemelemente nur äußerst wenige Lösungskomponenten ergeben. Darüber hinaus wird man — wenn auch unwillig — aus Gründen einer weitgehenden Vollständigkeit auch solche Lösungskomponenten notieren müssen, die von der später begründet ausgewählten Lösung sehr weit entfernt liegen.

Dies wissend, kann das Suchen nach Lösungsalternativen wesentlich zeitsparender geschehen, wenn man Geist und Zeit von vornherein gezielt für besonders wichtige Teilprobleme einsetzt. Oft ergibt sich dann das restliche "Drumherum" fast von selbst. Allerdings bedeutet ein solches Vorgehen den Verzicht auf eine mögliche Totalität der Lösungen. Doch in den

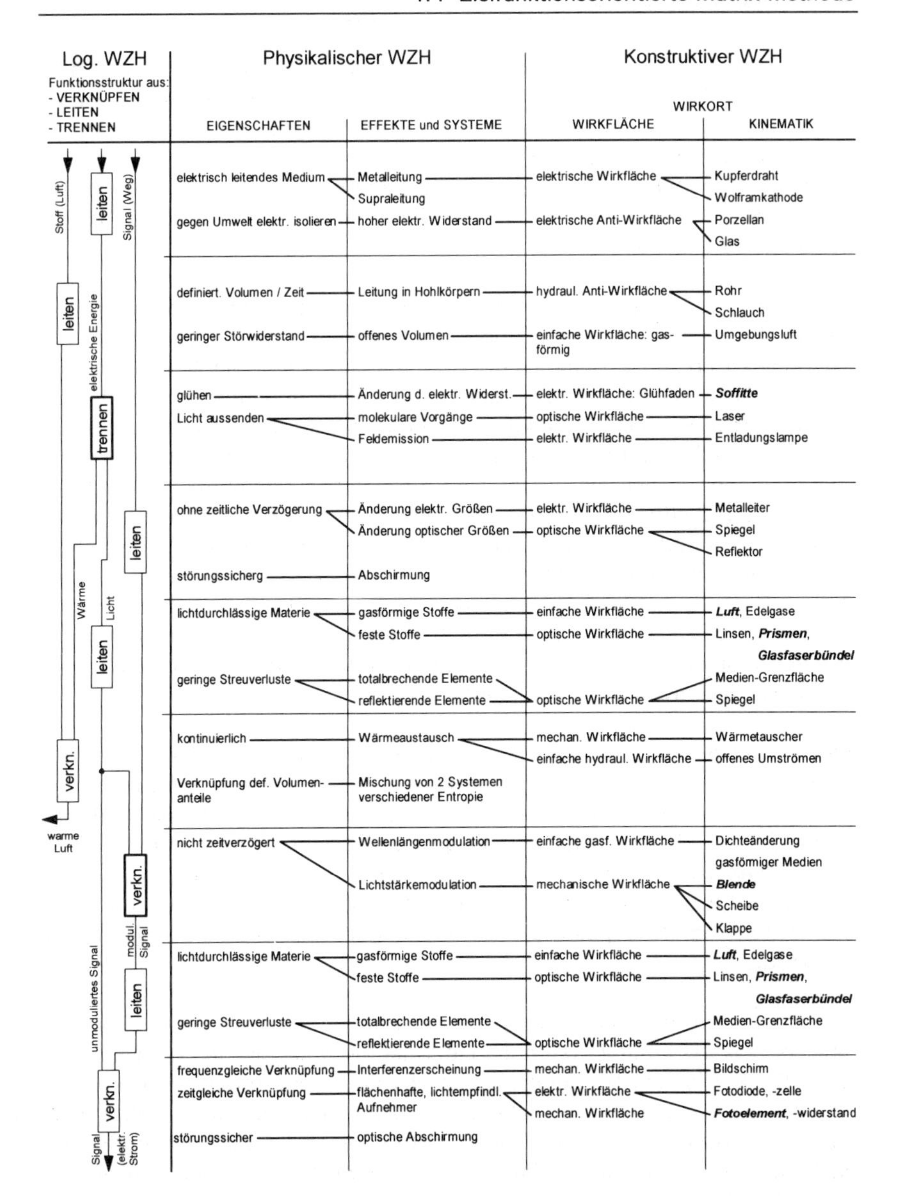

Bild 4.19: Physikalisch-orientierte Konstruktionsmethode für optoelektronischen Bewegungsmesser

WZH Wirkzusammenhang

weitaus meisten Fällen sucht der Konstrukteur auch nicht die Totalität aller denkbaren Lösungen, wie dies von vielen Konstruktionsmethoden angestrebt wird, sondern er will *eine*, allerdings möglichst gute Lösung des anstehenden Problems. Dabei hat er oft nur besondere Schwachstellen oder wichtige Einzelfunktionen vorhandener Konstruktionen zu optimieren. Er wird dann mit einer Methode auskommen, die für das wichtigste Teilproblem fertige Lösungen liefert.

Ausgehend von dem erarbeiteten Wirkungsschema werden die zu realisierenden Eigenschaften — im Sinne von Zielfunktionen — für das als am wichtigsten erkannte Teilproblem zusammengetragen, Bild 4.20. Das Aufsuchen dieser Zielfunktionen kann dabei völlig ungeordnet oder besser strukturiert in Form einer Funktionsstruktur oder eines Petri-Netzes geschehen. Die beiden grundlegend wichtigsten und voneinander unabhängigen Zielfunktionen dienen als Koordinaten für eine Lösungsmatrix. Die Realisierung dieser Zielfunktionen ist prinzipiell immer auf verschiedene Weise möglich. Zu empfehlen ist der Einsatz eines Lösungsbaumes, der im allgemeinen bereits nach wenigen Hierarchiestufen abgebrochen werden kann; selbstverständlich können die prinzipiellen Realisierbarkeiten auch "reproduktiv erdacht" werden. Damit enthalten die Achsen der Lösungsmatrix — je nach Problemstellung in ihrem Konkretisierungsgrad unterschiedliche — Lösungsalternativen der Zielfunktionen.

Diese prinzipiellen Realisierbarkeiten dienen nun zur Provokation: „Wenn Funktion i nach Art I und Funktion k nach Art K realisiert werden würde, wie müßte dann die Gesamtlösung I/K aussehen?". So entstehen fertige Lösungen im Lösungsfeld, die die gesamte Erfahrung des Konstrukteurs bereits beinhalten. Für eine bewertet ausgewählte Gesamtlösung werden Lösungen für die restlichen Zielfunktionen, falls dies notwendig wird, eingearbeitet und dazu passende Lösungen der benachbarten Teilprobleme angefügt.

Diese im Kern zwar diskursive, bei der Erarbeitung von Gesamtlösungen aber provokativ-intuitive Methode setzt die morphologische und systematische Denkweise zur Vorbereitung der alle Erfahrung integrierenden Intuition rationell ein und ist für nahezu alle Aufgabentypen und in allen Konstruktionsphasen anwendbar. Sie gestattet, wenn die Lösungsalternativen in Form von problemangepaßten Skizzen eingetragen werden, ein frühzeitiges Abschätzen von Kompliziertheit und Aufwand der betrachteten Lösung. Unrealistische oder noch nicht aufgefundene Lösungen treten als Fehlstellen auf.

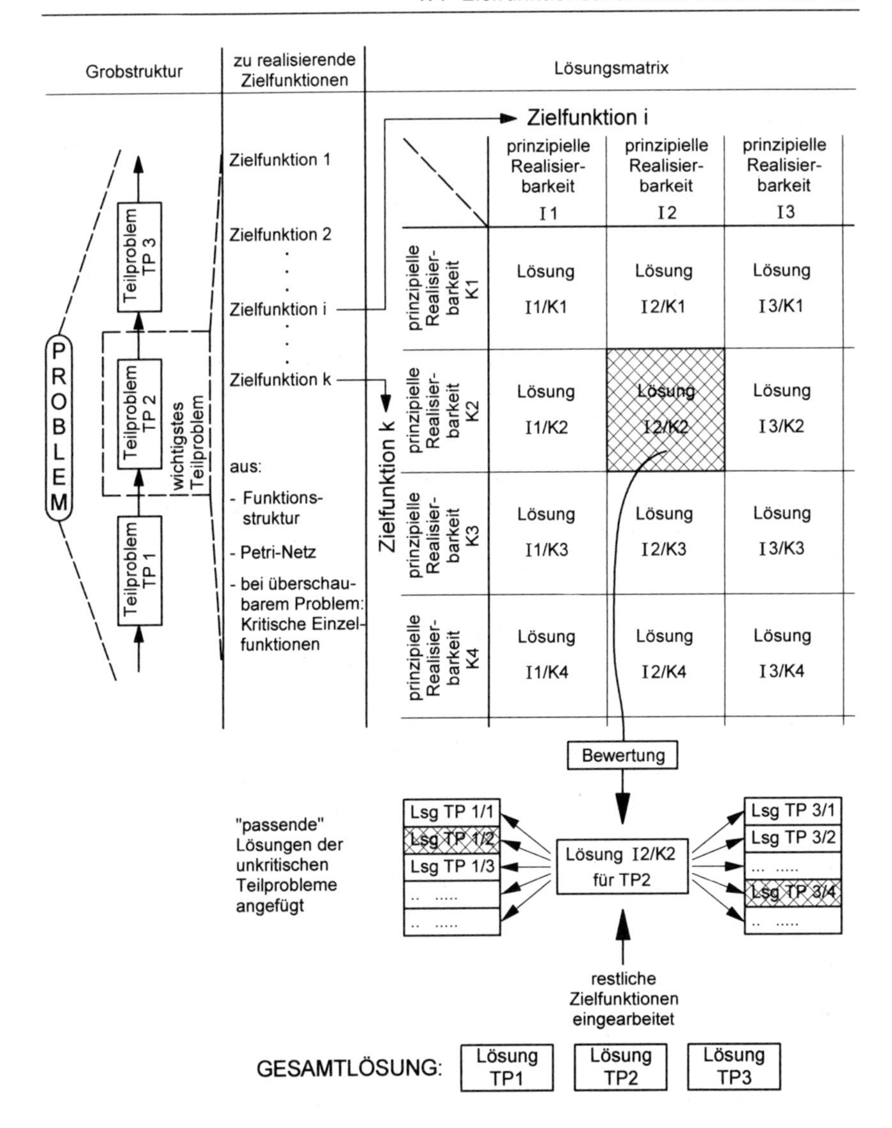

Bild 4.20: Methodikstruktur der zielfunktionsorientierten Matrix-Methode

4.4.2 Aufgliedern in Teilprobleme

Bei praktischen Konstruktionsaufgaben sind meist für einen Großteil der Teilprobleme Lösungen bekannt oder werden aus vorausgegangenen Konstruktionen übernommen. Nur an wenigen kritischen Stellen – hier beschrieben durch das wichtigste Teilproblem – wird nach besseren und damit neuen Lösungen bzw. Lösungselementen gesucht. Eine Grobstrukturierung des Problems zeigt – in morphologischer Denkweise – die Teilprobleme auf und läßt das daraus wichtigste erkennen.

Bild 4.21 zeigt die Problemzerlegung für einen magnetisch betätigten Katheterverschluß: Ein in Katheter einbaubarer Miniaturverschluß soll durch das Feld eines äußeren Dauermagneten, den der Patient ständig mit sich führt, beliebig geöffnet und geschlossen werden können. Die allgemeine Black-Box läßt eine Unterteilung in vier Teilprobleme zu, von denen der Verschlußmechanismus (TP2) als wichtigstes erkannt wird; die restlichen Teilprobleme sind erst dann sinnvoll zu lösen, wenn das für den Verschlußmechanismus ausgewählte Konzept bekannt ist.

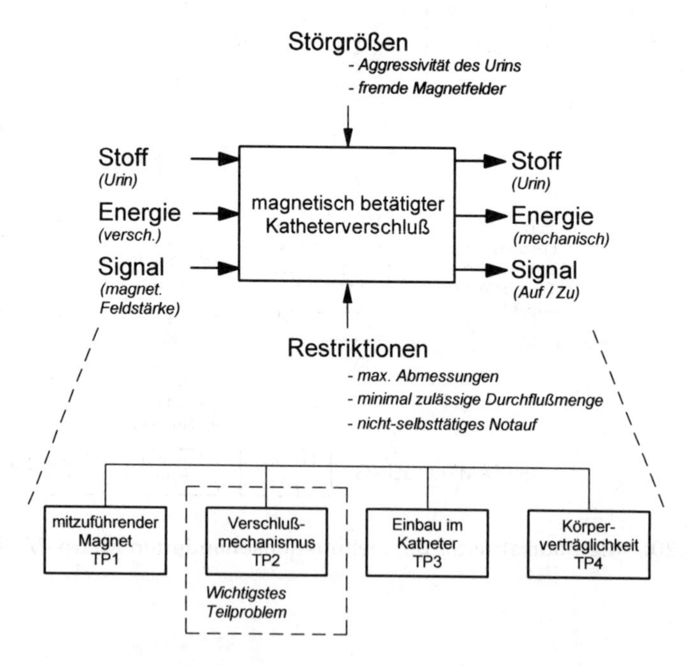

Bild 4.21: Teilprobleme für einen magnetisch betätigten Katheterverschluß

4.4.3 Erarbeiten der Zielfunktionen

Zielfunktionen sind zu realisierende Eigenschaften bzw. zu verstofflichende Funktionen für das ausgewählte wichtigste Teilproblem. Sie können erarbeitet werden

- durch Zusammenstellen (einfaches Aufzählen) der zu realisierenden Eigenschaften oder Funktionen, wovon selbstverständlich keine grundlegend wichtigen übersehen werden dürfen, oder
- durch Aufstellen der Funktionsstruktur, was insbesondere die Sicherheit des Ungeübten bezüglich der Vollständigkeit der Funktionen erhöhen wird.

Gerade die Möglichkeit des einfachen Aufzählens kann zu einer erheblichen Zeiteinsparung führen, ohne daß für die gezielte Lösungssuche wichtige Voraussetzungen verloren gehen.

Für das Beispiel des magnetisch betätigten Katheterverschlusses (Bild 4.21) wird der Bearbeiter vielleicht folgende, beim Verschlußmechanismus zu realisierende Funktionen erkennen:

- Flüssigkeit (Urin) durch Bewegungsvorgang im Verschluß absperren bzw. nicht absperren,
- gegen Leckverluste abdichten,
- Verschlußmechanismus durch Magnetfeld von außen betätigen und
- öffnen können durch "Notauf".

Die entsprechende Funktionsstruktur zeigt dem gegenüber nicht nur die gegenseitige Verknüpfung der einzelnen Funktionen, sondern auch, daß im Verschlußmechanismus noch wesentlich mehr allgemeine Funktionen zu realisieren sind, Bild 4.22. Es sind nicht nur zwei Möglichkeiten des Hineinbringens der in eine Bewegung umzusetzenden Energie (Stelle x_1) zusätzlich zu erkennen, sondern auch weitere Funktionen des Leitens von Stoff und Energie.

Zum weiteren Eingrenzen des wichtigsten Teilproblems sind zwei voneinander unabhängige Zielfunktionen als Koordinaten für die Lösungsmatrix auszuwählen. Ihre prinzipiellen Lösungen müssen in ihrer Kombination in erster Linie zu Verschlußmechanismen führen (nicht etwa z. B. zu "von außen gesteuerten Dichtungen"). Demzufolge bieten sich für die Koordinaten an:

(i) Verschlußmechanismus durch Magnetfeld von außen betätigen.

(k) Flüssigkeit durch Bewegungsvorgang im Verschluß absperren (bzw. nicht absperren).

Die Funktionen "Abdichten" und "Notauf" lassen sich nach Auswahl einer aus (i) und (k) gebildeten Lösung — falls nicht schon mitverwirklicht — einbauen. Diese ausgewählten Koordinaten entsprechen in der Funktionsstruktur den dort gekennzeichneten Funktionen "Energie umsetzen inkl. x_1" (i) und "Stoff und Energie verknüpfen" (k). Die restlichen Funktionen in der Funktionsstruktur werden — eventuell mit Ausnahme von "Stoff nicht leiten (abdichten)" und der Funktion für "Notauf" — bei der Realisierung mitgeliefert.

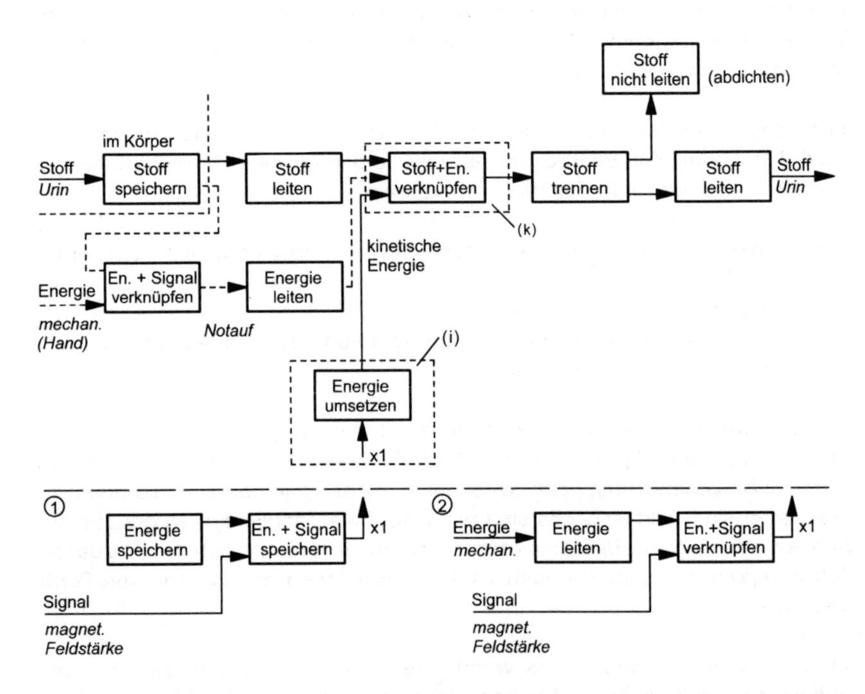

Bild 4.22: Funktionsstruktur für den Mechanismus eines magnetisch betätigten Katheterverschlusses

4.4.4 Aufbau der Lösungsmatrix

Die prinzipiellen Realisierbarkeiten der ausgewählten Zielfunktionen lassen sich im allgemeinen vollständig erarbeiten, wenn man dies wünscht. Dann empfiehlt es sich, insbesondere bei recht allgemeinen Zielfunktionen relativ hohen Abstraktionsgrads, eigens für diesen Schritt eine systematische Methode, z. B. den Problemlösungsbaum (Kapitel 4.2.2), oder vorhandene Lösungskataloge (Kapitel 4.2.3 und [VDI-77]) anzuwenden.

Bild 4.23 zeigt Realisierungsmöglichkeiten der ausgewählten Zielfunktionen für den Mechanismus des magnetisch betätigten Katheterverschlusses. Die Methode der Ordnenden Gesichtspunkte führt über Lösungsbäume zu den beispielhaft angeführten Prinzipien, die in der Lösungsmatrix zu Verschlußmechanismen kombiniert werden, Bild 4.24. Dabei wird provokativ gefragt: Wie muß eine Lösung aussehen, wenn sie die Lösungsprinzipien I_n und K_m miteinander zu einer Gesamtlösung verknüpfen soll?

4.4.5 Teil- und Gesamtlösung

Die in der Lösungsmatrix erarbeiteten Lösungsalternativen erfüllen zunächst nur die beiden Zielfunktionen (i) und (k). Trotzdem sind meist einige darunter, die bereits eine Lösung für die eine oder andere noch zu erfüllende Zielfunktion eingebaut haben (z. B. lösen einige Lösungsalternativen in Bild 4.24 bei entsprechender Dimensionierung auch die Funktion "Abdichten"). Die für den vorliegenden Zweck bestgeeignete Lösung aus dem Lösungsfeld der Matrix ergibt sich aufgrund einer Bewertung. Nur für sie sind die zusätzlichen Zielfunktionen zu realisieren [GER-86b].

Die ausgewählte und an die restlichen Zielfunktionen angepaßte Alternative für das wichtigste Teilproblem wird als Teillösung Kernstück der Gesamtlösung (vgl. auch Lehrbeispiel). Gerade dieses Anpassen an passende Lösungsmöglichkeiten der restlichen Teilprobleme nimmt sich in der Praxis einfacher aus, als dies den Anschein hat. Denn gerade hier wird die Erfahrung des Konstrukteurs optimal einfließen.

Die Denk- und Arbeitsweise dieser Methode läßt sich in der Konstruktionspraxis einsetzen

- zur Erarbeitung von Lösungsprinzipien,
- zur Erarbeitung von Konzepten,
- zur Erarbeitung von Gestaltungsvarianten in der Entwurfsphase und
- zur Erarbeitung von Varianten ausgewählter Gestaltungszonen.

(i) Mechanismus durch Magnetfeld von außen betätigen

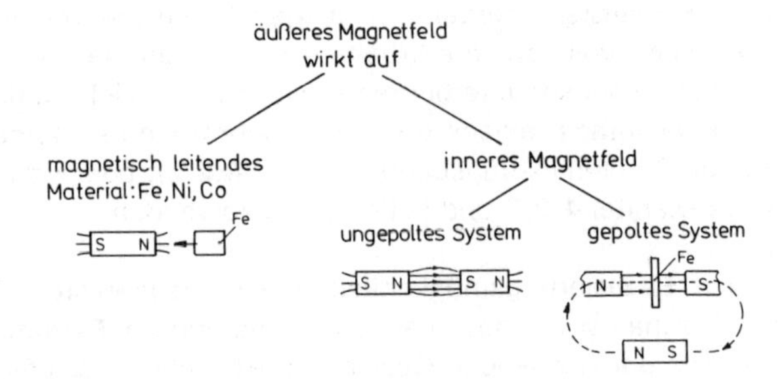

(k) Flüssigkeit durch Bewegungsvorgang im Verschluß absperren

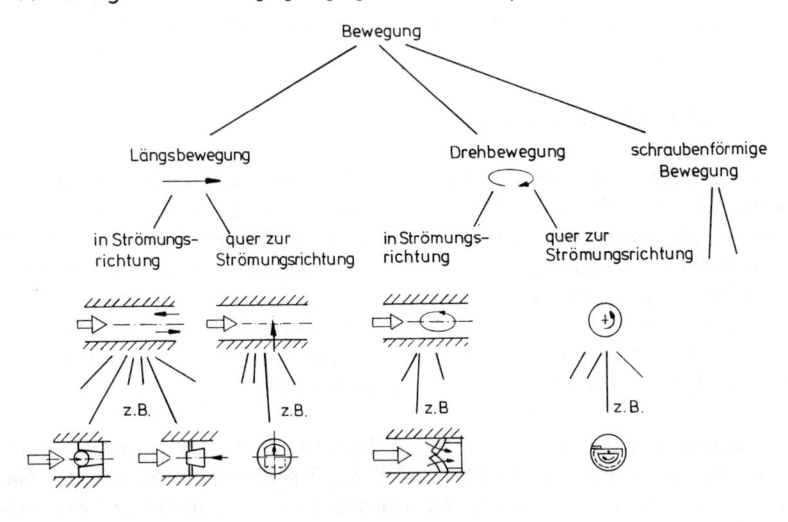

Bild 4.23: Realisierungsmöglichkeiten der Zielfunktionen für den Mechanismus eines magnetisch betätigten Katheterverschlusses (Methode: Problemlösungsbaum)

Sie hat sich aber auch bewährt

– bei der Produktrecherche (Markt-/Patentanalyse),

wodurch bekannte bzw. geschützte Lösungen einsortiert und Lücken für eigene, neue Lösungen entdeckt werden.

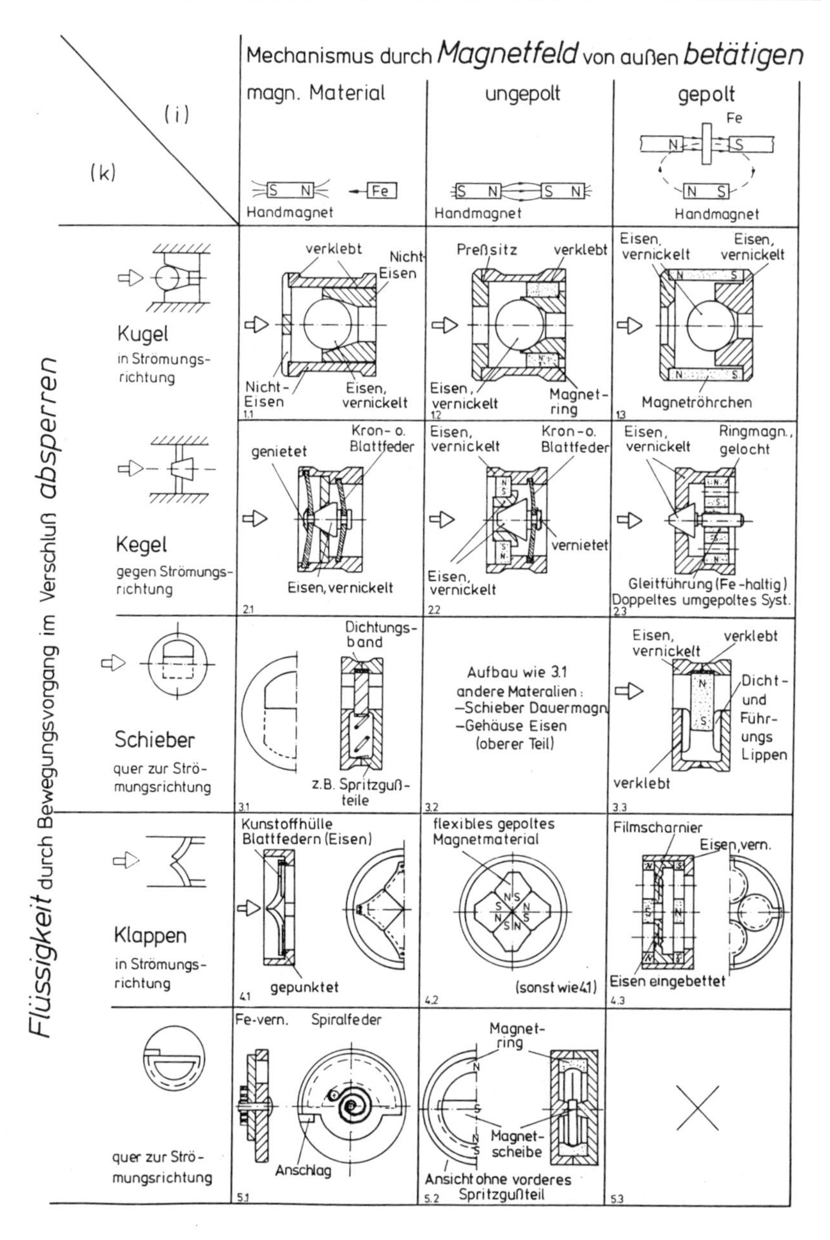

Bild 4.24: Lösungsmatrix (Ausschnitt, beispielhaft) für den Mechanismus eines magnetisch betätigten Katheterverschlusses

4.5 Intuitive Lösungssuche im Team

4.5.1 Regelgerüst der Methodenvarianten

Bei diskursiven, systematisch-analytischen Methoden werden die Lösungsalternativen weitgehend logisch in einzelnen Schritten erarbeitet mit dem Ziel, möglichst viele oder gar alle denkbaren Lösungsideen zu finden.

Ganz anders ist das Ziel, wenn Methoden angewandt werden, welche die Intuition des Menschen provozieren sollen: Hier sollen im Team ausgefallene, evtl. völlig neue und patentfähige Lösungsideen erzwungen werden. Mit solchen Kreativitätstechniken gelingt es, das eventuell verkümmerte kreative Talent des Menschen methodisch zu aktivieren. Die verschiedenen Arbeits- und Diskussionstechniken basieren auf einer bewußten Nachbildung des geistigen Ideenfindungsprozesses.

Die Wirkung dieser Methoden beruht auf folgenden Grundprinzipien:

- Mehrere Personen mit unterschiedlicher Erfahrung und eventuell auch mit unterschiedlichem Fachwissen gehen ein Problem gemeinsam an.

- Durch wechselseitige Assoziationen werden die Gedächtnisinhalte eines jeden Teilnehmers besser ausgeschöpft.

- Destruktive Kritik ist stets verboten.

- Spontaneität und Phantasie sind gefragt und werden provoziert.

Die Brain...-Methoden sind Konferenztechniken, in denen Ideen zusammengetragen werden. Stets muß das Problem vorher bekannt sowie klar definiert und die Konferenzteilnehmer müssen gut informiert sein. Kritik sowie Ordnen und Beurteilen der Ideen gehören nicht zu den Methoden.

Typische Brain...-Methoden, zu denen es verschiedene Varianten und Kombinationen gibt, sind z. B.:

- *Brainstorming* (vgl. Kap. 4.5.2), bei dem die Gruppenteilnehmer ihre Ideen zum Thema spontan äußern. Die neuen Ideen entstehen durch gegenseitiges Anregen.

- *Brainwriting* (vgl. Kap. 4.5.3), wobei die Ideen individuell niedergeschrieben und den anderen Teilnehmern durch einen besonderen

Austauschmechanismus zugeleitet werden. Diese können neue Ideen hinzufügen oder bereits niedergeschriebene weiterführen.

- *Brainfloating*, wobei die Ideen in einem bestimmten Milieu durch Entspannung und freilaufende Phantasie unter Anwendung von Stimulanzien den Teilnehmern entlockt werden.

Methoden der "schöpferischen Konfrontation" basieren auf den Erkenntnissen, daß es für den Zugang zu einem Problem zwar wichtig ist, dieses nachzuempfinden und zu erkennen, daß es aber erst dann zu einer neuartigen Lösung kommt, wenn man sich möglichst weit vom Problem entfernt, getreu der Aussage: „Ein Problem lösen heißt, sich vom Problem lösen!"

Typische Konfrontationstechniken, die sich zum Teil in Einzelmethoden kombiniert wiederfinden (beispielsweise Synektik, Kap. 4.5.5), sind z. B.:

- *Semantische Intuition*, bei der eine Gruppe beliebige Begriffe sammelt, die in irgend einer Weise mit dem Problem zu tun haben. Diese Begriffe werden willkürlich zu Doppelbegriffen kombiniert, von denen sich Ideen ableiten lassen.

- *Persönliche Analogie*, bei der sich die Gruppenteilnehmer in ein Objekt hineinversetzen und ihre Gefühle ausdrücken („Wie fühle ich mich als..."). Aus den geäußerten Gefühlen werden neue Ideen entwickelt.

- *Verfremdete Analogie*, wobei die Gruppe Metaphern sucht und auswählt, in die sich die Teilnehmer hineinversetzen müssen. Das ist Ausgangspunkt für Problemlösungsideen.

- *Reizwort-Technik*, bei der irgendein Teilnehmer der Gruppe eine beliebige Zahl (z. B. 714) in den Raum ruft. Daraufhin wird in einem Buch (z. B. Lexikon) unter der entsprechenden Seite (z. B. Seite 71) das entsprechende Wort (z. B. Nr. 4) herausgesucht und als Reizwort zur Ideensuche benutzt.

4.5.2 Brainstorming und seine Varianten

Brainstorming als Konferenzmethode stammt von dem amerikanischen Werbeberater A. OSBORN [OSB-53]. Sie versucht, das unterbewußte Ideenpotential von 5 – 12 Personen in einer zwanglosen, schöpferischen Atmosphäre (20 – 30 min) nutzbar zu machen. Die Ideen werden spontan geäußert; durch gegenseitige Inspiration ergeben sich Assoziationsketten; Bild 4.25.

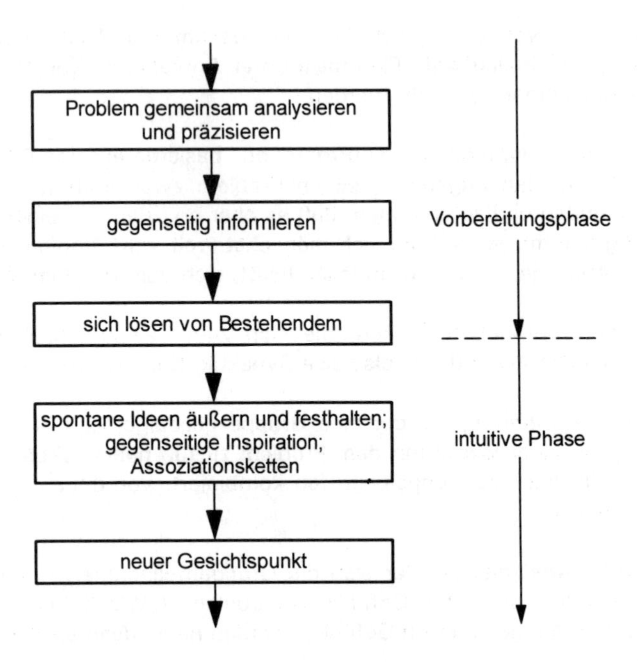

Bild 4.25: Ablaufschema des Brainstorming

Da die Konferenzteilnehmer (z. B. Spezialisten verschiedener Fachgebiete) möglichst viele Ideen produzieren sollen, ist während der Ideenfindung Kritik jedweder Art verboten. Killerphrasen wie z. B.

- „Ja, aber ...",
- „Alles graue Theorie!",
- „Keine Zeit für solche ...",
- „Haben wir alles schon versucht!",
- „Da wäre doch schon früher einer draufgekommen, wenn sich damit 'was anfangen ließe ..." oder
- „Die Finanzlage erlaubt uns nicht ..."

würgen jedes kreative Denken ab und blockieren den Ideenfluß. Gleiches gilt für den sogenannten "Killerblick."

Ein Brainstorming-Team produziert in dieser Zeit etwa 80 – 120 Ideen, von denen allerdings nur 1 % – 3 % sofort brauchbar und realisierbar sind. Als Themenstellungen eignen sich insbesondere allgemeine Fragen, aber auch solche Problemstellungen, zu denen man eher prinzipielle Lösungen sucht, wie z. B.: „Welche Möglichkeiten gibt es, daß ein beidseitig Armamputierter einen Computer bedienen kann?“

Zu dieser Konferenzmethode existieren verschiedene Varianten, die sich für unterschiedliche Problemstellungen unterschiedlich gut eignen, wie z. B.:

Didaktisches Brainstorming

Besonders effektiv läßt sich in der Technik das von W. J. J. GORDON [GOR-61] entwickelte "Didaktische Brainstorming" einsetzen, bei dem lediglich der Diskussionsleiter das wahre Problem kennt. Für die Brainstorming-Sitzung wird das Problem in einen anderen Bereich transformiert. Dadurch werden einerseits Verklemmungen bei den Teilnehmern weggenommen, andererseits können oft sogar Nichtfachleute fachspezifische Probleme lösen helfen. Wichtig hierbei ist, daß die Teilnehmer anschließend voll informiert werden, da sie sich sonst geistig ausgebeutet fühlen müssen. Um z. B. neue Lösungen zu finden, wie man eine extrem schnelle Markiervorrichtung zum Markieren unwuchtiger Rotoren oder vorüberfliegender Güter bauen kann, wenn neue Ideen durch zu viel Sachwissen blockiert werden, wird dieses Problem beispielsweise in den Bereich der Medizin verlagert. Bild 4.26 zeigt die Transformation und einige Lösungsideen aus der entsprechenden Brainstorming-Sitzung.

Imaginäres Brainstorming

Zur Lösung eines Problems werden dessen Randbedingungen radikal geändert, in eine imaginäre Welt transformiert. Die Sitzungsteilnehmer sollen sich so von Ideenfixationen lösen.

Anonymes Brainstorming

Der Diskussionsleiter legt dem Brainstorming-Team anonyme, bereits von anderen Personen entwickelte Ideen vor, die im Team weiterentwickelt werden.

<table>
<tr><th>URSPRÜNGLICHES PROBLEM</th><th>TRANSFORMIERTES PROBLEM</th></tr>
<tr><td>MARKIERPROBLEM (TECHNIK):
Vorrichtung zum extrem schnellen Markieren (ca. 1 ms) mit Farbe von z. B. unwuchtigen Rotoren.</td><td>DOSIERPROBLEM (MEDIZIN):
Vorrichtung, die es gestattet, dosierte Medikamentenmengen aus einem Medikamententräger im Körper freizusetzen.</td></tr>
<tr><td colspan="2">GEMEINSAMKEIT:
Definierte Menge soll auf Befehl freigegeben werden.</td></tr>
<tr><td>!
!
!
!
! Des Nachdenkens wert</td><td>IDEEN (LÖSUNGSVORSCHLÄGE):
- ...
- Chemische Verkapselung der Medikamente
- Funkimpulse öffnen Medikamentenkapsel
- Druck von außen draufgeben
- Magnetomechanischer Verschluß
- Stromstoß wirkt herausschleudernd
- Treibmittel in Medikamentenkapsel
- Künstliche Erhöhung der örtlichen Temperatur
- Aufreißen einer Medikamentenhülle durch Muskelspannung
- ...</td></tr>
</table>

Bild 4.26: Didaktisches Brainstorming:
Markiervorrichtung (Technik) ↔ Dosiervorrichtung (Medizin)

Destruktiv-konstruktives Brainstorming

Die Schwächen einer bestehenden Lösung werden herausgearbeitet; für die gefundenen Schwachstellen wird im Brainstorming-Team nach Verbesserungen gesucht.

Buzz-Session (Diskussion 66)

Sechs verschiedene Teams erarbeiten innerhalb von 6 Minuten getrennt voneinander Ideen und werten sie aus. Anschließend trennen sich die Gruppen und der Vorgang beginnt von neuem.

Stopp-Technik

Während eines klassischen Brainstorming ruft der Moderator nach einiger Zeit "Stopp!". Bisherige Ideen werden gemeinsam analysiert bezogen auf ihr Grundprinzip. Der Moderator schlägt ein neues Prinzip vor, der Vorgang beginnt von vorne.

Zu diesen Brainstorming-Varianten gibt es noch solche, bei denen z. B. Einzel- und Gruppenarbeit abwechselnd durchgeführt wird, wie bei der *"Systematischen Integration von Lösungselementen"*, wo Einzelideen in der Gruppe diskutiert werden, oder bei denen die Gruppenprovokation ganz aufgegeben und eine Art Solo-Brainstorming praktiziert wird, wie z. B. bei der "*Cluster-Methode*", bei der im Extremfall eine Einzelperson zu ihrem Problem aufgefundene Lösungen in Büscheln um das Problem gruppiert, optisch darstellt und sich so selbst provoziert.

4.5.3 Brainwriting und seine Varianten

Die "Methode 6.3.5" als spezielles, aber weit verbreitetes Brainwriting-Verfahren stammt von B. ROHRBACH [ROH-69] und vereinigt eine systematisch-logische Vorgehensweise mit einer intuitiv-kreativen Denkweise, indem sie eine gewisse Streßsituation erzeugt: *6* Teilnehmer A ... F schreiben *3* Lösungsvorschläge zu einem gegebenen Problem in vorgegebener Zeit von durchschnittlich *5* Minuten auf vorbereitete Bögen, die danach zyklisch umlaufen; Bild 4.27.

Die Teilnehmer A ... F sind Ideenlieferanten für den Aufgabensteller, der die Lösungsvorschläge der Teilnehmer auswertet.

3 Lösungsvorschläge in 3 min	A → B
3 Lösungsvorschläge in 4 min	B → C
3 Lösungsvorschläge in 5 min	C → D
3 Lösungsvorschläge in 6 min	D → E
3 Lösungsvorschläge in 7 min	E → F
3 Lösungsvorschläge in 8 min	F → A

Bild 4.27: Ablaufschema der Methode 6.3.5, dargestellt für einen umlaufenden Bogen

Diese intuitiv betonte Methode der Ideenfindung ist auf Teamarbeit abgestellt. Sie ist überwiegend für allgemein formulierbare Problemstellungen geeignet. Hier können Ideen, die vorher von anderen Teammitgliedern skizziert wurden, aufgegriffen und weiterentwickelt werden; dadurch wird die Ideenqualität gesteigert.

Besonders bemerkenswert für Techniker ist, daß diese Brainwriting-Methode nicht nur bei allgemein formulierbaren Problemstellungen anwendbar ist, sondern auch bei ganz speziellen technischen Problemen. Dies soll folgendes fachspezifische Beispiel unterstreichen: Bei manchen Patienten (z. B. bei spinalem Schock, Ulcus in der Harnröhre, Prostata-/Harnröhrenoperationen, in der Intensivmedizin) muß der Harn vorübergehend oder längere Zeit suprapubisch, also durch die Bauchdecke, abgeleitet werden. Der dazu notwendige Kanal ist so zu verschließen, daß er z. B. mit einem Spezialkatheter geöffnet werden kann und beim Herausziehen dieses Katheters wieder selbsttätig schließt [GER-87c].

Eine von den im Team erarbeiteten sechs Seiten zeigt Bild 4.28. Dieses Verfahren führt in gut einer halben Stunde immerhin durchschnittlich zu 70 - 100 Ideen (hier: 82), von denen einige des Nachdenkens wert sind. Diese Ideen — sinnvollerweise als Prinzipskizzen dargestellt — kommen nicht trotz, sondern wegen des zeitlichen Stresses zustande, in den die Teilnehmer versetzt werden und der zur Unterbindung einer Lösungsbeurteilung dient.

Die Brainwriting-Methode 6.3.5 ist für die Teilnehmer nicht übermäßig anstrengend. Die Ideensuche findet in einer entspannten Atmosphäre statt; die Teilnehmer "spinnen still vor sich hin".

Auch zum Brainwriting existieren verschiedene Varianten wie z. B.:

Methode ijk

Bei dieser, die Methode 6.3.5 verallgemeinernde Methode finden sich *i* Teilnehmer zusammen, die in durchschnittlich *k* Minuten *j* Ideen aufzufinden suchen.

Brainwriting-Pool

Zu Sitzungsbeginn liegen 1 - 2 Blätter mit 3 - 4 möglichen Lösungen auf dem Tisch. Die 4 - 8 Teilnehmer legen individuelle Ideen nieder; zur

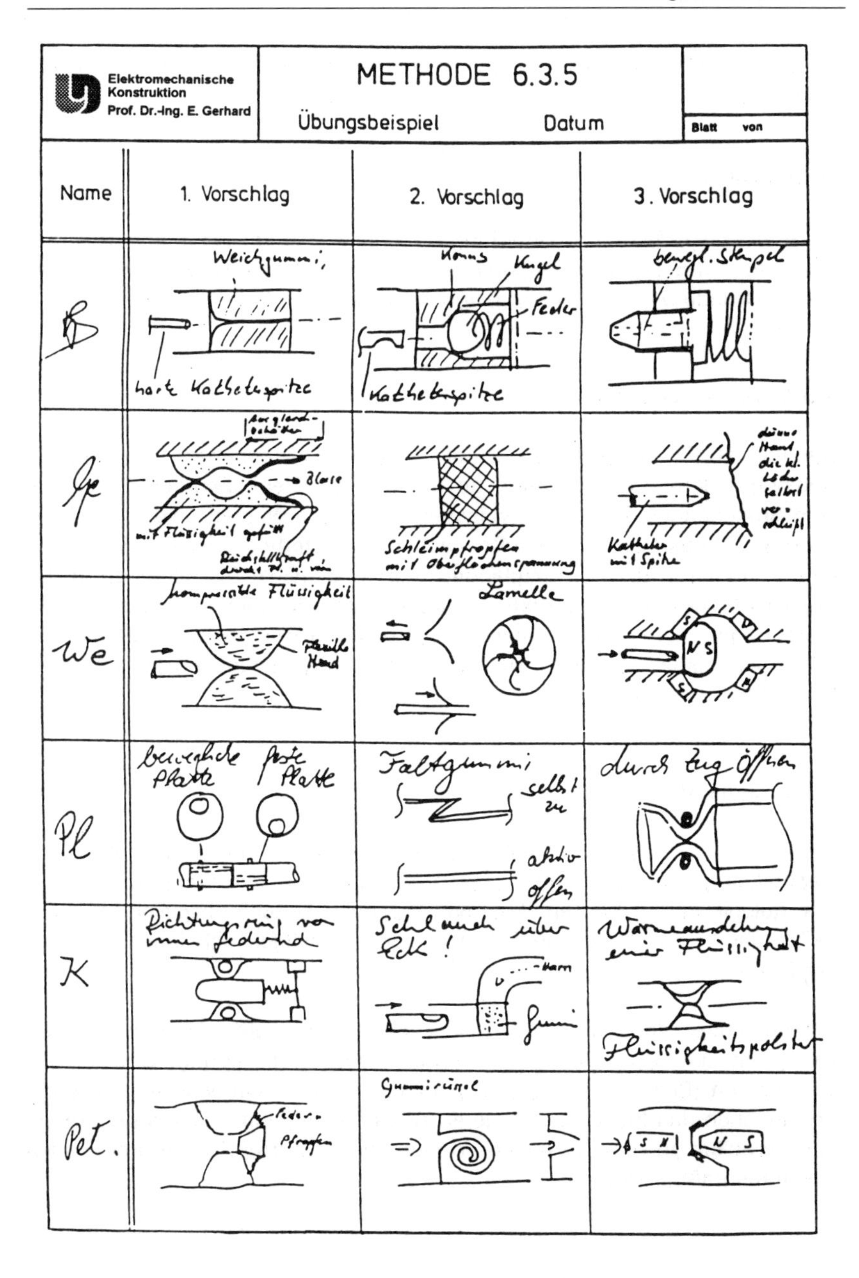

Bild 4.28: Ideenskizzen für suprapubische Dauerkatheter (Ausschnitt)

Stimulation tauschen sie ihre Blätter gegen andere, in der Tischmitte liegende aus.

Ideendelphie

Nach etwa 10 Minuten Brainwriting wird die Phase der Ideenfindung abgebrochen, und Experten diskutieren die Lösungen. Nach einer derartigen Befragungsrunde beginnt der Vorgang von vorne.

4.5.4 Heuristische Methode

Die von H. LOHMANN [LOH-59] als Methode beschriebene heuristische Denkweise läuft in vier Stufen ab und soll die Denkoperationen, die bei dem anstehenden Prozeß in typischer Weise von Nutzen sind, beim Vorgang des Problemlösens bewußt machen. Die Methode der Heuristik wird heute sowohl in der Produktplanung (vgl. z. B. [GEY-74]) als auch in der Produktentwicklung/Konstruktion angewendet. Die Methode zielt auf ein "Sich fragen", um so über einen ausgearbeiteten Vorgehens- und Lösungsplan sowie eine Ergebnisdiskussion zu einer Problemlösung zu kommen; Bild 4.29.

4.5.5 Synektik

Die von W. J. J. GORDON [GOR-61] entwickelte Methode ist eine bewußte Nachbildung von geistigen Prozessen, wie sie sich nach Erkenntnissen der Psychologie in den Köpfen "kreativer Persönlichkeiten" abspielen. "Synektik" bedeutet das Zusammenfügen verschiedenartiger, scheinbar belangloser Elemente.

Wesentliches Merkmal der Synektik ist das bewußte Verwenden von Analogien zum Zwecke einer systematischen Verfremdung. Sowohl das Verfremden (Bilden von direkten, persönlichen und symbolischen Analogien) als auch das Rücktransformieren (Was hat das mit meinem ursprünglichen Problem zu tun?) geschieht in mehreren Schritten, die in drei Phasen zusammenfaßbar sind:

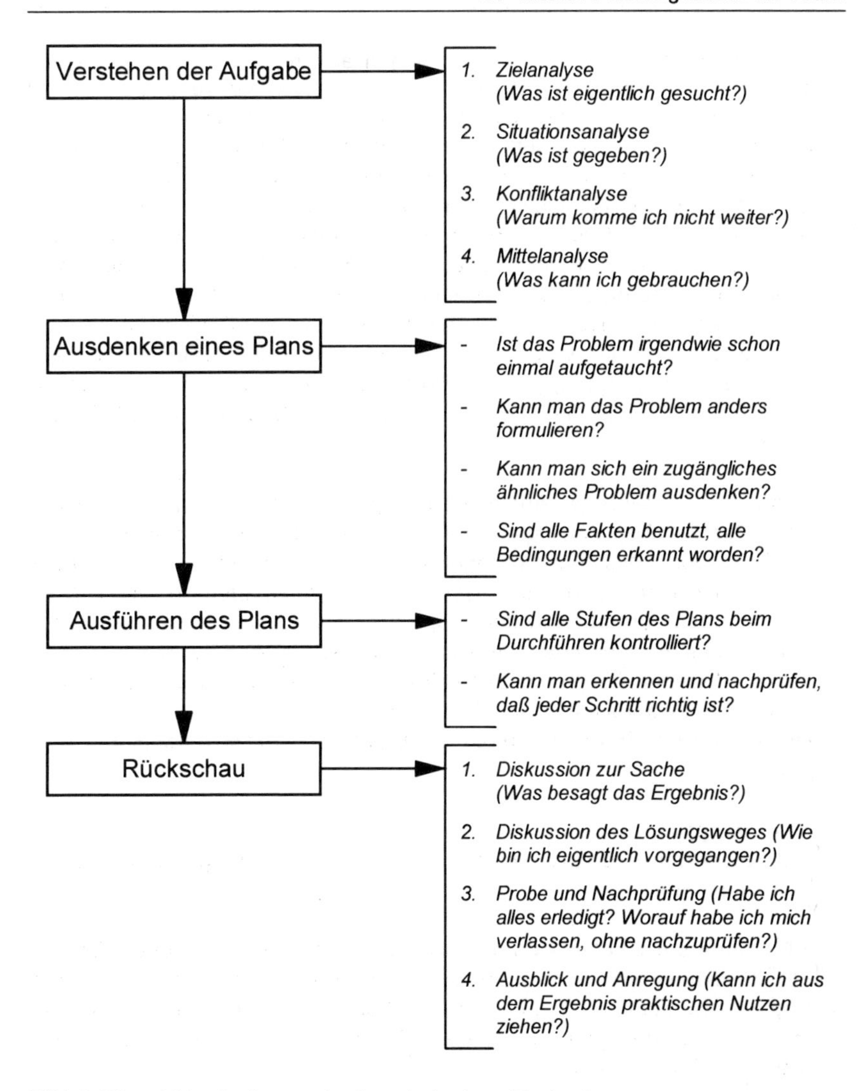

Bild 4.29: Ablaufschema der heuristischen Methode

– *Vorbereitungsphase*
  In den Schritten "Problemübermittlung", "Problemanalyse", "Reinigung" im Sinne eines vorgeschalteten Brainstorming und "Problemneuformulierung" wird Unbekanntes bekannt gemacht und das Problem aus der Sicht der Gruppe im allgemeinen abstrakt neu definiert.

- *Intuitive Phase*
  Zum Zwecke einer systematischen, schrittweisen Verfremdung und um eine Entfernung vom Problem zu erzwingen, werden bewußt Analogien aus anderen Bereichen verwendet. Man bildet bei technischen Problemen Analogien aus dem nicht-technischen Bereich und umgekehrt, sogenannte "Direkte Analogien". Analogiefelder aus dem nicht-technischen Bereich sind z. B. Geologie, Biologie, Archäologie, Philosophie, Mythologie, Medizin, Sport, Mode, Tanz, Kunst, Politik, Geschichte, Spionage, Erziehung, Theater, Zauberei; Analogiefelder aus dem Bereich der Technik (für nicht-technische Problemstellungen bzw. zur Rücktransformation von Lösungen in den Bereich der Technik) sind z. B. Elektrotechnik, Maschinenbau, Bauwesen, Transportwesen, Luft- und Raumfahrt, technische Anwendungen aus Physik, Chemie und Mathematik, Werkstofftechnik.

  Nach der "1. Direkten Analogie" erfolgt das Verfremden durch Bilden von "Persönlichen Analogien" (sich mit dem Gegenstand identifizieren im Sinne von „Wie fühle ich mich als ...") und "Symbolischen Analogien" (Kurzbeschreibung eines "Gefühls" mit eingebautem Konflikt). Nach der Rücktransformation in den ursprünglichen Bereich ("2. Direkte Analogie") folgt eine erneute "Analyse" der Lösungsidee zu dem neu definierten Problem. Durch das Betrachten unter neuen Gesichtspunkten ergeben sich zwangsläufig neue Lösungen.
  Nicht bei allen Problemen müssen alle diese Schritte durchlaufen werden.

- *Bewertungsphase*
  Die Bewertung und Auswahl der aufgefundenen Lösungen erfolgt durch den Fachmann.

Die Methode stellt hohe Anforderungen an den Leiter der Gruppe: Er muß die Diskussion lenken, d. h. Äußerungen und Assoziationen der Teilnehmer richtig interpretieren und den synektischen Ablauf steuern. Die Synektgruppe besteht idealerweise aus zwei bis sechs Personen möglichst unterschiedlicher Fachbereiche.

Ein Beispiel soll einen Eindruck von dieser Methode vermitteln: In früheren Heimkinogeräten ist der Film mit einem Greifer weitertransportiert worden, der über einen Exzenter angetrieben wird. Die Bewegung des Films ist diskontinuierlich. Solche Filmtransportvorrichtungen sind laut und nicht gerade filmschonend. Der synektische Ablauf ist für die Vorbereitungsphase in Bild 4.30, für die intuitive Phase in Bild 4.31 und für die Konkretisierungsphase in Bild 4.32 jeweils verkürzt dargestellt.

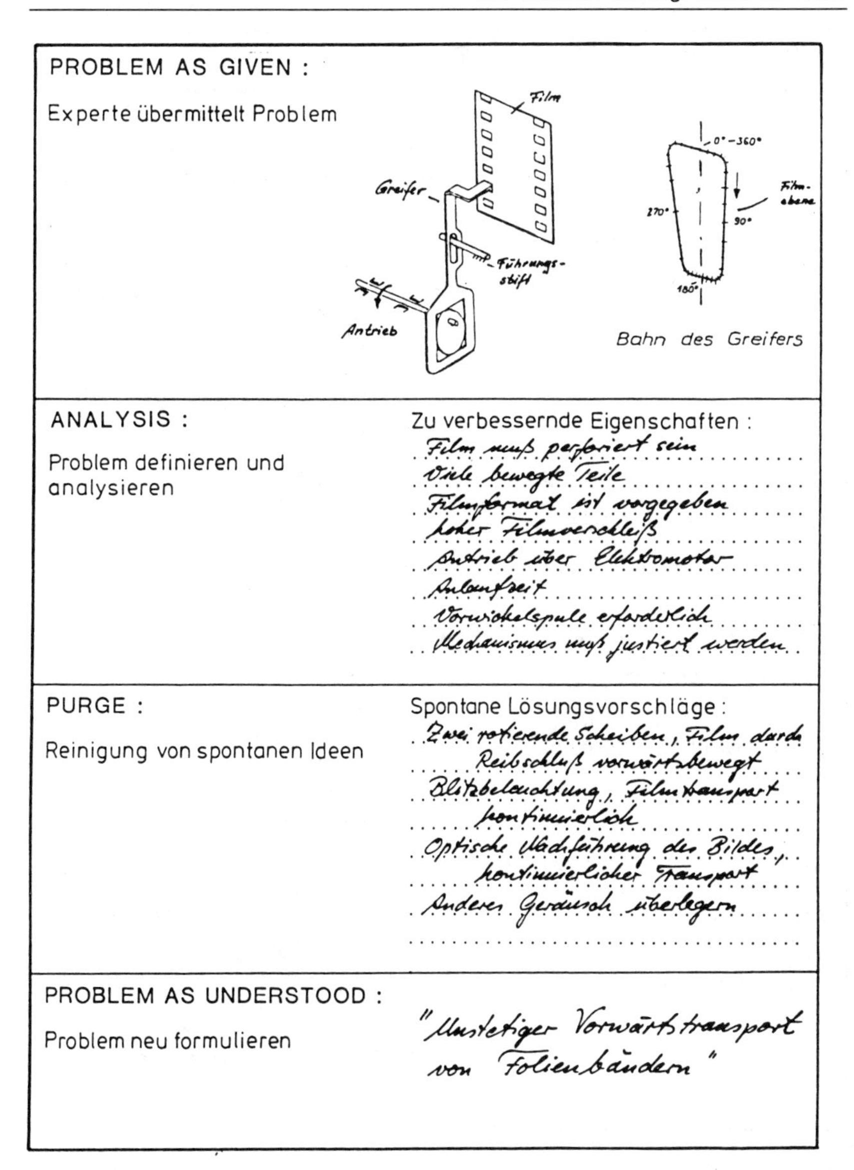

Bild 4.30: Synektik, Vorbereitungsphase, Beispiel Filmtransportvorrichtung

1. DIRECT ANALOGIES: Analogien aus anderen Bereichen suchen	Bereiche Nicht-Technik: Bewegung einer Schlange Pulsieren des Blutes, Blutkreislauf Politiker-Werden-und-Vergehen Amtlicher Ablauf bei Gesetzesvorlagen Schluckbewegung
ausgewählt: Ablauf einer Gesetzesvorlage	
PERSONAL ANALOGIES: Mit Gegenstand idendifizieren	Wie fühle ich mich als Gesetzesvorlage? dick, aufgebläht streiterregend in §§ gepreßt im Verborgenen wirkend überflüssig
ausgewählt: in §§ gepreßt	
SYMBOLIC ANALOGIES: Beschreibung mit eingebautem Konflikt	gefangene Freiheit vielfältige Einheitlichkeit geordnetes Chaos
ausgewählt: gefangene Freiheit	
2. DIRECT ANALOGIES: Analogien zu Symbolic Analogies aus ursprünglichem Bereich	Bereich Technik: Explosion Gespannte Feder Teilchenbeschleuniger überfüllter Personenaufzug Raketenantrieb
ausgewählt: Teilchenbeschleuniger	
ANALYSIS Analyse einer 2. Direkten Analogie	Eigenschaften von Teilchenbeschleuniger: Teilchen etwa gleichen Energieinhalts werden gebündelt Einzelne Teilchen haben "keine" Masse Vorgang ist wiederholbar Beschleunigt auf Kreisbahn Läßt Teilchen aufprallen

Bild 4.31: Synektik, intuitive Phase, Beispiel Filmtransportvorrichtung

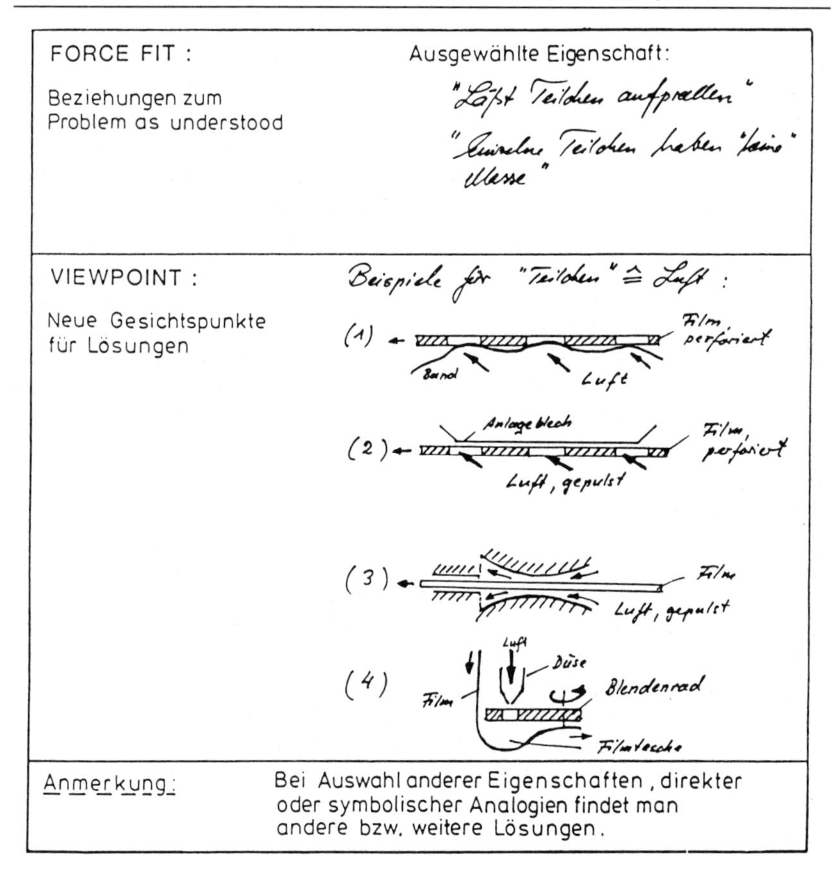

Bild 4.32: Synektik, Konkretisierungsphase, Beispiel Filmtransportvorrichtung

4.6 Spezielle Methoden für spezielle Probleme

4.6.1 Konstruktionsmethode Ähnlichkeit: Baureihenentwicklung und Miniaturisierung

Die von E. GERHARD [GER-68, GER-71] speziell für Probleme der elektromechanischen Feinwerktechnik angegebene Methode benutzt das "Allgemeine Ähnlichkeitsprinzip der Physik" nach M. WEBER [WEB-30]. Die präzisierte Aufgabenstellung liegt hier oft in Form eines realen Produkts vor, dessen Eigenschaften auf größere oder kleinere, langsamere oder schnellere, leistungsschwächere oder leistungsstärkere etc. Ausführungen einerseits oder auf extrem miniaturisierte Einzelausführungen andererseits zu übertragen sind. Ähnlichkeitsbetrachtungen können immer dann angestellt werden, wenn das physikalische Geschehen mathematisch – möglichst ganzheitlich – beschreibbar ist. Eine Lösbarkeit der beschreibenden mathematischen Gleichungen braucht nicht gegeben zu sein.

Mit Hilfe der Übertragungsregel lassen sich Ähnlichkeitsgesetze für solche Vorgänge von *Hauptausführungen* (noch zu realisierende Entwürfe/Produkte, Folgeentwürfe) und *Modell* (vorhandener Entwurf, Ausgangsprodukt, Mutterentwurf) aufstellen, die durch gleiche physikalische Gesetze phänomenologisch beschrieben werden. Ähnlichkeitsgesetze beschreiben die Vorgänge in den Vergleichssystemen durch das gleiche Gesetz in reinen Zahlen, Bild 4.33.

Die Konstruktionsmethode Ähnlichkeit verläuft rein diskursiv, das Konzipieren besteht aus einer rein mathematischen Lösungsbestimmung, und das Entwerfen enthält den Musterbau und das Überprüfen der theoretisch vorbestimmten Daten. Eine allgemeine mathematische Betrachtung für Elektrotechnik, Elektromechanik und Maschinenbau erscheint mit Hilfe von Vierpolbeschreibungen weitgehend möglich [GER-73b, GER-77]. Der Einsatz des Rechners als CAE-System für den Ähnlichkeitsalgorithmus, verknüpft mit einer Wissensbasis von den der Ähnlichkeitsbetrachtung nicht direkt zugänglichen Parametern [GER-84], erleichtert die Entwicklung von Baureihen erheblich [GER-87a].

Baureihenentwicklung

Eine Baureihe besteht aus technischen Produkten gleicher Funktion und gleichen Konzepts in mehreren Größenstufen [GER-84], Bild 4.34.

Ein konstanter Stufensprung φ führt zu einer gleichmäßigen Stufung bestimmter physikalischer Größen (geometrische Abmessungen, Leistungen, Drehzahlen, Masse, Festigkeit etc.) zwischen der kleinsten und der größten Ausführung. Normzahlen und Normzahlenreihen haben sich bei der Baureihenauslegung bewährt.

Zur mathematischen Beschreibung von Bauelementen und einfachen Baugruppen reicht im allgemeinen ein Denken in einzelnen physikalischen Gesetzen, ein sogenanntes Zweipol-Denken, aus. Bei der Entwicklung von

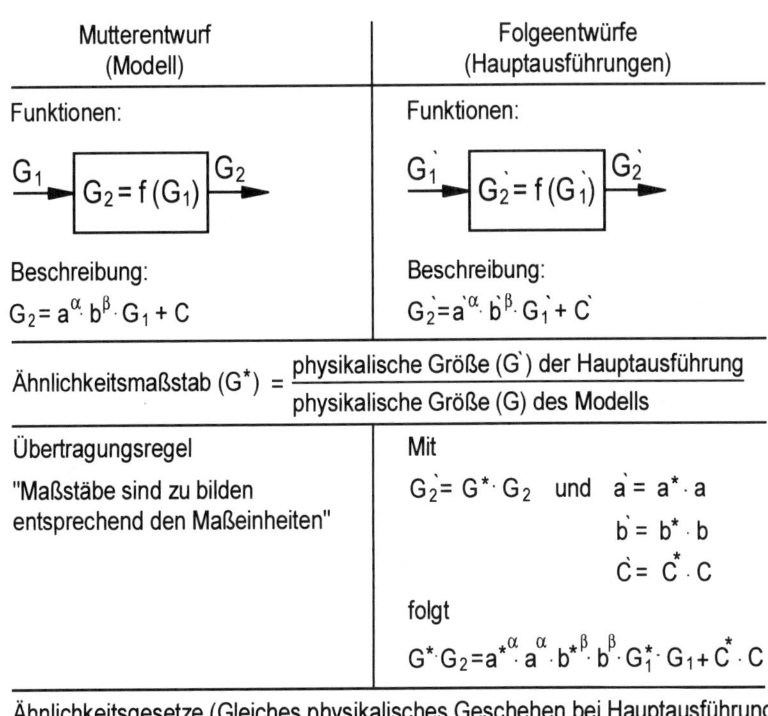

Bild 4.33: Grundlagen der Ähnlichkeitsphysik

Ungestrichene Größen für Modell, gestrichene für die Hauptausführungen; hochgestellter Stern für Ähnlichkeitsmaßstab

komplexen Baugruppen, Geräten und Maschinen gelingt es nur durch Erfahrung, diese technischen Produkte mit der sich an physikalischen Einzelgesetzen orientierenden Zweipol-Denkweise mathematisch ausreichend vollständig zu beschreiben.

Hier bietet sich eine einheitliche, ganzheitliche Betrachtung an, wie sie sich in sehr vielen Fällen durch eine Vierpol-Beschreibung der Produkte erreichen läßt, anwendbar in der mechanischen, elektromechanischen und elektrischen Technik.

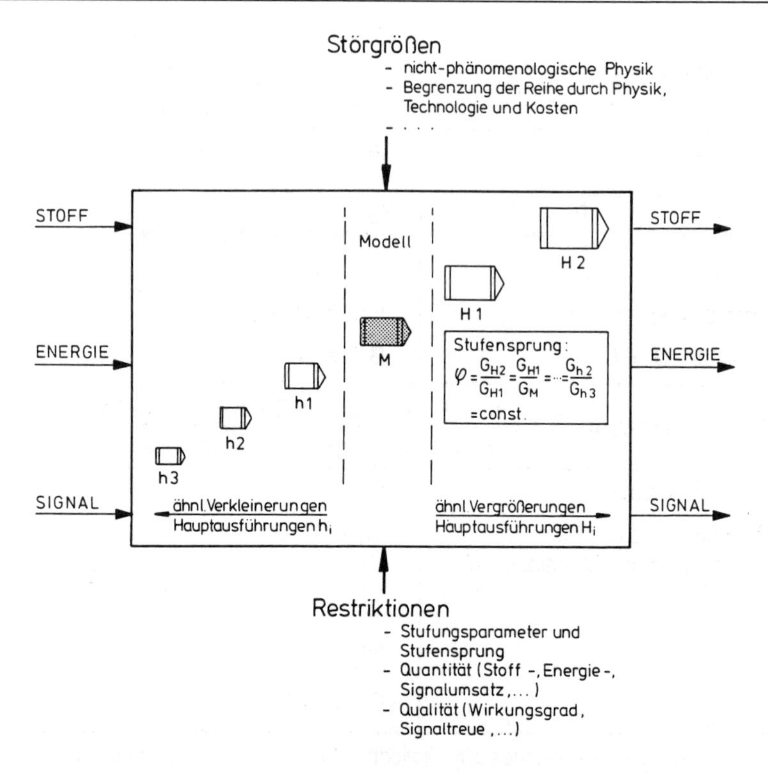

Bild 4.34: Baureihe und ihre Randbedingungen

H, h Hauptausführungen; M Modell; G physikalische Größe

Ein Vierpol ist ganz allgemein ein Netzwerk zur Übertragung von Energie bzw. Signal mit einem Tor als Eingang und einem Tor als Ausgang. Während G_1 ... G_4 die Eingangs- bzw. Ausgangsgrößen des Übertragungssystems darstellen, sind die Vierpolparameter A_{ik} komplexe mechanische oder elektrische Impedanzen und hängen vom physikalischen Wandlereffekt (i. a. A_{12} und A_{21}) sowie vom Aufbau des Wandlers bzw. Übertragers (i. a. A_{11} und A_{22}) ab; letztere sind mehr oder weniger vollständige Differentialgleichungen (Beispiele in Bild 4.35).

Aus den Vierpolgleichungen als Systemgleichungen lassen sich nun alle, für eine Baureihendimensionierung notwendigen Ähnlichkeitsgesetze ableiten (vgl. Bild 4.33). Diese Ähnlichkeitsgesetze sind zu interpretieren und führen so zu den Konstruktionsanweisungen für die Hauptausführungen als Glieder der Baureihe. Das Erstellen der Ausführungsunterlagen erfolgt

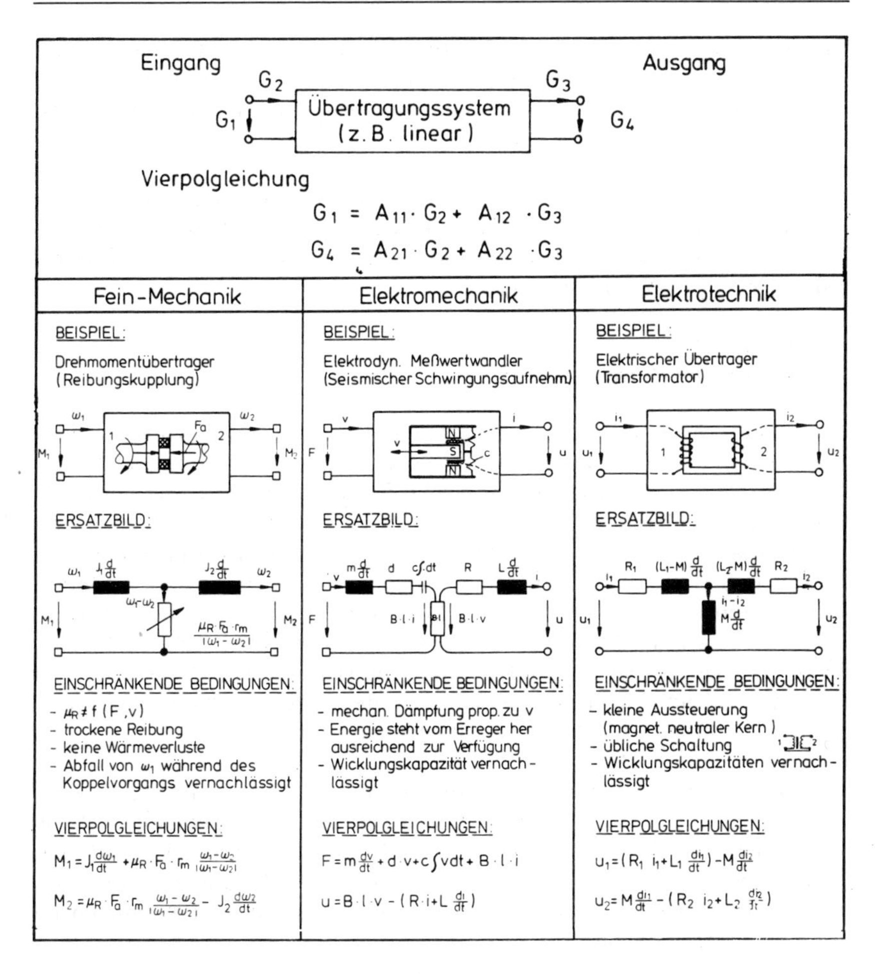

Bild 4.35: Mathematische Beschreibung des Aufgabenkerns durch Vierpolgleichungen nach GERHARD [GER-84, GER-87a]

BENUTZTE FORMELZEICHEN: (Fein-Mechanik)	
M	Drehmoment
t	Zeit
ω	Winkelgeschwindigkeit
J	Massenträgheitsmoment
μ_R	Reibzahl
F_a	achsiale Kraft
r_m	mittl. Reibradius
v	Relativgeschwindigkeit der Reibbeläge

BENUTZTE FORMELZEICHEN: (Elektromechanik)			
F	Kraft	m	Masse
v	Geschwindigkeit	d	Dämpfung
c	Federsteifigkeit	u	Spannung
l	Länge		
R	Widerstand		
B	Induktion		
i	Strom		
L	Induktivität		
t	Zeit		

BENUTZTE FORMELZEICHEN: (Elektrotechnik)	
u	Spannung
t	Zeit
M	Gegeninduktivität
i	Strom
R	Widerstand
L	Induktivität

sinnvollerweise für alle Glieder der Reihe gemeinsam, z. B. in Form von Gestaltunterlagen mit variablen Maßen, die für die einzelnen Ausführungen beziffert werden. Den Vorgehensplan und die Methode bei der Baureihenentwicklung zeigt Bild 4.36.

Beherrscht der Konstrukteur das Verfahren, so wird er die sehr früh vorliegenden mathematischen Ergebnisse bezüglich der zu schaffenden Baureihenglieder richtig deuten und somit die Realisierbarkeit oder Nichtrealisierbarkeit von Forderungen erkennen.

Miniaturisierung (Down Scaling)

Eine Vorausbestimmung der technischen Daten von extrem miniaturisierten Bauelementen und Baugruppen — besonders wichtig für Sensoren und Aktoren — ist dann möglich, wenn solche Baugruppen mathematisch ganzheitlich beschreibbar sind. Sowohl für lineare als auch für nicht-lineare Wandler lassen sich aus den Ähnlichkeitsgesetzen die wichtigsten charakteristischen Daten von extrem zu miniaturisierenden Baugruppen bestimmen. Voraussetzung ist, daß eine bewährte Kleinstausführung (Modell) existiert, deren konstruktiver Aufbau auch für eine Mini- bzw. Mikroausführung diskutabel ist und deren technische Daten Ausgangspunkt für die Berechnung sein können. Dabei haben die gewünschten Betriebsbedingungen einen starken Einfluß auf die erreichbaren Grenzdaten.

Den Ähnlichkeitsalgorithmus, zusammen mit Methodik- und Software-Hilfsmitteln zur extremen Miniaturisierung bewährter Wandlersysteme — Sensoren [GER-93a] und Aktoren [GER-93b] — zeigt Bild 4.37. Ein Ähnlichkeits-Algorithmus- und Dateiprogramm (AAD-Programm [GER-87a]) erlaubt das Entwickeln von extrem zu miniaturisierenden Baugruppen im Dialog mit dem Rechner.

Eine extreme Miniaturisierung mit Hilfe von Ähnlichkeitsbetrachtungen ist für abgegrenzte Systeme im Sinne von Baugruppen und Wandlern sehr gut möglich. Da auch die Grobgestalt miniaturisiert wird, liegen hierin die Grenzen. Diese Methode erlaubt auch, die Grenzen des Machbaren für konventionelle Bauformen zu erkennen; sie zeigt auf, wo neue Ideen und insbesondere neuartige Technologien gefragt sind. Aber sie wird nicht zu neuen Konzepten führen können.

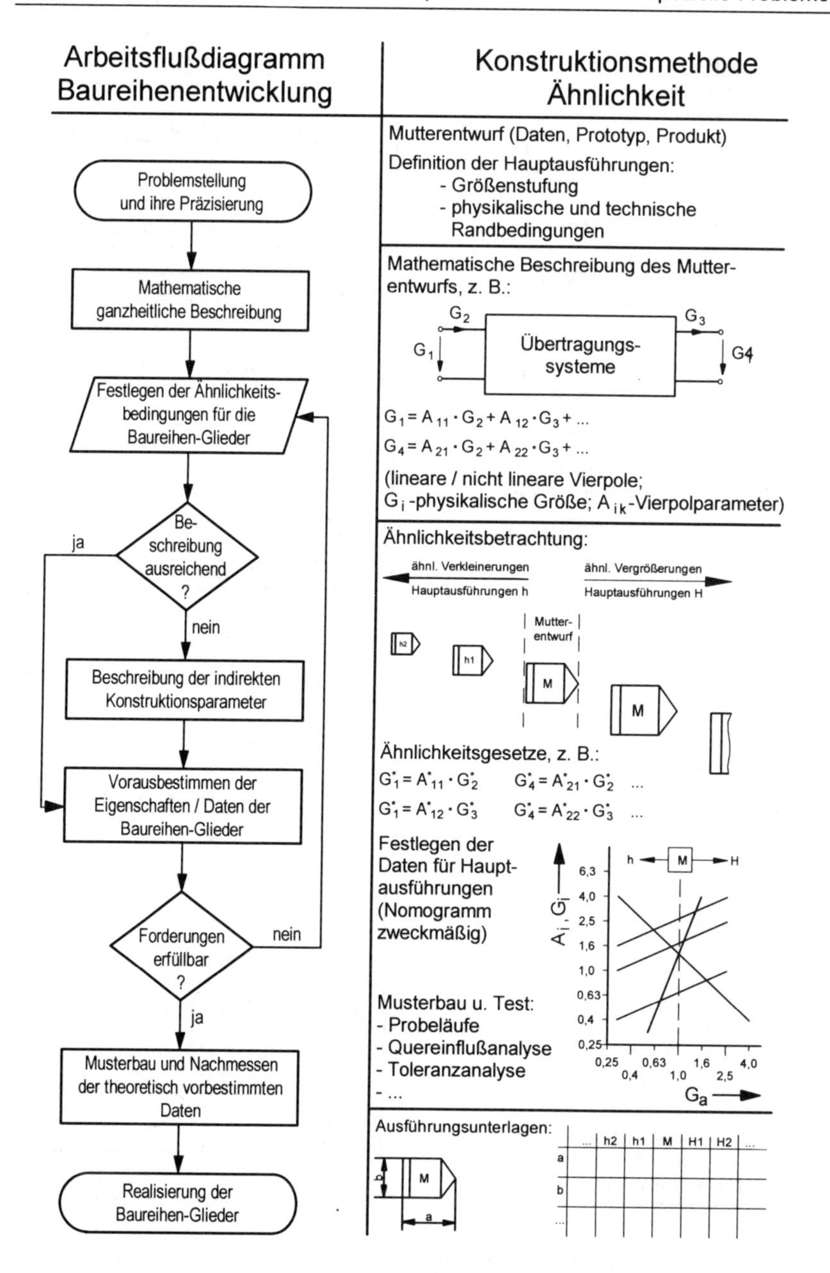

Bild 4.36: Vorgehensplan und Methode bei der Baureihenentwicklung

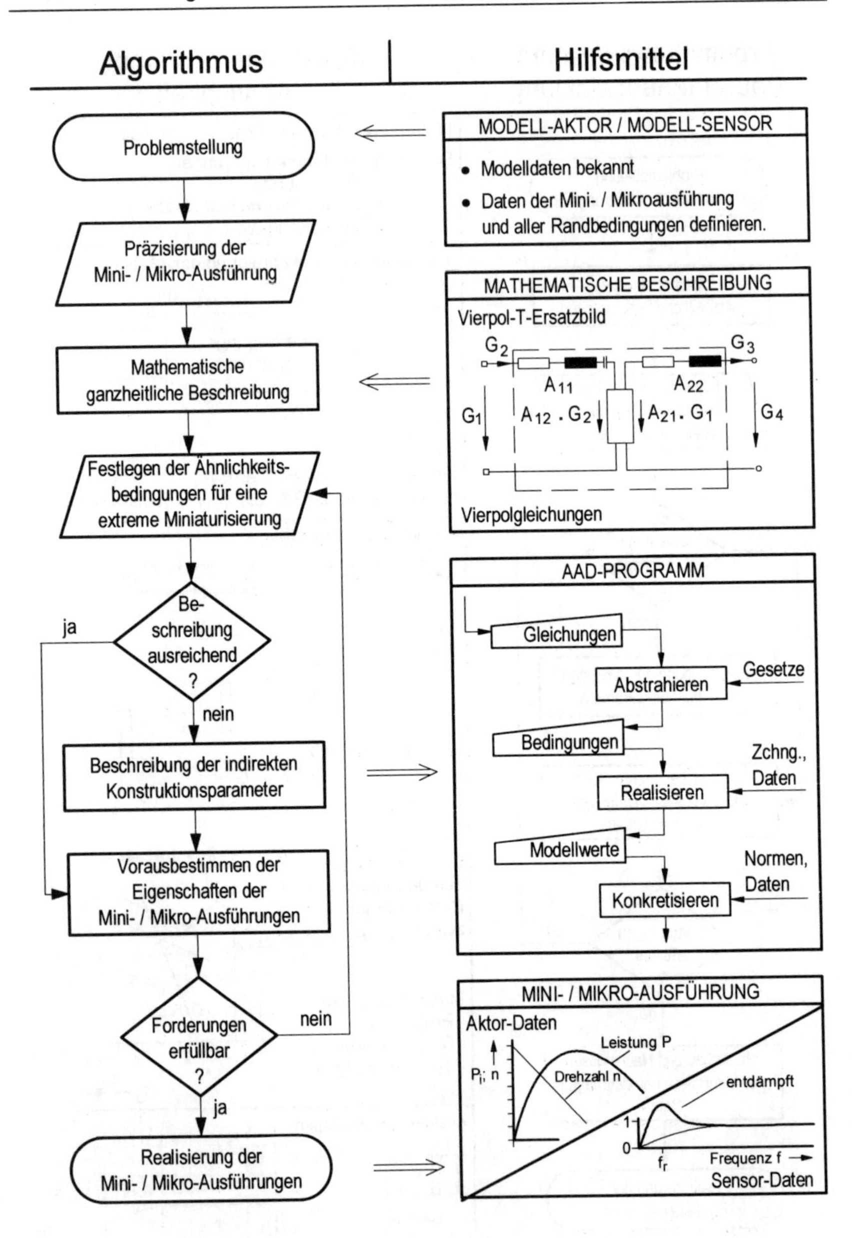

Bild 4.37: Ähnlichkeitsalgorithmus und Hilfsmittel für extreme Miniaturisierung

4.6.2 Methodik für Mikrosysteme

Unter einem Mikrosystem versteht man heute das Zusammenwirken mikromechanischer, mikroelektromechanischer, mikrooptischer und mikroelektronischer Komponenten einschließlich der zugehörigen Aufbau- und Verbindungstechniken. Die Fortschritte in der Mikrosystemtechnik sind nicht zuletzt bedingt durch die Übernahme einer Großzahl der Technologie-Schritte, der Einrichtungen und Werkzeuge der Mikroelektronik. Für nichtelektronische Komponenten sind nicht planare, sondern räumliche Strukturen in anwenderspezifischen Baugruppen zu realisieren.

"Direkt in mikro" zu denken, erlauben durchaus einige konventionelle Methoden: Neben diskursiven Verfahren bestehen insbesondere das Denken in physikalischen Effekten, das "Nachempfinden" großmechanischer Elemente einerseits und biologischer Systeme (Bionik der Mikromechanik) andererseits sowie die Synektik ihre ersten Bewährungsproben in der Mikrosystemtechnik. Hier ist das integrale, integrierende, ganzheitliche Denken der Mikro- und Feinwerktechniker gefragt.

Zur Entwicklung komplexer, verschachtelter, bedingter Mikrosysteme wird eine Lösungsfindungsmethodik notwendig, die in konsequenter Weiterentwicklung der heutigen Methoden der Konstruktionsforschung in sich neuartig, da handhabbar sein muß. Im allgemeinen sind bei mikrotechnischen Problemstellungen viele, oft kaum überschaubar viele Freiheitsgrade für Aufbau und Gestaltung offen, im allgemeinen nur eingeschränkt durch die technologischen und einsatzbezogenen Randbedingungen.

Für die relativ vielen, zu realisierenden Funktionen bei Mikrosystemen sind jeweils eine Großzahl von Lösungsvarianten denkbar. Erste Hilfe bietet hier eine n-dimensionale Lösungsmatrix, wie sie Bild 4.38 für die Operationen Erfassen, Vereinzeln, Transportieren, Halten, Positionieren und Speichern einer z. B. kugelförmigen Mikro-Optode zum analytisch-sensitiven Messen biochemischer Größen mit faseroptischen Sensoren prinzipiell zeigt [GER-90b, GER-92, GER-93b].

Für derartige komplexe, multifunktionale mikrotechnische Systeme muß eine neuartige, systematisch angelegte, aber die Intuition provozierende Methodik entwickelt werden, vielleicht eine unscharfe Methode, eine "Fuzzy (Logic) Method", selbstverständlich auf dem Rechner lauf- und weiterbearbeitungsfähig.

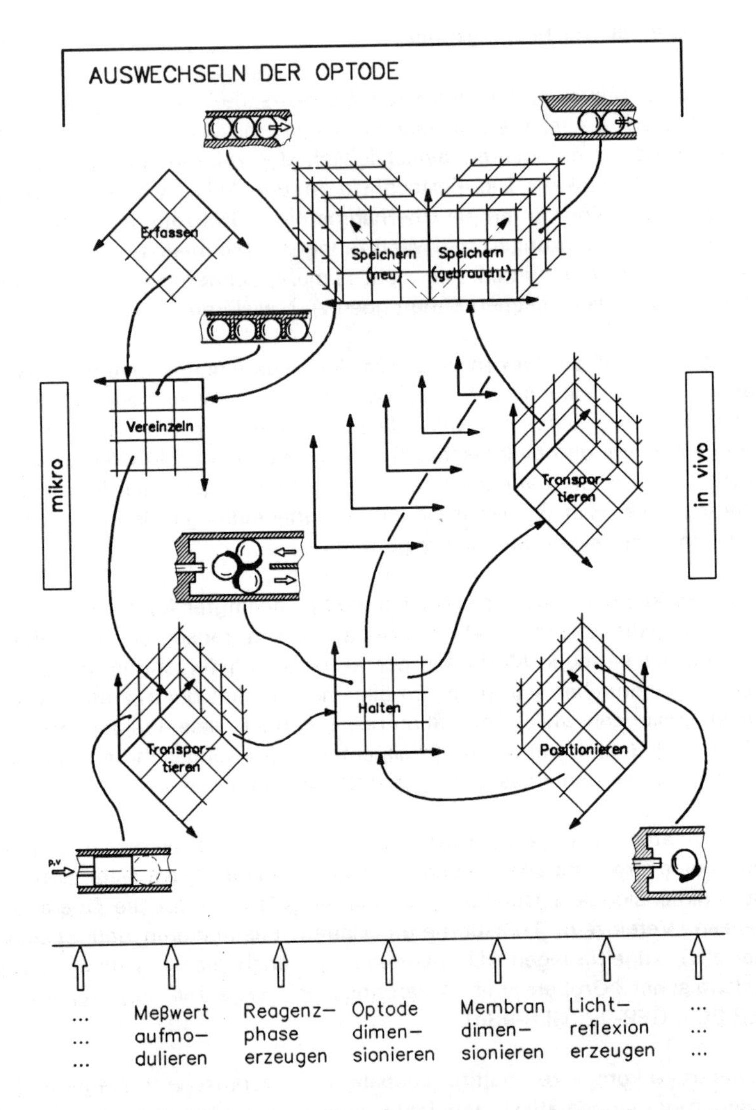

Bild 4.38: n-dimensionale Matrix für die Funktion "Auswechseln von Mikrokugeln"

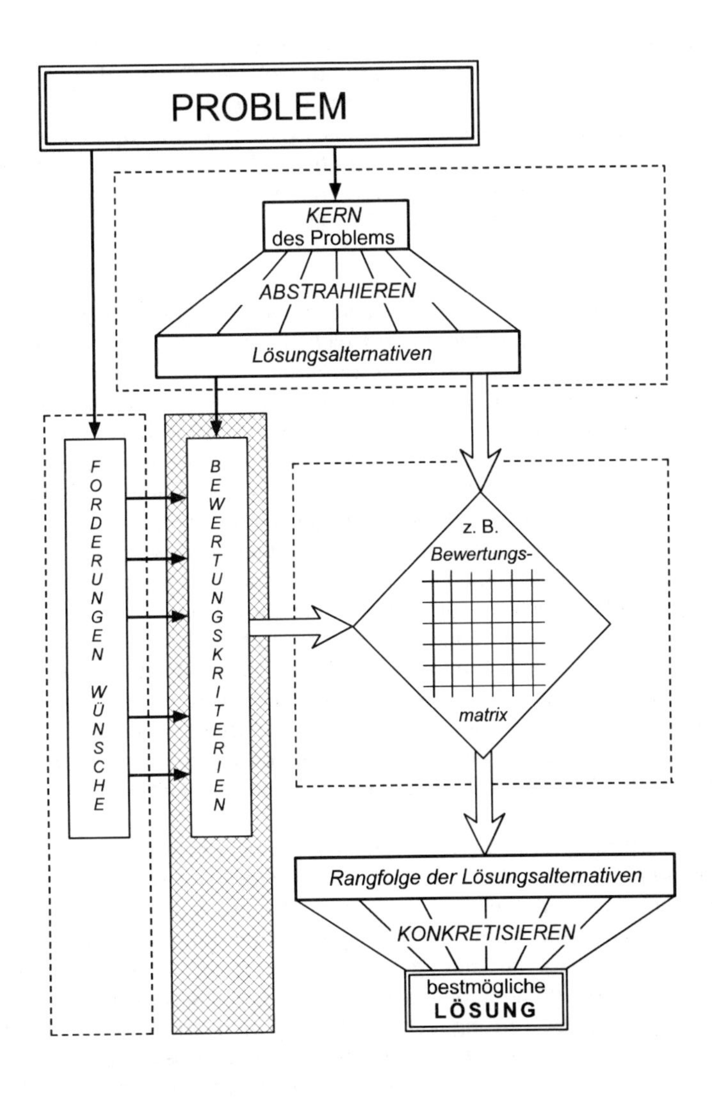
PROBLEM
KERN
des Problems
ABSTRAHIEREN
Lösungsalternativen
FORDERUNGEN WÜNSCHE
BEWERTUNGSKRITERIEN
z. B.
Bewertungs-
matrix
Rangfolge der Lösungsalternativen
KONKRETISIEREN
bestmögliche
LÖSUNG

5.1 Bewertungskriterien als "Maß aller Entscheidungen"

Die verschiedenen Methoden zur Lösungssuche liefern im allgemeinen eine Vielzahl prinzipiell möglicher Lösungsalternativen; sie alle müssen auf ihre Brauchbarkeit, gerade auch in wirtschaftlicher Hinsicht, untersucht werden. Dabei gilt es, durch eine Bewertung den "Wert" bzw. den "Nutzwert" oder die "Stärke" jeder Lösung zu ermitteln. Das ist nur möglich, wenn eine klare Zielvorstellung existiert. Das Aussuchen der optimalen Lösung geschieht dann aufgrund des Bewertungsergebnisses, das durch Vergleich der Istwerte der Lösungsalternativen mit den Sollwerten der als Bewertungskriterien formulierten Ziele mit Hilfe von Bewertungsverfahren zustande kommt.

Ständig trifft der Konstrukteur im Rahmen seiner Tätigkeit Entscheidungen; ständig erschwert ihm dabei das oft nicht unerhebliche Informationsdefizit seine Arbeit; ständig steht er unter Zeitdruck, und nicht selten mangelt es ihm an methodischen Kenntnissen, um solche Entscheidungssituationen mit der seiner Verantwortung entsprechenden Sorgfalt bewältigen zu können. Die Qualität der getroffenen Entscheidungen bestimmt in hohem Maße den Erfolg oder Mißerfolg seiner Arbeit. Gerade weil jede Entscheidung einen erheblichen Einfluß auf den weiteren Gang der Entwicklung hat, wird der Konstrukteur versuchen, seine Entscheidungen soweit wie möglich zu objektivieren, damit sie nachvollziehbar und somit begründbar werden und damit, zumindest nach bestem Wissen und Gewissen zu dem anstehenden Zeitpunkt, ein subjektiv optimales Ergebnis erreichbar wird. Dazu ist es unerläßlich, Bewertungskriterien als Entscheidungshilfen heranzuziehen. Dies ist schon allein deshalb notwendig, weil der Mensch aufgrund seiner geistigen Kapazität nur wenige vergleichende Betrachtungen durchführen kann; er neigt dazu, die einzelnen Alternativen jeweils mit anderen Augen zu sehen, also jeweils an Hand anderer Kriterien zu beurteilen.

Für einen offenlegbaren Bewertungsvorgang sind deshalb Bewertungskriterien unumgänglich; an ihnen müssen alle Alternativen absolut oder vergleichend gemessen werden. Der Schwerpunkt eines solchen Entscheidungsprozesses liegt nun nicht im "richtigen" Bewertungsverfahren, sondern vielmehr in der Wahl der "richtigen" und damit in der Auswahl der wichtigsten Bewertungskriterien. Selbst mit einem für eine vorliegende Aufgabe ideal geeigneten Bewertungsverfahren wird man aus einer vorliegenden Menge von Lösungsalternativen nur dann die derzeit bestgeeignete herausfinden, wenn für den Bewertungsschritt auch die wichtigsten und eventuell gewichteten Kriterien zur Verfügung stehen. Nicht das Verfahren, sondern die Kriterien sind das "Maß aller Entscheidungen", wie diese Vorstellung begrifflich beschrieben werden soll. Wählt der Konstrukteur unzutreffende oder nur unwichtige Kriterien bei seiner Entscheidungsfindung, so wird er eine irrelevante Problemstellung, eine eventuell völlig andere Aufgabe lösen; wählt er dagegen eine falsche Alternative auf der Basis richtiger Kriterien (bedingt durch ein ungeeignetes Bewertungsverfahren), so sucht er letztlich nur eine nicht optimale Lösung aus, vielleicht nur die zweit- oder drittbeste Lösung.

Für alle Bewertungskriterien gelten prinzipiell folgende Voraussetzungen:

- Alle für einen Entscheidungsprozess benutzten Kriterien sollen entscheidungsrelevant sein, d. h. die entsprechenden Eigenschaften der Alternativen müssen auch tatsächlich beurteilbar sein.

- Die Kriterien sollen möglichst quantitativ oder zumindest qualitativ angegeben sein (z. B. Sollwert mit Mindest- und Idealerfüllung). Kriterien wie z. B. "soll billig sein", "einfache Montage" etc. sind selbstverständlich und ohne Aussage.

- Bewertungskriterien müssen weitestgehend unabhängig voneinander sein, da sonst gleiche Eigenschaften von Alternativen unter verschiedenen Begriffsformulierungen beurteilt werden, was das Ergebnis verfälscht.

- Die gewählten Kriterien sollen eine umfassende Bewertung gestatten, sie sollen vollständig sein, da sonst eventuell wesentliche Eigenschaften der Alternativen nicht berücksichtigt werden.

- Bewertungskriterien sollen stets positiv formuliert sein (z. B. nicht "Geräuschentwicklung", wenn "Geräuschlosigkeit" gemeint ist).

In die Auswahl der richtigen Kriterien für eine anstehende Entscheidungssituation sollte eine gewisse Sorgfalt gelegt werden. Der nicht unerhebliche Aufwand für eine Bewertung ist nur dann gerechtfertigt, wenn dadurch die Entscheidung bewußt durchgeführt und das Ergebnis nachvollziehbar und begründbar wird.

5.2 Aufsuchen relevanter Bewertungskriterien

5.2.1 Anforderungsliste

Die Anforderungsliste als betriebsinternes Verzeichnis aller Forderungen und Wünsche an das zu entwickelnde Produkt ist die ideale Sammelstelle für Bewertungskriterien aller Auswahlprozesse. Wurde sie während des Konstruktionsablaufs stets auf dem aktuellen Stand gehalten, dann wird sie einen Großteil der für einen anstehenden Bewertungsvorgang notwendigen Kriterien beinhalten. Sind in der Anforderungsliste die notwendigen und hinreichenden Wertbegriffe formuliert, präzisiert und für spätere Bewertungsprozesse aufbereitet, so wird sicher die Entscheidungsfindung erleichtert und beschleunigt.

Wichtig für die Auswahl der entscheidungsrelevanten Kriterien sind deren Prozeßdaten (vgl. Kapitel 2.4.3):

- Unterscheidung von dualen Ja/Nein-Forderungen (J/N), Tolerierten Forderungen (F) und Wünschen (W).

  Während die Ja/Nein-Forderungen eine Vorselektion von Lösungsalternativen bewirken, dienen die Tolerierten Forderungen als eigentliche Bewertungskriterien. Sie stellen Sollwerte für die Ist-Eigenschaften der Lösungsalternativen dar, die alle mehr oder weniger gut brauchbar sind. Wünsche dürfen mit Tolerierten Forderungen nicht gemischt werden. Sie sind nach dem Bewertungsvorgang zu berücksichtigen.

- Zuordnung der Anforderungen zu den Konstruktionsphasen Prinzipsuche (P), Konzepterarbeitung (K), Entwerfen (E) oder Ausarbeiten (A).

  Durch diese Kennzeichnung bereits während der Problempräzisierung gelingt ein Heraussuchen der jeweils relevanten Kriterien sehr schnell, indem man z. B. alle mit P gekennzeichneten Anforderungen zur Beurteilung von Prinziplösungen oder z. B. alle mit A gekennzeichneten zur Beurteilung von Detaillierungen heraussucht.

Die Wertdaten der Anforderungen werden erst für die Wertfindung, also für das Errechnen von "Werten" für die einzelnen Lösungsalternativen mit Hilfe eines Bewertungsverfahrens wichtig.

Es dürfte immer mit Schwierigkeiten — besonders der Überwindung der eigenen Trägheit — verbunden sein, die Anforderungsliste für jeden

Augenblick der Problemlösung auf dem neuesten Stand zu halten, wenn dies auch wünschenswert erscheint. Aber nicht selten existiert in der Praxis ein erstes Pflichtenheft (Lastenheft), das gegen Ende des Konstruktionsprozesses als zweites überarbeitetes Pflichtenheft vor einer Fertigungsübernahme auf den neuesten Stand gebracht wird. Infolgedessen dürfte nur selten die Anforderungsliste als alleiniger Kriterienlieferant bei der Bewertung von aufgefundenen Lösungsalternativen in Frage kommen.

5.2.2 Ähnliche Aufgabenstellungen

Auf der Suche nach relevanten Bewertungskriterien spielt das Erkunden des "Standes der Technik" bezüglich unternehmensexterner und unternehmensinterner Informationen oft eine größere Rolle als die eigenen Erfahrungen des Bearbeiters aus vorangegangenen vergleichbaren Problemstellungen.

Das Erkunden des "Standes der Technik" muß nicht nur bei der Aufgabenpräzisierung (vgl. Kapitel 2.3), sondern gerade auch bei der Suche nach Bewertungskriterien rein eigenschaftsorientiert sein, denn diese sollen das Beurteilen der Eigenschaften aufgefundener Lösungsalternativen gestatten und nicht etwa Lösungsideen liefern. Dem Konstrukteur stehen prinzipiell drei Informationsquellen zum Aufsuchen diesbezüglicher Bewertungskriterien zur Verfügung:

- Prospekte und Unterlagen von Konkurrenzfabrikaten sowie Firmenschriften. Darüber hinaus kann eine Analyse von Konkurrenzfabrikaten durchaus informativ sein.

- Laufende Informationen:
  Durchsicht neuer Publikationen auf dem eigenen Fachgebiet, wie diese sich in den verschiedensten Fachzeitschriften dokumentieren.

- Retrospektive Informationen:
  Gezieltes Ermitteln des Entwicklungsstandes zur Lösung eines anstehenden, abgegrenzten Problems.

Diese Quellen sind als Lieferanten von Bewertungskriterien insbesondere dann äußerst wichtig, wenn die Erarbeitung der Anforderungsliste schon lange zurückliegt oder die darin formulierten Anforderungen nicht oder nicht mehr dem Marktanspruch genügen.

Die *Erfahrung* des Konstrukteurs und des Unternehmens insgesamt ist für eine Bewertung unersetzbar. Allerdings gilt es zu verhindern, daß aufgrund "sogenannter" Erfahrungen unkonventionelle Lösungsmöglichkeiten von vornherein pauschal ausgeschieden werden. Viele Entscheidungen des Konstrukteurs sind Routineentscheidungen, solche, bei denen er Parallelitäten zu früheren Entscheidungssituationen erkennt und wo er die damals ausgewählte bewährte Alternative übernehmen kann. Die Zahl der Routineentscheidungen nimmt mit zunehmendem Erfahrungsschatz des Konstrukteurs zu, hängt aber sehr stark von der Art der Problemstellung ab.

Der Konstrukteur ist sich bewußt, daß selbst bei Substitutionsprodukten die speziellen Restriktionen meist nicht mehr die gleichen sind wie beim Vorgängertyp. Um praxisnahe Lösungen zu erhalten, sind die fachlichen und die methodischen Erfahrungen des Einzelnen ebenso unverzichtbar wie das "know how" oder die Kartei für Fehler und Schadensfälle im Unternehmen.

Bei der Bewertung von Lösungsalternativen, und da besonders bei der Auswahl von Kriterien und der Bestimmung von deren Wichtigkeit, ist einerseits die Subjektivität des Individuums nicht vermeidbar, andererseits gerade diese subjektive Erfahrung unerläßlich, wenn das Urteil überhaupt eine reale Aussagekraft haben soll. Selbstverständlich kann gerade die persönliche Eigenheit des Bearbeiters oder dessen Vorgesetzten zu einem entscheidenden Kriterium werden (z. B. „Bei uns gibt es keine runden Ekken!"). Zeit, Geduld, Geldmittel, Tradition und Risikobereitschaft werden zu Bewertungskriterien.

5.2.3 Kriterienquellen während der Lösungssuche

Immer dann, wenn sich der Konstrukteur — gleich mit Hilfe welchen Verfahrens — auf der Suche nach Lösungsalternativen befindet, wird er auch die eruierten Möglichkeiten aus seiner momentanen Sicht heraus beurteilen. Dabei sind oft spezielle Eigenschaften der betreffenden Lösung oder auch Pauschalbetrachtungen maßgebend. Hält sich der Bearbeiter hier allzu stur an das gewählte Verfahren zur Lösungssuche, so wird er nahezu alle ihm eingefallenen Eigenschaften der verschiedenen aufgefundenen Lösungsalternativen nach Abschluß der Suche vergessen haben, obwohl die lösungsbezogenen Eigenschaften zu wichtigen Auswahlkriterien werden können.

Es erscheint deshalb sehr vorteilhaft, während der Suchphase die sich aufdrängenden Lösungseigenschaften als Vor- und Nachteile in einem

Notizheft oder auf einem Zettel festzuhalten. Dies kann in Form eines immer bereitliegenden, einfachen Formblattes geschehen, wie es z. B. Bild 5.1 zeigt.

Firma	LÖSUNGSEIGENSCHAFTEN als KRITERIEN	zu Auftrag
Alternative	Vorteile	Nachteile

Aufgefundene Kriterien davon	neu	bereits bekannt

Bild 5.1: Formblatt zum Notieren spontaner Eigenschaften während der Lösungssuche

Bei der praktischen Arbeit zeigt es sich, daß es bei diesem Notieren von Vor- und Nachteilen gar nicht notwendig ist, besonders streng und systematisch zu verfahren. Wichtig ist nur, daß die "spontanen" Kriterien nicht verlorengehen. Bei der späteren Bewertung läßt sich relativ einfach entscheiden, ob die notierten Eigenschaften — gleich, ob als Vor- oder Nachteil bzw. bei welcher Lösungsalternative erkannt — als relevante Bewertungskriterien für alle Lösungsalternativen in Frage kommen (siehe unteren Teil des Formblattes in Bild 5.1). Hierbei ergeben sich oft Aussagen, die auch in der bestgeführten Anforderungsliste nicht enthalten sein können. Sie sind lösungsbezogen und im allgemeinen äußerst praxisgerecht.

Nicht nur in der Feinwerktechnik spielt der verhältnismäßig preiswerte *Versuch* bzw. das gebaute *Versuchsmuster* als Kriterienlieferant eine entscheidende Rolle. An einem Labormuster als "realisierte Theorie" lassen sich theoretische Überlegungen nachprüfen, unabhängig davon, ob es sich um den Nachweis der problembezogenen Realisierbarkeit eines physikalischen Gesetzes während der Konzeptphase, um die Erprobung z. B. einer kinematischen Kette während der Entwurfsphase oder z. B. einer detaillierten Rastverbindung in der Ausarbeitungsphase handelt. Der Versuch bildet eine wichtige Grundlage für die Entwicklung eines Produkts; er liefert die aussageträchtigsten Kriterien – und selbstverständlich auch Angaben über deren Erfüllungsgrad. Ähnliches gilt für Bewertungskriterien aus einer Schwachstellenanalyse, insbesondere dann, wenn sie mit mathematischen Berechnungen z. B. bezüglich Zuverlässigkeit oder Kosten einhergeht, wodurch die Wertdaten der Kriterien als Zahlengrößen angebbar werden.

5.2.4 Übersicht über Kriterienlieferanten

Die Zuordnung der verschiedenen Kriterienlieferanten zu den einzelnen Bewertungsschritten während eines Auswahlprozesses in irgendeiner Problemlösungsphase zeigt Bild 5.2.

Ausgangspunkt ist eine Gesamtanzahl von Lösungsalternativen für eine bestimmte Teilaufgabe oder auch für ein komplexes Problem (vgl. hierzu auch die "Zielfunktionsorientierte Matrix-Methode", Kapitel 4.4). Diese Alternativen liegen (möglichst) in Form von Skizzen bzw. Zeichnungen oder in Ausnahmefällen in einer abstrakten Suchphase auch nur verbal formuliert vor. Damit ist die Voraussetzung für eine Bewertung geschaffen mit dem Ziel, das prinzipiell Mögliche an dem real Geforderten zu messen.

Eine erste Selektion erfolgt mit Hilfe der Ja/Nein-Kriterien (J/N):

- Erfüllen des Aufgabenkerns, durch dessen Abstraktion die Lösungsalternativen gefunden wurden; insbesondere unter Beachtung von Nebenfunktionen und Restriktionen.

- Erfüllen aller Ja/Nein-Forderungen aus der Anforderungsliste.

- Erreichen der unteren Toleranzgrenze (Mindesterfüllung) der Tolerierten Forderungen.

Die verbleibenden Lösungsalternativen sind alle mehr oder weniger gut brauchbar, sie werden die Bewertungskriterien also mehr oder weniger gut erfüllen. Um den jeweiligen Erfüllungsgrad feststellen zu können, ist ein Bewertungsverfahren notwendig (Kapitel 6). Als "scharfe" Kriterien fungieren die Tolerierten Forderungen (F). Sie stammen aus

- der Anforderungsliste,
- dem Stand der Technik, sofern er nicht vollständig in die Anforderungsliste eingearbeitet ist,

- den Erfahrungen des Konstrukteurs und des Unternehmens sowie
- dem Vor- und Nachteile-Katalog während der Lösungssuche.

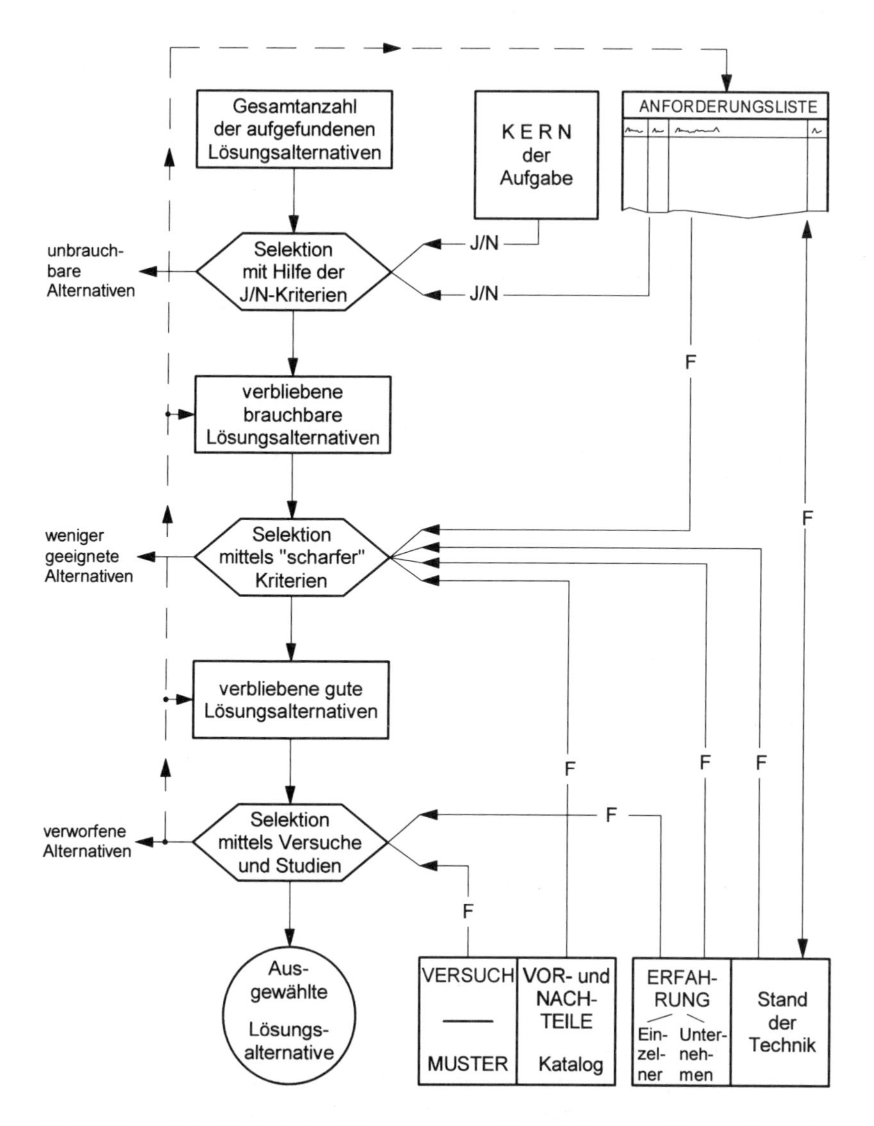

Bild 5.2: Schritte bei der Lösungsauswahl und die zugehörigen Kriterienlieferanten

J/N Ja/Nein-Forderung; F Tolerierte Forderung

Nach diesem Schritt sind alle Lösungsalternativen durch einen bestimmten Wert gekennzeichnet. Es wird darunter eine (oder manchmal auch zwei oder gar drei) beste Lösung sein. Eine weitere Selektion – sofern sie in der anstehenden Phase überhaupt möglich ist – wird mittels Kriterien aus Versuch, Musterbau, Schwachstellenanalyse und Erfahrung zu einer praxisnahen Wertfindung führen. Oft werden unbrauchbare Lösungsalternativen zum Teil schon während der Lösungssuche erkannt. Die weiteren Bewertungsschritte können durchaus in einer einzigen Bewertungstafel zusammengefaßt erfolgen.

Ein solcher Bewertungsvorgang kann nur dann mit vertretbarem Aufwand und zufriedenstellender Sicherheit durchgeführt werden, wenn die benutzten Kriterien auch die wichtigsten Forderungen weitgehend abdecken. Durch ein rechtzeitiges Ausscheiden aussichtsloser (Teil-) Lösungsvarianten und ein kriterienbegrenztes Bewerten der prinzipiell brauchbaren Varianten bleibt der Arbeitsaufwand in Grenzen, was durchaus im Sinne einer rationellen Konstruktionsarbeit liegt. Dieses Vorgehen entspricht auch dem Grundsatz, immer erst dann Lösungen auszuscheiden, wenn deren Unbrauchbarkeit erwiesen ist.

5.3 Kriterienordnung entsprechend der Präferenzen

Hauptaufgabe bei der Vorbereitung einer Bewertung durch Zusammenstellen der Bewertungskriterien ist es, immer die jeweils wichtigsten Kriterien aus der Gesamtkriterienmenge herauszufiltern. Eine endliche, relativ kleine Anzahl von Bewertungskriterien für einen Bewertungsprozeß ist deshalb wichtig, um mit endlichem Aufwand zu einer relativ sicheren Aussage zu kommen. Für diesen Auswahlprozeß werden hier folgende Schritte vorgeschlagen:

Schritt 1:

Aus den Anforderungs-Mengen F, T, W und M (Kapitel 2.4.2) werden die Elemente herausgesucht, die für den jeweiligen Bewertungsprozeß in einer bestimmten Problemlösungsphase relevant sind. Die entsprechende Kennzeichnung als Prozeßdaten in der Anforderungsliste erleichtert dies. Diese phasenrelevanten (phA) Elemente sind in ihrer jeweiligen Summe Teilmengen ($\subseteq$) der Anforderungs-Grundmengen:

$F_{phA} = \{$z. B. $F_2, F_3, F_6 \ldots\} \subseteq F,$

$T_{phA} = \{$z. B. $T_4, T_9 \ldots\} \subseteq T,$

$W_{phA} = \{$z. B. $W_1, W_3 \ldots\} \subseteq W,$

$M_{phA} = \{$z. B. $M_1, M_9 \ldots\} \subseteq M.$

Außerdem ergeben sich bei der Suche nach Alternativlösungen immer auch neue, in der Anforderungsliste nicht niedergelegte Lösungseigenschaften (z. B. aus dem Vor- und Nachteile-Katalog), die zu weiteren Bewertungskriterien für die Lösungsbeurteilung in dieser Phase führen. Die Menge der zu Kriterien führenden Eigenschaften E besitzt im allgemeinen Elemente, die teils der Funktion, teils der Technologie, teils der Wirtschaftlichkeit und/oder den Mensch-Produkt-Beziehungen zuzuordnen sind:

$E = \{$i. a. $F_{E,i}; T_{E,i}; W_{E,i}; M_{E,i}\}.$

Die für den phasenbezogenen Bewertungsprozeß insgesamt wichtige Kriterienmenge ergibt sich somit zu ($\cup$ vereinigt mit)

$A_{ph} = F_{phA} \cup T_{phA} \cup W_{phA} \cup M_{phA} \cup E.$

Werden die in E enthaltenen Elemente den Teilmengen der Anforderungsgrundmengen zugeordnet, so ergeben sich die vollständigen phasenrelevanten (ph) Teilmengen zu

$F_{ph} = \{$z. B. $F_2, F_3, F_6 \ldots; F_{E1}\},$

$T_{ph} = \{$z. B. $T_4, T_9 \ldots; T_{E1}, T_{E2}\},$

$W_{ph} = \{$z. B. $W_1, W_3 \ldots; W_{E1}\},$

$M_{ph} = \{$z. B. $M_1, M_9 \ldots; M_{E3}\}.$

und somit ist die Gesamtmenge A_{ph} der für diesen Bewertungsprozeß zur Verfügung stehenden Kriterien

$A_{ph} = F_{ph} \cup T_{ph} \cup W_{ph} \cup M_{ph}.$

Schritt 2:

Die Elemente dieser vier Teilmengen F_{ph}, T_{ph}, W_{ph}, und M_{ph} werden entsprechend ihrer Wichtigkeit geordnet und eventuell mit einem Gewichtsfaktor versehen (Einzelheiten siehe unter Kapitel 5.4). Damit entstehen geordnete Mengen mit Elementen in einer für diesen vorliegenden Bewertungsprozeß festgelegten Rangfolge:

$F_{ph} = \{F_{Rang\ 1}; F_{Rang\ 2}; F_{Rang\ 3} \ldots\},$

$T_{ph} = \{T_{Rang\ 1}; T_{Rang\ 2}; T_{Rang\ 3} \ldots\},$

$W_{ph} = \{W_{Rang\ 1}; W_{Rang\ 2}; W_{Rang\ 3} \ldots\},$

$M_{ph} = \{M_{Rang\ 1}; M_{Rang\ 2}; M_{Rang\ 3} \ldots\}.$

Die Mächtigkeit (Anzahl der Elemente) dieser vier Mengen hat sich selbstverständlich bis jetzt noch nicht verändert.

Aus der aufgestellten Rangfolge geht aber dann, wenn die Wichtigkeit der Elemente (Kriterien) durch Vergabe von Gewichtsfaktoren festgestellt wird, im allgemeinen klar hervor, welche Elemente als "nicht allzu wichtig" oder "nicht wichtig genug" angesehen werden. Durch eine entsprechend festgesetzte Grenze (vgl. Kapitel 5.4.3) kann damit die Mächtigkeit der vier Teilmengen F_{ph}, T_{ph}, W_{ph} und M_{ph} verkleinert werden.

Die so "abgebrochenen Mengen" R_F, R_T, R_W und R_M sind Teilmengen von F_{ph}, T_{ph}, W_{ph} und M_{ph}. Die zugehörigen Restmengen werden nicht weiter verarbeitet.

$R_F \subseteq F_{ph}$; Restmenge $F_{ph} \setminus R_F$.

$R_T \subseteq T_{ph}$; Restmenge $T_{ph} \setminus R_T$.

$R_W \subseteq W_{ph}$; Restmenge $W_{ph} \setminus R_W$.

$R_M \subseteq M_{ph}$; Restmenge $M_{ph} \setminus R_M$.

Schritt 3:

Die Summe B der geordneten "abgebrochenen" Teilmengen enthält alle wichtigsten Bewertungskriterien der vier Grundmengen F, T, W und M.

$B = R_F \cup R_T \cup R_W \cup R_M.$

Um nun die gesuchten wichtigsten Bewertungskriterien für den anstehenden Bewertungsschritt zu gewinnen, werden die Elemente der Menge B ebenfalls in eine Rangfolge gebracht und mit einem neuen Gewichtsfaktor versehen. Die Mächtigkeit der Menge B wird durch das Einführen einer Wichtigkeitsgrenze festgelegt. Die sich so ergebende "abgebrochene"

Teilmenge K enthält alle für den anstehenden Bewertungsprozeß wirklich relevanten Kriterien

$K \subseteq B$ mit der Mächtigkeit $|K|$ = z. B. 6 ... 10.
$B \setminus K$ (Restmenge) bleibt unberücksichtigt.

Damit enthält die Menge K im allgemeinen die wichtigsten Elemente der Mengen R_F, R_T, R_W und R_M in einer festgelegten Rangfolge, z. B.

$K = \{$z. B. $F_{Rang\ 1}$, $W_{Rang\ 1}$; $F_{Rang\ 2}$; $F_{Rang\ 3}$; $T_{Rang\ 1}$; $M_{Rang\ 1}\}$.

Selbstverständlich können dabei Elemente aus der einen oder anderen R-Menge völlig fehlen, wie z. B. beim Bewerten von physikalischen Lösungsprinzipien kaum Mensch-Produkt-Beziehungen oder Technologiekriterien relevant zu sein brauchen oder bei der Bewertung von Gestaltungsvariationen keine Funktionskriterien mehr auftreten sollten.

Bei der praktischen Arbeit wird man in vielen Fällen Schritt 2 und Schritt 3 zusammenlegen, wenn die Mächtigkeit der Teilmengen F_{ph}, T_{ph}, W_{ph} und M_{ph} nicht unhandlich groß ist. Demzufolge kann das Aufstellen einer Rangreihe der für den anstehenden Bewertungsschritt zur Verfügung stehenden Kriterien aus der Kriterienmenge A_{ph} in einem Schritt erfolgen. Nach dem Einführen einer Wichtigkeitsgrenze ergibt sich dann die "abgebrochene" Teilmenge K direkt aus der Kriterienmenge A_{ph}.

$K \subseteq A_{ph}$ mit der Mächtigkeit $|K|$ = z. B. 6 ... 10.
$A_{ph} \setminus K$ (Restmenge) bleibt unberücksichtigt.

Schritt 4 als Probeschritt:

Für eine Bewertung ist es wichtig, daß die benutzten Kriterien möglichst unabhängig voneinander sind. Das bedeutet, daß die Aussage (Inhalt) der einzelnen Kriterien überprüft und mit der Aussage der anderen verglichen werden muß. Bezieht man die folgende Schreibweise auf den Inhalt (Aussagewert) der Elemente (Kriterien) — von der formalen Aussage her scheint das selbstverständlich zu sein —, so darf die Schnittmenge aller R-Mengen nicht existieren

$R_F \cap R_T \cap R_W \cap R_M = \emptyset$.

und die Elemente einer Menge dürfen nicht zugleich Elemente ($\notin$) einer der anderen Mengen sein:

alle $F_{Rang} \notin R_T$ alle $T_{Rang} \notin R_F$ alle $W_{Rang} \notin R_F$ alle $M_{Rang} \notin R_F$
alle $F_{Rang} \notin R_W$ alle $T_{Rang} \notin R_W$ alle $W_{Rang} \notin R_T$ alle $M_{Rang} \notin R_T$
alle $F_{Rang} \notin R_M$ alle $T_{Rang} \notin R_M$ alle $W_{Rang} \notin R_M$ alle $M_{Rang} \notin R_W$.

Diese Bedingungen müssen immer erfüllt sein, da sonst die für den Bewertungsprozeß ausgewählten Kriterien nicht unabhängig voneinander wären, wodurch sich eine ungewollte Gewichtsverschiebung und damit eventuell eine falsche Bewertung und Auswahl ergäbe.

5.4 Verfahren zur Auswahl der wichtigsten Kriterien

5.4.1 Einfache Rangfolge von Bewertungskriterien

Eine einfache Rangfolge für wahllos aufgereihte Kriterien ergibt sich durch Ausspielen dieser gegeneinander. Dabei wird zwischen je zwei Kriterien die Entscheidung nach dem wichtigeren durch Pauschalurteil herbeigeführt. Das in Bild 5.3 aufgezeigte Schema soll eine objektivierte Rangfolge festzustellen ermöglichen (vgl. z. B. [GUT-72, WEN-71).

	Kriterium 1	Kriterium 2	Kriterium 3	Kriterium 4	...	Kriterium m	Anzahl der "+"	RANGFOLGE
Kriterium 1		+ 1)	+	-	...	-	2	III
Kriterium 2	-		+	-	...	-	1	IV
Kriterium 3	-	- 3)		0 2)	...	-	0	V
Kriterium 4	+	+	0		...	+	3	I
...	...	...	...	...		? 4)	...	...
Kriterium m	+	+	+	-	?		3	I (II)
Anzahl der "-" (Probe)	2	1	0	3	...	3		

Bild 5.3: Feststellen der einfachen Rangfolge von Bewertungskriterien (konstruiertes Beispiel)

Es bedeuten:
1) + : Kriterium 1 ist wichtiger als Kriterium 2
2) 0 : Kriterium 3 ist gleichwichtig wie Kriterium 4
3) – : Kriterium 3 ist weniger wichtig als Kriterium 2
4) ? : Wichtigkeit unklar (möglichst vermeiden!)

Beim Beurteilen der Kriterien werden jeweils die Kriterien der Kopfspalte (senkrecht) mit denen der Kopfzeile (waagerecht) verglichen. Ist das Kriterium aus der Kopfspalte z. B. wichtiger als das aus der Kopfzeile, so wird im zugehörigen Feld ein "+" notiert, wenn weniger wichtig ein "–" und wenn gleichwichtig eine "0". Besteht bei der Feststellung der Wichtigkeit Unklarheit ("?"), so sollte diese möglichst beseitigt werden. Der Rang der Kriterien ergibt sich aus der Anzahl der "+"-Notierungen der Zeilen bzw. der "–"-Notierungen der Spalten; bei gleichrangigen Kriterien müssen noch eventuelle "0" addiert werden.

Ähnlich diesem Verfahren hat sich — besonders zum Aufstellen einer Rangfolge für Lösungsalternativen — die sogenannte "Präferenzmatrix" eingeführt [SIE-74]. Das benutzte Schema erlaubt, jedes Kriterium nur einmal hinschreiben zu müssen, Bild 5.4.

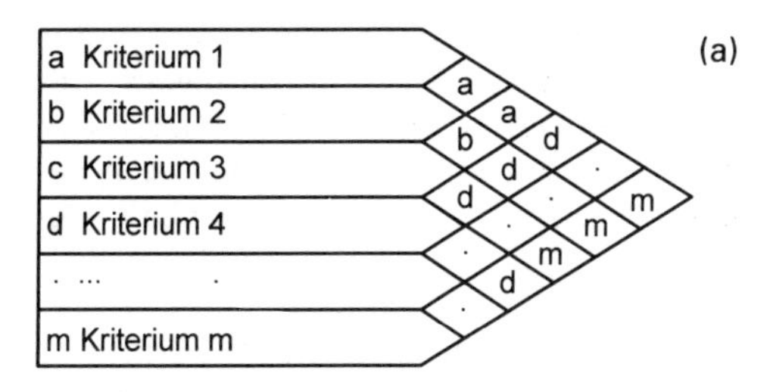

Kriterium	a	b	c	d	...	m
Häufigkeit	2	1	0	4	...	3
Rangreihe	III	IV	V	I	...	II

(b)

Bild 5.4: Präferenzmatrix (a) mit Auswerteliste (b)

Jedes Kriterium wird mit einem Buchstaben versehen und mit jedem anderen verglichen. Die jeweilige Priorität wird entschieden (Die Aussage "gleichwichtig" ist unüblich!) und der Buchstabe des "wichtigeren" Kriteriums in die Matrix eingetragen. Danach addiert der Bearbeiter die Häufigkeit der einzelnen Buchstaben und trägt diese in eine Liste ein. Daraus leitet sich dann die individuelle Rangreihe ab, die sich — wie bei allen anderen Entscheidungshilfen auch — in einer Gruppe objektivieren läßt.

Eine Begrenzung der Kriterienanzahl ist hierbei durch Abschneiden der Rangreihe möglich, z. B. die ersten 10. Allerdings ist dann bei diesen Verfahren, die bei sehr vielen Kriterien recht unhandlich werden, keine

Aussage über eine prozentuale Wichtigkeitsabdeckung möglich, da die absolute Wichtigkeit so nicht festgestellt werden kann. Dazu bedarf es weitergehender Verfahren.

5.4.2 Das Zielsystem der Nutzwertanalyse

Die unterschiedliche Bedeutung der Bewertungskriterien wird durch unterschiedliche Gewichtung derselben berücksichtigt. Die Nutzwertanalyse nach ZANGEMEISTER [ZAN-70] benutzt den Begriff der "Bewertungsziele", die den Bewertungskriterien entsprechen, wie sie in der "Zielpräzisierung" (Aufgabendefinition) vorliegen. Das "Zielsystem" (alle Kriterien) wird hierarchisch gegliedert. Die unterschiedliche Bedeutung einzelner "Ziele" (Kriterien) wird durch Gewichtungsfaktoren ausgedrückt, die stufenweise — entsprechend den Hierarchiestufen der Ziele — aufgestellt werden, und wobei die Quersumme der Gewichtsfaktoren jeder Zielstufe bezüglich des übergeordneten Ziels stets $\sum gs = 1{,}0$ betragen muß. Durch dieses Aufgliedern des "Ziels" in Zwischen- und Unterziele ergeben sich für alle einzelnen Zielkriterien (Bewertungskriterien) eindeutig zugeordnete, nach geschätzter Gewichtsaufteilung hinterher mathematisch ausrechenbare Gewichtsfaktoren.

Das Schema, wie es Bild 5.5 zum Aufstellen des Zielsystems zeigt, muß so verstanden werden, daß es den Bearbeiter zwingen soll, die Kriterien jeder Hierarchiestufe vollständig zu erfassen und dann sorgfältig gegeneinander abzuwägen.

Die sicherlich vorhandenen Vorteile dieses Verfahrens bezüglich Vollständigkeit und Übersichtlichkeit, wie diese allen Systematiken eigen sind, werden noch dadurch ergänzt, daß man diesen Baum für den Zweck der Kriterienauswahl an jeder beliebigen Stelle abbrechen kann, mit der relativen Sicherheit, die wichtigsten Kriterien mit ihrem Einzelgewicht ermittelt zu haben. Die praktische Anwendung dieses Schemas aber zeigt, daß der Aufbau einer vollständigen — und das ist für das Funktionieren dieses Verfahrens unabdingbare Voraussetzung — Kriterienhierarchie einen Zeitaufwand erfordert, der wohl nur in den seltensten Fällen gerechtfertigt sein dürfte.

Angewendet wird dieses Verfahren insbesondere bei der Funktionsanalyse, die zur Bestimmung der Produkttauglichkeit die in einer Hierarchie aufgelisteten Produkteigenschaften heranzieht. Die zu vergebenden Gewichtsfaktoren werden hierbei im allgemeinen aus einer Marktbefragung gewonnen

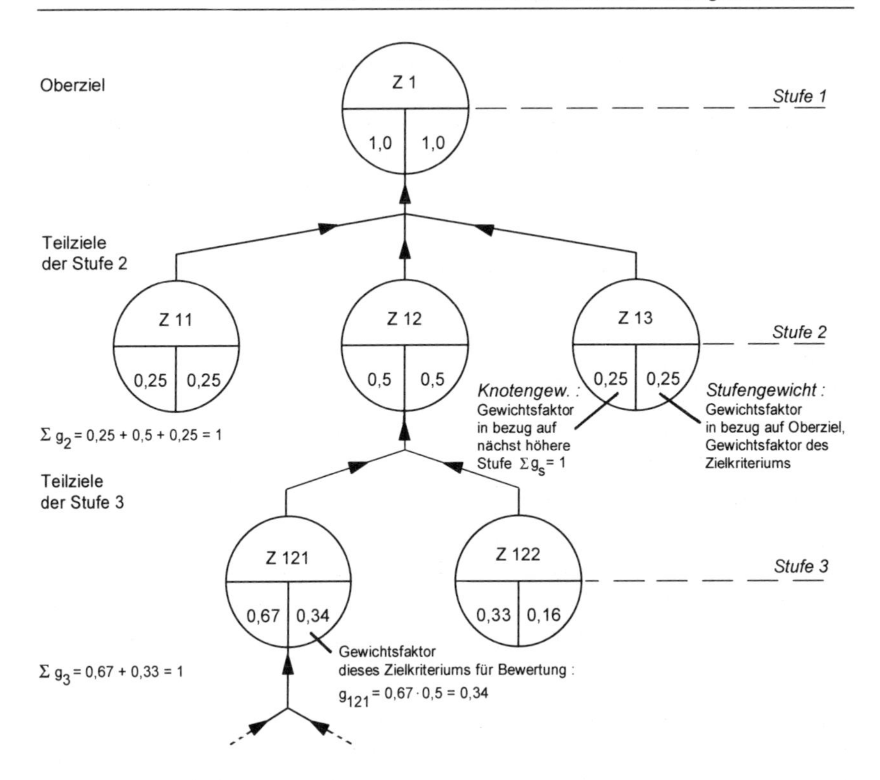

Bild 5.5: Aufstellen eines Zielsystems zum Feststellen der Gewichte von Bewertungskriterien

(vgl. z. B. [GEY-74, IPI-74]). Sowohl der Produkthersteller als auch Institute für vergleichenden Warentest, die für die Produktbewertung den Kunden vertreten, arbeiten mit der Funktionsanalyse. Sie dient auch als Grundlage bei der Produktplanung im Sinne der Wertgestaltung (vgl. z. B. [GES-71, GEY-74, RKW-68, RKW-72]) und insbesondere bei der Wertanalyse [KOU-68, RKW-68, RKW-72, VDI-70a, VDI-70b, VDI-72 u. a.]. Ihr Ziel in einem Unternehmen ist die Optimierung der Eigenschaft-(Funktion-)Kosten-Relation, indem sie sowohl die Abnehmer- und Wettbewerbssituation als auch die Bedingungen des Unternehmens berücksichtigt (Funktions-, Gebrauchs- und Kostenwert). Für den Kunden ist die Bestimmung des Gebrauchs- und des Geltungswertes bei vergleichender Betrachtung ähnlicher Produkte von Bedeutung.

5.4.3 Gewichtete Rangreihe mit Grenzwertklausel

Eine Gewichtung der Bewertungskriterien entsprechend ihrer unterschiedlichen Bedeutung für den gerade anstehenden Bewertungsprozeß erreicht man auf recht einfache Art, wenn man eine aufgestellte Rangreihe mit prozentualen Gewichtsfaktoren versieht, Bild 5.6.

	Kriterium 1	Kriterium 2	Kriterium 3	Kriterium 4	...	Kriterium m	Anzahl der "+"	Gewichtsfaktor g_k ($\Sigma g_k = 1$)
Kriterium 1		+	+	-	...	-	2	$0{,}22_2$
Kriterium 2	-		+	-	...	-	1	$0{,}11_1$
Kriterium 3	-	-		0	...	-	0	0,0
Kriterium 4	+	+	0		...	+	3	$0{,}33_3$
...	...	...	...	...		?	...	...
Kriterium m	+	+	+	-	?		3	$0{,}33_3$
	Gesamtzahl der "+": Σ "+"						9	↑
	Gewicht eines "+": $g_i = \frac{1}{\Sigma "+"}$						$\frac{1}{9} =$	0,111

Bild 5.6:
Ermitteln der Gewichtsfaktoren aus der Kriterien-Rangreihe

Dieses Verfahren entspricht zunächst dem der einfachen Rangfolge: Ein Kriterium kann wichtiger (+), weniger wichtig (–) oder genauso wichtig (0) sein wie ein anderes; eine unklare Wichtigkeit (?) sollte durch eindeutige Definition der Kriterien beseitigt werden. Um brauchbare Gewichtsfaktoren zu erhalten, wird diese Rangreihe gestutzt.

Die ermittelte Anzahl der " + "-Notierungen für die einzelnen Kriterien dient als Maß für ihre Wichtigkeit. Die Gesamtzahl der " + "-Notierungen aller Kriterien (Σ " + ") wird gleich 100 % bzw. 1,000 gesetzt. Der Gewichtsbeitrag g_i einer " + "-Notierung ergibt sich daraus zu

$$g_i = \frac{100}{\Sigma "+"} \% \text{ bzw. } g_i = \frac{1}{\Sigma "+"}.$$

Der Gewichtsfaktor eines Kriteriums g_k wird aus der Anzahl der " + "-Notierungen für das Kriterium, multipliziert mit der Gewichtseinheit g_i bestimmt zu

$$g_k = g_i \times \left(\mathit{Anzahl\ der\ "+"\ eines\ Kriteriums}\right).$$

Die Summe aller Gewichtsfaktoren g_k ist gleich 1 ($\Sigma\, g_k = 1$).

Mit Hilfe dieses Verfahrens läßt sich schnell und einfach die Wichtigkeit der Kriterien in Form von zugeordneten Gewichtsfaktoren ermitteln. Relativ unwichtige Kriterien sind sofort erkennbar. Der bei diesem Verfahren auftretende prinzipielle Fehler (Gewichtsfaktoren aus einer Rangfolge zu bestimmen) ist für die meisten praktischen Fälle ohne Bedeutung. Der Fehler ist in den Fällen unverantwortlich groß, in denen ein Kriterium wichtiger ist als alle anderen zusammen; dann wird man wohl auch kaum ein solches Verfahren benutzen.

Eine Grenzwertklausel der relativen Unwichtigkeit läßt sich einführen, indem man Kriterien mit einem Gewichtsfaktor von z. B.

$g_k < 0{,}05$, entsprechend $g_{kgr} = 0{,}05$,

für den anstehenden Bewertungsprozeß nicht berücksichtigt. Dadurch reduziert sich in praktischen Fällen erfahrungsgemäß die Anzahl der zu berücksichtigenden Kriterien im allgemeinen auf 6 ... 10. Wie stark das Bewertungsrisiko (R) dabei abgedeckt wird, ergibt sich aus der Summe der noch verbliebenen Kriteriengewichtsfaktoren

$$R = \sum_{k=1}^{m} g_k \text{ für alle } g_k \geq g_{kgr} \text{ (z. B. } g_{kgr} = 0{,}05\text{)}.$$

Die Risikoabdeckung sollte bei R = 0,8 ... 0,9 liegen, d. h. 80 % bis 90 % der Gesamtwichtigkeit wird durch die verbliebenen Kriterien erfaßt. Ist $R < 0{,}8$, so müssen eventuell auch Kriterien mit $g_k < 0{,}05$ berücksichtigt werden. Tritt dieser Fall in der Praxis auf, so sind die gewählten Kriterien besonders hinsichtlich ihrer Vollständigkeit, gegenseitigen Unabhängigkeit und Rangfolge sowie der Mangel des Bearbeiters an Entscheidungsfreudigkeit zu überprüfen.

Bei der praktischen Anwendung dieses Verfahrens treten im allgemeinen "krumme" Gewichtsfaktoren auf, die zwar bei der Ermittlung der Rangreihe der Kriterien und deren Wichtigkeit nicht unbedingt stören, aber bei dem anschließend durchzuführenden Bewertungsprozeß mit gewichteten Kriterien unhandlich sein können. Die Gewichtsfaktoren können dann bedenkenlos nach oben aufgerundet werden. Erst wenn die Summe der Gewichtsfaktoren der verbliebenen Kriterien $\sum g_k > 1$ wird, sollte man die weniger wichtigen Kriterien nach unten abrunden.

Selbstverständlich ist es einfacher, die prozentuale Gewichtung "frei Hand" zu vergeben. Das ist aber nur dann zu verantworten, wenn die Kriteriengewichtung

- von Mitgliedern eines Teams bei anschließender gemeinsamer Diskussion oder
- von einem alleinig Verantwortlichen als unumstößlich

festgelegt wird.

Mathematisch exaktere Verfahren als die gewichtete Rangreihe mit Grenzwertklausel erfordern im allgemeinen nicht nur einen höheren Zeitaufwand, sondern verschleiern auch leicht die letztlich doch geschätzten Werte und spiegeln eine Objektivität vor. Die gewichtete Rangreihe mit Grenzwertklausel erlaubt schnell, relativ unwichtige Kriterien zu erkennen. Dem Bearbeiter bleibt es immer noch freigestellt, die Grenze der Unwichtigkeit beliebig festzulegen (z. B. auch $g_{kgr} = 0$) oder andererseits nach Ausscheiden der relativ unwichtigen Kriterien die verbliebenen ungewichtet weiterzuverarbeiten.

Zur Verfahrenserläuterung soll beispielhaft die Gewichtung der Bewertungskriterien für eine Soffittenlampen-Befestigung dienen: Bei einer optoelektronischen Wegmeßsonde (vgl. auch Kapitel 4.1.4 und Lehrbeispiel) wird als linienförmige Lichtquelle eine Soffittenlampe benutzt. Diese muß am Chassis — im vorliegenden Fall eine gedruckte Leiterplatte — befestigt werden. Dafür gibt es mehrere Lösungsalternativen.

Die an die Lampenbefestigung zu stellenden Forderungen werden in einer Teil-Anforderungsliste zusammengestellt und bezüglich ihrer Mindest-, Soll- und Idealerfüllung präzisiert. Diese Forderungen stehen als Kriterien im Schema nach Bild 5.7 und werden gegeneinander ausgespielt; Kostenkriterien sind bewußt nicht enthalten.

So ist z. B. die Höhenjustage der Soffittenlampe für die Auslegung der Soffittenlampe weniger wichtig als eine Längsjustage (–), aber z. B. wichtiger als die Auswechselbarkeit der Lampe (+). Die Gesamtzahl aller vergebenen "+"-Notierungen aller Kriterien ist 45, die Gewichtseinheit somit $g_i \approx 2{,}22$ %. Die sich so ergebenden Gewichtsfaktoren g_k der Kriterien können nun bezüglich einer Grenze beurteilt werden. In diesem Beispiel tragen von den ursprünglich 10 Kriterien lediglich 7 mit jeweils mehr als 5 % zum Gesamtgewicht bei. Dabei wird ein Bewertungsrisiko von 93 % abgedeckt. Da diese Risikoabdeckung recht hoch ist, ist es auch zulässig, die Gewichtsgrenze auf $g_{kgr} = 7$ % festzulegen. Man arbeitet dann mit einer Risikoabdeckung von 87 % bei noch verbleibenden 6 Kriterien.

Elektromechanische Konstruktion Prof. Dr.-Ing. E. Gerhard	**BEWERTUNGSKRITERIEN** für Soffittenlampen-Befestigung	zu Auftrag: optoelektronischer Bewegungswandler

	Höhenjustage	Längsjustage	Winkeljustage horizontal	Material (Leiter)	R Übergang		Auswechselbarkeit	Rüttelfestigkeit Kontakt	Rüttelfestigkeit Lampenfaden	Montageaufwand	Korrosionsanfälligkeit					Anzahl der "+"	Gewichtsfaktor g_K
Höhenjustage		-	-	+	+		+	+	+	+	+					7	15,6
Längsjustage	+		+	+	+		+	+	+	+	+					9	20,0
Winkeljustage horizontal	+	-		+	+		+	+	+	+	+					8	17,8
Material (Leiter)	-	-	-		-		-	-	-	-	-					0	0
R Übergang	-	-	-	+			+	-	+	+	-					4	8,9
Auswechselbarkeit	-	-	-	+	-			-	+	+	-					3	6,7
Rüttelfestigkeit Kontakt	-	-	-	+	+		+		+	+	+					6	13,3
Rüttelfestigkeit Lampenfaden	-	-	-	+	-		-	-		-	-					1	2,2
Montageaufwand	-	-	-	+	-		-	-	+		-					2	4,4
Korrosionsanfälligkeit	-	-	-	+	+		+	-	+	+						5	11,1

Grenze bei	Risikoabdeckung	Anzahl der verbleibenden Kriterien	Σ "+" 45
$g_{K_{gr}} = 5\ \%$	93,4 %	7	$g_i = \frac{100\ \%}{\Sigma "+"} \approx 2{,}22\ \%$
$g_{K_{gr}} = 7\ \%$	86,7 %	6	13.12.91 Datum – Gerhard Bearbeiter

Bild 5.7: Bewertungskriteriengewichtung für eine Soffittenlampen-Befestigung

Wenn bei einem solchen Ausspiel-Formalismus in z. B. zwei Zeilen an den gleichen Stellen "+"- bzw. "−"-Notierungen auftreten, so kann dies Zufall sein, kann aber auch darauf hindeuten, daß unter zwei verschiedenen Kriterienbegriffen sich der gleiche Kriterieninhalt verbirgt.

5.5 Kriteriengruppen und deren Wichtigkeit

5.5.1 Kriteriengruppen in Relation

Für den Konstrukteur ist zur Bewertung eines Konstruktionsergebnisses (Skizze, Entwurf, Produkt) die generelle Gewichtung der Kriterienhauptgruppen, der Kriterien der Bereiche

- physikalisch-technische Funktion *F*,
- Herstellbarkeit (Technologie) *T*,
- Wirtschaftlichkeit (Kosten) *W* und
- Mensch-Produkt-Beziehungen *M*

im eigenen Hause von grundlegender Bedeutung. Die relative Wichtigkeit dieser Kriteriengruppen ist allgemein nicht angebbar. Die Produktspezifikation und -diversifikation der einzelnen Industrieunternehmungen sind so verschieden, daß bestenfalls bei Unternehmen etwa gleicher Größe und Struktur, die für denselben Markt das gleiche Produkt erstellen, die Gewichte dieser Kriteriengruppen ähnlich groß sein können. Die Verschiedenheit der Kriteriengewichtrelation wird unter anderem bedingt von Faktoren wie

- Firmengröße und -struktur und
- ob Konstruktion von Betriebsmitteln oder von Produkten für den freien Markt,
- ob Produktion von Investitions- oder Konsumgütern,
- ob Werkstatt-, Serien- oder Massenfertigung und,
- ob Monoproduktion (ein Produkt) oder Multiproduktion (Produktpalette)

vorliegt.

Durch eine Befragung von Industriebetrieben kann eine Aussage über die relative Wichtigkeit der Kriteriengruppen "im statistischen Mittel" getroffen werden. Eine mögliche Antwort gibt eine Untersuchung, bei der Konstrukteure aus ca. 40 ausgewählten Industriebetrieben die Wichtigkeit dieser Kriteriengruppen für ihre Konstruktion eingeschätzt haben [SCH-76]. Eine bei der Auswertung durchgeführte Unterscheidung der Industriebetriebe nach der bei ihnen überwiegend ausgeführten Konstruktionsart — Betriebe mit überwiegend Neukonstruktionen (im Mittel 68,5 % der Konstruktionen) und Betriebe mit überwiegend Varianten- und Anpassungskonstruktionen (im Mittel 67,3 % der Konstruktionen) —, bringt kaum voneinander abweichende Ergebnisse. Mit der Einschränkung, daß die "falschen" Betriebe ausgewählt und die "falschen" Leute befragt worden sind und daß damit dieser Umfrage keinerlei repräsentativer Charakter zukommt, ergibt sich ein Gewichtsfaktorenspektrum der Kriteriengruppen entsprechend Bild 5.8.

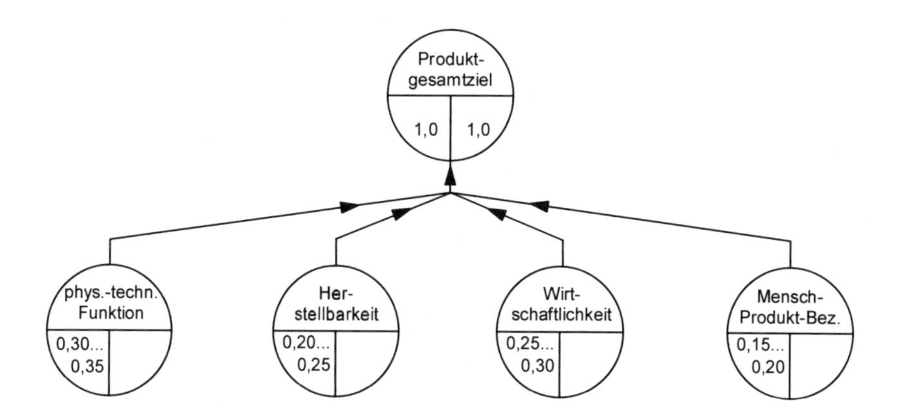

Bild 5.8: Zielstruktur der Gruppenkriterien

Diese Werte können allgemein nur die mehr oder weniger ausgeprägte Wichtigkeit aller Kriteriengruppen anzeigen. Für einen anstehenden Bewertungsprozeß werden Kriterien aus allen diesen vier Gruppen benutzt werden müssen, wobei in frühen Konstruktionsphasen wie z. B. zu Anfang des Konzipierens Kriterien aus dem Bereich der physikalisch-technischen Funktion und in späten Phasen wie z. B. beim Ausarbeiten eher Kriterien der wirtschaftlichen Fertigung und des visuellen Designs überwiegen werden.

Aus betriebswirtschaftlicher Sicht bedeutet selbstverständlich die Realisation jeder einzelnen Funktion letztlich Kosten. Demzufolge wird oft ein "Gebrauchswert" als Produktgesamtziel definiert, der sich aus dem "Nutzen" des Produkts und seinen "Kosten" als Nutzen-Kosten-Relation ergibt, Bild 5.9.

5.5.2 Funktion und Technologie

Der Wertschöpfungszuwachs eines Produkts hängt stark von der Implementierung neuer Technologien ab. Die produktbezogene Integration neuer

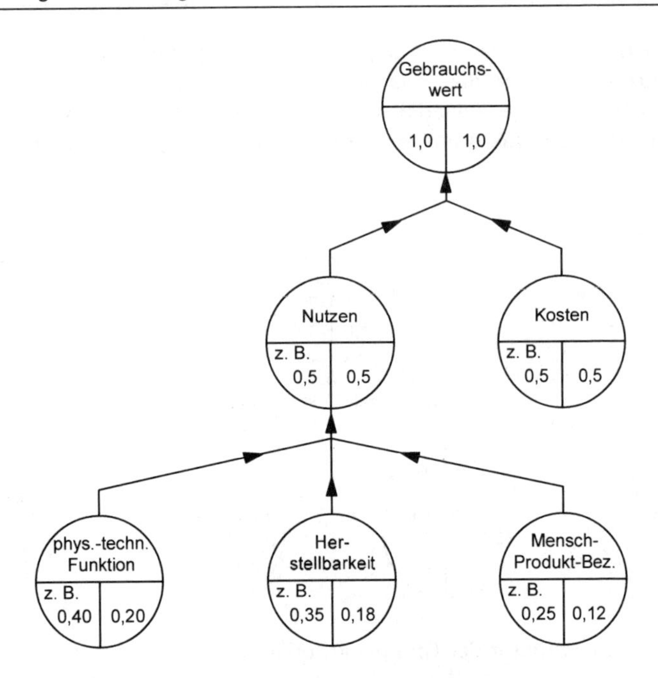

Bild 5.9: Gebrauchswert eines Produkts aus Nutzen und Kosten

Technologien stimuliert die Entwicklung neuer Produkte (Produktinnovation), die prozeßbezogene Integration neuer Technologien ändert die Struktur erzeugter Produkte kaum, beinhaltet aber im allgemeinen beachtliche Rationalisierungseffekte und führt zu Qualitätsverbesserungen.

Die Enge der Verzahnung zwischen Technologie (Herstellbarkeit) und Konstruktionsprozeß ist häufig von der Art der Aufgabenstellung abhängig. Bei der "konventionellen" Produktentwicklung legen die Forderungen aus der Aufgabenpräzisierung die zu treffenden technologischen Maßnahmen weitgehend fest. Dagegen tritt bei der Konstruktion neuerer Produkte — insbesondere bei Geräten der Feinwerk- und Elektrotechnik, bei Produkten der Mikro- und Mikrosystemtechnik, aber auch bei modernen Maschinen und Anlagen in Maschinenbau und Mechatronik — eine kreisprozeßähnliche Verflechtung beider Gebiete auf, die Konstrukteure und Technologen zur unbedingten Kooperation zwingt: Physikalisch-technologische Erkenntnisse führen zu neuartigen problembezogenen Technologien; diese definieren weitgehend die Aufgabe, die sich dem Konstrukteur stellt. Dieser sucht — im allgemeinen unter einschränkenden technologischen Bedingungen —

Lösungsalternativen, die er aufgrund erarbeiteter Kriterien bewertet. Seinen ausgearbeiteten Entwurf sieht er unmittelbar mit der neuesten, für die Problemstellung optimalen Technologie verwirklicht. Er garantiert damit auch die Einführung neuester Technologien in die marktorientierte Technik und macht seine Produkte denen der Konkurrenz überlegen.

Zukünftige, gravierende Fortschritte in der Technik werden sehr stark vom Fortschritt in der Technologie bestimmt. Einerseits bedingen neue elektronische Bauelemente und Bauelementstrukturen oft eine völlig andere Konzeption der Produkte als noch vor wenigen Jahren, wobei mechanische und elektromechanische Lösungen zugunsten elektronischer zurückgehen. Andererseits entwickeln sich die Fertigungstechniken laufend weiter in Richtung leicht reproduzierender Arbeitsverfahren, wie z. B. Maskentechnik und Lithographie, Siliziumtechnologie und Ätztechniken, Lasertechnik und Galvanoformung. Die Druck- und Spritzgußverfahren gestatten die schnelle und fast montagefertige Ausbringung von Körpern aus Ur-Formen. Insbesondere für die Mikrotechnik sind spanlose Verfahren typisch, wobei es darauf ankommt, wertvolle Werkstoffe möglichst abfallos in rationellster Weise abzutragen oder schrittweise aufzubauen.

Das Gebiet der Mechatronik, Bild 5.10, ist ein typisches Beispiel dafür, daß das Zusammenwirken von Wissen aus verschiedenen Fachgebieten auch bisher kaum lösbare Probleme integrativ — Simulation, Entwicklung, Bau, Test — lösen kann. Die Kriterien an die Technologie folgen hier weitgehend aus der Aufgabenstellung einerseits und dem Simulationsergebnis andererseits. Im Bereich der Mikrosystemtechnik, Bild 5.11, führen — heute noch — technologische Machbarkeit und technologisch bedingte Bauteilgeometrie zu industriellen Aufgabenstellungen, wonach bedarfsgerechte Produkte wie z. B. in der Medizintechnik entstehen.

High-tech-Integration in Verbindung mit garantierter Qualität und permanenter Lieferbereitschaft sind Instrumente zur Gewinnung von Wettbewerbsvorteilen gegenüber der Konkurrenz. Dabei sollen unter Technologie folgende Bereiche verstanden werden [IPI-95]:

- Mechanisierungs- und Automatisierungstechnologien (Automatisierungs-, Fertigungs-, Bearbeitungs- und Oberflächenschutz-Technologie),
- Informations- und Kommunikationstechnologie (Computer-Hard- und Softwaretechnologie),
- Versorgungs-Technologie (Werkstoff- und Energieversorgungstechnologie),

- Entsorgungs-Technologie
  (Umweltschutz-, Menschenschutz- und Recyclingtechnologie),
- Bio-Technologie
  (Medizin-, Gen- und Alternativ-Technologie) sowie
- System-Synergie
  (Technologie- und Management-Synergie).

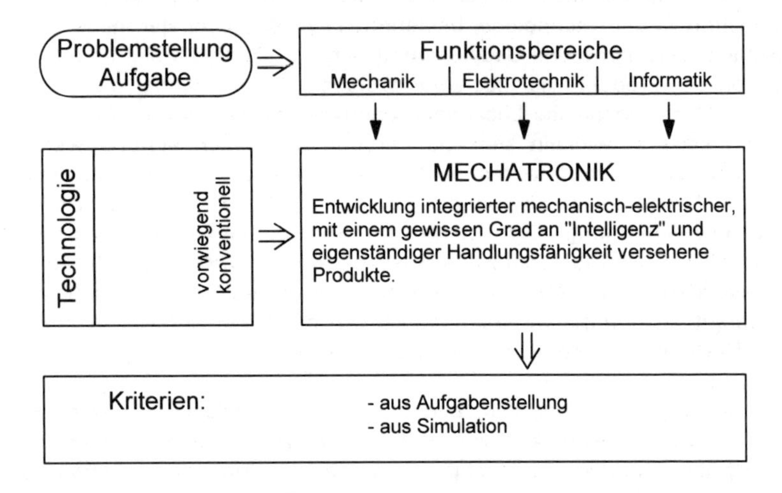

Bild 5.10: Mechatronik als multidisziplinäres Gebiet der Ingenieurwissenschaften; aufgaben- und simulationsbedingte Kriterien

Inhalt und Umfang der Technologiekriterien sind in den einzelnen Konstruktionsphasen recht verschieden. Der Inhalt hängt außer von Maschinenpark und -kapazität weitgehend vom Aufgabentyp ab, wie z. B. Neuentwicklung, Weiterentwicklung vorhandener Produkte (Anpassungskonstruktion), und von der unmittelbaren Anwendung neuer Technologien. Die Technologiekriterien werden sowohl vom Aufgabentyp als auch von der jeweiligen Konstruktionsphase bestimmt. Ihre Zahl wird, zumindest bei konventionellen Entwicklungen, stetig zunehmen, je näher der Zeitpunkt der "stofflichen Verwirklichung", also der Herstellung, rückt. Eine phasenzugeordnete Zusammenstellung von Technologiekriterien findet sich bei GERHARD [GER-76]; allerdings haben auch gerade diese Kriterien einen "Zeitwert", der sich stark mit dem technologischen Fortschritt ändert.

Als duale Ja/Nein-Kriterien treten im Bereich der Herstellbarkeit solche auf, die aus

- der Werkstoffbearbeitbarkeit und
- den Grenzen (Nennmaß- und Toleranzrealisierung) der Fertigungsverfahren

resultieren. Die Werkstoffbearbeitbarkeit kann tabellarisch zusammengestellt und auch von den Werkstoffherstellern erfahren werden, die Grenzen der Fertigungsverfahren sind vom jeweiligen Stand der Technik und der Einhaltung der für eine optimale Fertigung vorausgesetzten Randbedingungen abhängig (Werte z. B. bei GERHARD/MAYER [GER-72]).

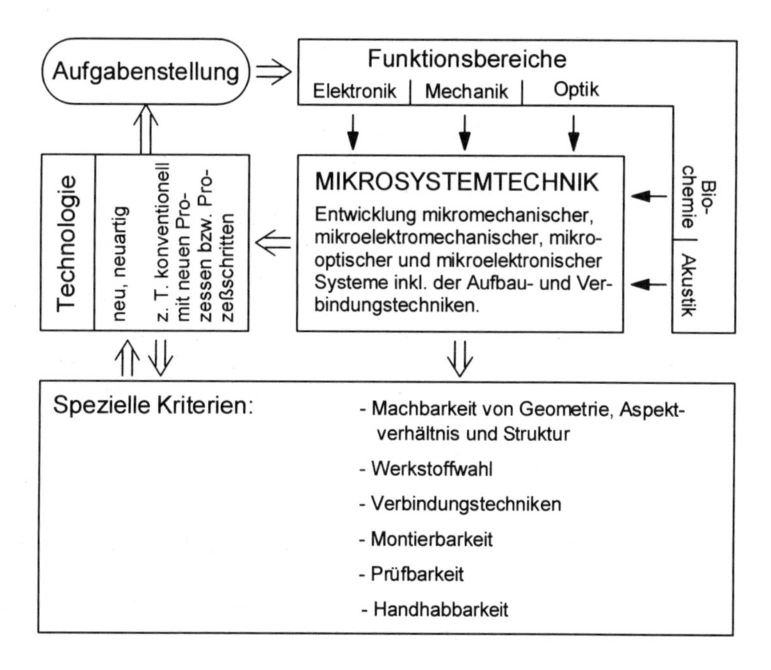

Bild 5.11: Mikrosystemtechnik als technologieintegriertes, multidisziplinäres Gebiet der Natur- und Ingenieurwissenschaften; technologie-bedingte Kriterien

5.5.3 Leistung und Kosten

Leistungen und Kosten bilden ein Begriffspaar. Leistungen sind Produkte und Dienstleistungen, mit denen eine "Wertschöpfung" erzielt wird. Kosten entstehen aus dem Einsatz von Produktionsfaktoren, also aus dem Verzehr von Gütermengen als einem Verzehr von Werten, dem

"Werteverzehr". Wirtschaftlichkeit bezeichnet das Verhältnis von Leistung (Nutzen, Gebrauchstauglichkeit) und Kosten.

Vom Entwickler werden Produkte erwartet, die in technischer und wirtschaftlicher Hinsicht die gestellten Anforderungen erfüllen, besser noch übertreffen, also technisch-wirtschaftlich ausgewogen und somit "optimal" sind. Alle Forderungen in der Anforderungsliste, die auch die Kostenzielsetzung enthält, bedeuten letztlich Kosten. Seine Kostenverantwortung ist sehr hoch, denn nach statistischen Aussagen sind 70 % bis 80 % der Produktkosten von Entscheidungen bedingt, die der Konstrukteur festlegt; er beeinflußt die Kosten im Ursprung ihres Entstehens.

Der wirtschaftliche Wert eines Erzeugnisses wird entweder aus den Herstellkosten oder aus einer Anzahl ausgewählter Wirtschaftlichkeitskriterien ermittelt (vgl. Kap. 6.5). Wirtschaftlichkeitskriterien aber sind in frühen Konstruktionsphasen kaum formulierbar. So können die Kosten von Lösungsprinzipien praktisch nicht, die von Konzepten im allgemeinen nur aufgrund von Sachkenntnis und Erfahrung und oft nur in Form von "Aufwand drum `rum" geschätzt werden. Während der Entwurfsphase sind Wirtschaftlichkeitskriterien durchaus für eine bewertende Entscheidung heranziehbar. Prototypen, Produkte der Nullserie oder Serie lassen sich sowohl anhand der entstandenen Kosten (Herstellkosten, Selbstkosten) als auch anhand von Kostenkriterien aus Unternehmens- und/oder Kundensicht eindeutig bewerten.

Wirtschaftlichkeitskriterien folgen einerseits aus den durch betriebswirtschaftliche Verfahren berechenbaren Kostenarten, im allgemeinen quantitativ angebbar, und andererseits aus einer Art betriebswirtschaftlichem Mehraufwand. Er kann nicht direkt berechnet, sondern z. B. anhand von Diagrammen, Kennziffern oder Analogiebetrachtungen geschätzt werden, ist also bezüglich formulierbarer Wirtschaftskriterien im allgemeinen nur qualitativ angebbar.

Quantitativ formulierbare Wirtschaftlichkeitskriterien sind z. B.

- Werkstoffkosten (Kosten für das benötigte Fertigungsmaterial, das als Rohteile, Halbzeuge etc. gekauft und im Unternehmen be- oder verarbeitet wird),
- Zuliefer- bzw. Bezugskosten (Kosten für alle Zukaufteile, die ohne Nachbearbeitung verbaut werden),
- Fertigungslohnkosten (Kosten, die aus der Arbeit von Menschen und Maschinen an dem zu schaffenden Erzeugnis entstehen und diesem unmittelbar zugerechnet werden können; Fertigungseinzelkosten),

- Fertigungsgemeinkosten, anteilig (Kosten, die bei den Fertigungshilfsstellen wie Werkzeugbau, Abschreibung der Betriebsmittel etc. anfallen),
- Sondereinzelkosten der Fertigung (Kosten, die ausschließlich durch einen Kostenträger (Produkt) verursacht werden, wie z. B. für Werkzeuge oder Vorrichtungen),
- Lagerhaltungskosten (Lagerkosten und Kapitalbindungskosten) für Material, Zwischenprodukt, Endprodukt,
- Prüfkosten, sofern direkt zurechenbar,
- Entwicklungskosten, sofern direkt zurechenbar und umlegbar,
- Garantie-, Service- und Instandhaltungskosten,
- Betriebskosten (Verbrauchskosten, periodische Aufwendungen, Gebrauchskosten),
- Produktbezogene Nebenkosten (Anschaffungsnebenkosten wie z. B. Versicherungen, Montagekosten, Gebühren),
- Produktionsbezogene Nebenkosten (Kapitalkosten, Energie- und Transportkosten, Verwaltungskosten, Amortisation ...).

Qualitativ abschätzbare Wirtschaftlichkeitskriterien entstehen z. B. bei

- Verkauf und Vertrieb/Marketing (Produkt- und Sortimentspolitik, Preis- und Konditionspolitik, Werbung, Distributionspolitik ...),
- Qualitätskosten (Prüfkosten, Fehlerkosten, Fehlerverhütungskosten, Kosten für Qualitätssicherung, Kosten für Zuverlässigkeitsdefinition),
- Instandhaltungskosten (Wartungskosten, Kosten für Inspektion und Instandsetzung),
- Kosten für Produktentwicklung, für Forschung, für Planung und Einführung,
- Recycling (Produktrückführung, Verschrottung ...).

Bild 5.12 zeigt das Einwirken der verschiedenen Faktoren wie Fertigungsverfahren und Stückzahl, Herstellgenauigkeit und Oberflächenbeschaffenheit, Qualität, Design und Ausstattung auf die Kosten [GRE-75]. Die Reduktion einer Typenvielfalt, das Berücksichtigen von Ähnlichkeiten in Funktion, Fertigung und Montage, die Entscheidung über Änderungs- oder Neukonstruktion sowie das Berücksichtigen von Gestaltungsregeln führen ebenfalls zu Entscheidungskriterien.

Eine ausführliche Zusammenstellung von Wirtschaftlichkeitskriterien einschließlich einem lexikalischen Anhang mit Begriffsdefinitionen findet sich bei GERHARD [GER-94].

Aus einer Umfrage [SCH-76] bei Unternehmen des Maschinenbaus und der Feinwerktechnik folgt, daß die relative Wichtigkeit zwischen quantitativen

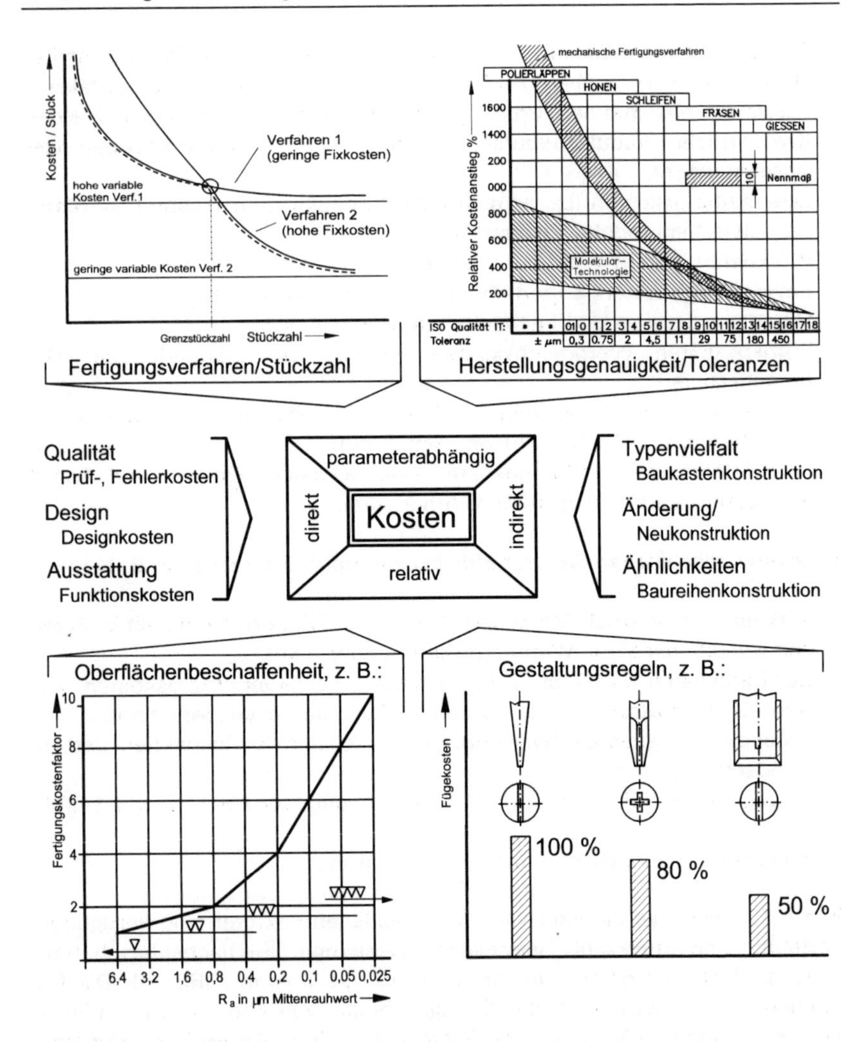

Bild 5.12: Kostenbeeinflussende Faktoren

und qualitativen Wirtschaftlichkeitskriterien zwischen 60 % zu 40 % und 80 % zu 20 % eingeschätzt wird.

Innerhalb eines Gesamtsystems der wirtschaftlichen Kriterienhierarchie lassen sich mögliche Bewertungskriterien in Form einer Checkliste zusammenstellen [GER-78b].

5.5.4 Produkt und Mensch

Der Befriedigungswert eines Produktes wird über dessen Image vermittelt. Welche Produkteigenschaften Träger dieses Wertes sind, ist von den sozio-genetischen Bedürfnissen (angeborene, anerzogene und auferlegte Verhaltensnormen) des Käufers abhängig, die aus dem sozio-kulturellen Umfeld, in dem der Mensch aufwächst und lebt, resultieren. Grundsätzlich trifft dies sowohl für Konsum- als auch für Investitionsgüter zu, wenn auch bei Investitionsgütern der Einfluß des Gebrauchswertes — Geldwert der zur technisch-funktionalen Zweckerfüllung eines Erzeugnisses notwendigen Funktionen — sehr hoch ist.

Zu den Mensch-Produkt-bezogenen Kriterien gehören solche aus der Präzisierung der Gebrauchsanforderungen (Ergonomie-Kriterien) ebenso wie solche der formalen Gestaltung (Gestalt-Kriterien) und der Wahrnehmung, Erkennung und Beurteilung (Kriterien des visuellen Designs), Bild 5.13. Der Grad der Erfüllung aller Anforderungen A wird nach H. SEEGER [SEE-80] als "Produktqualität" ($A_{qual} = \sum A_i$), die "Funktionsgestalt" K_F als Vereinigung der physikalischen Kriterien P mit der Produktgestalt ($K_F = P \cup G_{prod}$), die "Wertgestalt" K_W als Vereinigung der wirtschaftlichen Kriterien W mit der Produktgestalt ($K_W = W \cup G_{prod}$) und eine "Ergonomiegestalt" K_E als Vereinigung der Ergonomiekriterien E mit der Produktgestalt ($K_E = E \cup G_{prod}$) bezeichnet. In analoger Weise läßt sich eine "Visuelle Gestalt" K_V als Vereinigung der Kriterien des visuellen Designs V mit der Produktgestalt ($K_V = V \cup G_{prod}$) definieren.

Die Qualität eines Produktes ergibt sich aus der Sicht der Mensch-Produkt-Beziehungen als multidimensionaler Wert, der alle sinnlichen Wahrnehmungs- und Erkennungsarten des Menschen wie Sehen (Objekte ruhend oder in Bewegung), Hören, Riechen, evtl. Schmecken, Druck-, Rauheit-, Lage-, Bewegung-, Wärme- und Feuchtigkeit-Fühlen, elektrisches und chemisches Fühlen mit einschließt.

Produkte werden von unterschiedlichen Menschen unterschiedlich beurteilt: Sie gefallen, sie mißfallen, sie fallen nicht auf. Jede Urteilsbildung ist zeitabhängig und unterliegt entsprechenden Wandlungen. Demzufolge muß einerseits das Produkt in seine Zeit passen, andererseits der Mensch als Produktkäufer möglichst klassifiziert werden, da die fühlbare und sichtbare Produktgestalt maßgeblich sein Vorurteil über ein Produkt bestimmt und damit auch sein Verhalten beim Kauf und beim Gebrauch festlegt. Eine für Großserien- und Massenprodukte praktikable Kundentypologie [BRE-80, SEE-84], welche die Individualität der Kunden in einer Massengesellschaft

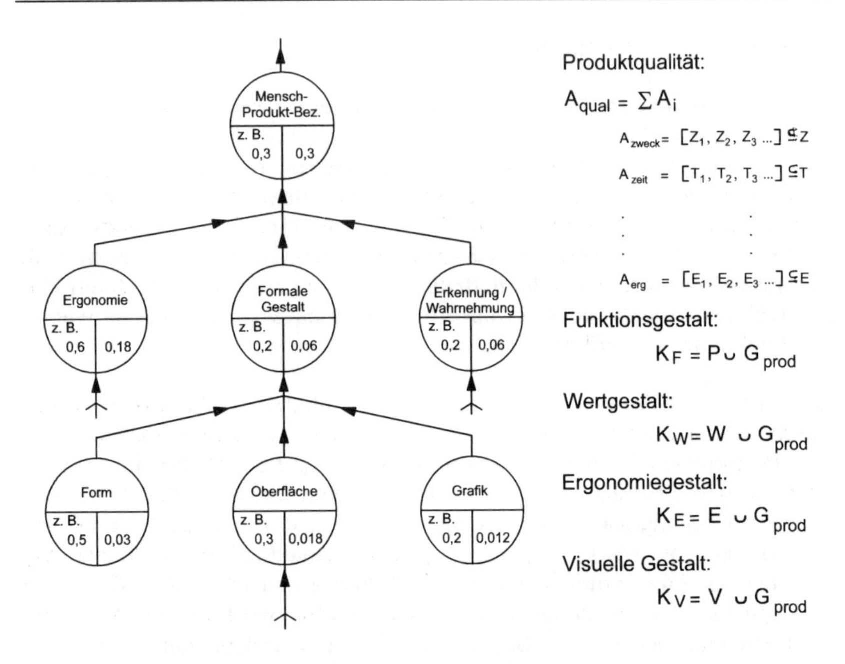

Bild 5.13: Kriterienhierarchie aus den Mensch-Produkt-Beziehungen mit "Gestalt"-Definitionen

G_{prod} Produktgestalt; A, P, W, E, V Kriterienmengen; Zahlenwerte: beispielhafte Gewichtsfaktoren

erfaßt und abbildet, auch die besonderen Bedingungen der Exportmärkte und der Auslandskunden [SEE-85a, SEE-86], ist Voraussetzung für eine kundenspezifische Aufgabendefinition. Die Kundenmerkmale sind demographischer und geographischer Art (Anzahl, Alter, Geschlecht, körperlicher Zustand, Rasse, Ausbildungsgrad, Beruf, Bedienungshaltung, -dauer, -ort ...) sowie psychographischer Art (Sicherheits-, Aufwands-, Leistungs-, Traditions-, Prestige-, Neuheits-, Ästhetik-, Sensitivitätstyp).

Grundlagen für eine mögliche "Meßbarkeit" von Designeigenschaften von Produkten finden sich in kybernetischen und informationstheoretischen Modellen der Ergonomie, Informationspsychologie und Ästhetik. Hier werden Kriterien für den Mensch-Produkt-Bereich formuliert [BOD-68, SEE-83] wie z. B.:

- Gestaltordnung (Ordnungswert, Ordnungsgrad),
- Informationsgehalt und Informationsdichte,

- Gefallensgrad (Gefallensskala, Bediengrad ...),
- Auffälligkeiten und Überraschungswert,
- Wahrnehmungsqualität (Wahrnehmungsleistung, -entfernung, -umfang, -sicherheit, Synästhesien),
- Erkennungsgrad (Erkennbarkeit von formalen Gestaltqualitäten und Anmutungsqualitäten, von Zweck, Bedienung, Prinzip und Leistung, Fertigung, Kosten und Preis, Zeit, Hersteller, Marke und Händler, Verwender),
- Ästhetisches Maß (Visualisierungsgrad und Informationsgehalt von Struktur und Topologie, strukturelle Redundanz, selektive Information).

Das Berücksichtigen derartiger Kriterien wird für verschiedene Anwendergruppen für das gleiche Produkt auch zu verschieden designten Ausführungen führen, wie z. B. Billigstausführung im Minimaldesign für Sparer, Standardausführung z. B. im Safety-Look für sicherheitsbewußte Kunden oder High-Tech-Ausführung im Future-Design für innovationsorientierte Kunden.

5.5.5 Produkt und Umwelt

Mit zunehmender Verschärfung der Umweltgesetzgebung werden zunehmend auch Anforderungen an ein Produkt gestellt, die sich nicht mehr ausschließlich auf dessen Gebrauchsbereich beschränken lassen, sondern Werkstoffwahl, Herstellverfahren, Gebrauchseigenschaften, Wartung und Entsorgung aus ökologischer Sicht mit einbeziehen. Für den Entwickler und Konstrukteur ergeben sich aus den biologischen Elementarbedürfnissen der Lebewesen (Nahrung, Raum, Luft, Wärme, Licht, Behausung ...) und den kulturell zivilisatorischen Bedürfnissen des Menschen (Energie, Geräte, Fahrzeuge ...) Anforderungen und damit Bewertungskriterien aus den Mensch-Produkt-Beziehungen für die konstruktive Lösung seiner technischen Problemstellungen. Sie lassen sich grob in Gruppen zusammenfassen:

Rohstoff-, Halbfabrikate- und Teileherstellung

- Reduzierung des Einsatzes von Primärrohstoffen (zugunsten von Sekundärrohstoffen),
- Ausschalten von toxischen Komponenten (Werkstoffe, Hilfsstoffe, Betriebsstoffe; Schwellwerte der Toxilogie, Öko- und Radiotoxilogie),
- Reduktion der Emissionen und des Energieverbrauchs bei Herstellprozessen (Abluft, Abwasser, Abwärme) und
- Umweltkonforme Transportlogistik (im Unternehmen, aber auch während des gesamten Life-cycle des Produkts).

Gebrauch des Produkts

- Emissionsarmer Betrieb (Luft, Wasser, Boden, Lärm, elektromagnetische Wellen),
- Energiesparender Betrieb (Wirkungsgraderhöhung, Stoffreduzierung und Mehrfachnutzung),
- Umweltkonforme Entsorgbarkeit der während des Betriebs anfallenden Hilfsstoffe, Abfall- und Austauschteile,
- Verhindern bzw. Minimierung der Toxizität beim Gebrauch der Produkte (direkte Schadstoffwirkung gegenüber Lebewesen; Schwellwerte, Schwellendosis, karzinogene Stoffe vermeiden),
- Emissionsfreie Wartbarkeit und Instandsetzbarkeit (gekapselte Schadstoffe!),
- Produktrecycling (Wiederverwendbarkeit des Produkts nach erfolgter Instandsetzung und Aufarbeitung in der gleichen Anwendung) und
- Produktkonstruktion für ein Downcycling (Minderung der Qualität nach einem Recyclingdurchlauf) im Sinne eines professionellen Ersteinsatzes, semiprofessioneller Zweitnutzung, Drittnutzung im Hobbybereich, Komponentenverwertung, Bauelementeverwertung, Materialverwertung.

Entsorgung und Recyclingprozeß

- Definition und Konstruktion von Verwertungsgruppen (Fraktionen, die einem bekannten, technisch beherrschten und wirtschaftlich sinnvollen Recyclingprozeß zugeführt werden können (definierte stoffliche Zusammensetzung, wirtschaftliche Trennverfahren)),
- Demontierbarkeit der Verwertungsgruppen (Zerlegbarkeit des Produkts, Demontagezeit, Identifikationszeit, Separierbarkeit von Werkstoffen),
- Separierbarkeit von schadstoffhaltigen Bauteilen zu leicht demontierbaren Entsorgungsgruppen (Bauteile als Sondermüll, Handhabungshinweise; Gefahrstoffverordnung, Arbeitsschutz),
- Minimierung des Deponie- und Verbrennungsanteils (Kennzeichen der Verwertungsgruppenzugehörigkeit; Normen) und
- Recyclinggerechte Werkstoffwahl (hoher Anteil an sortenreinen Werkstoffen, recyclebare Werkstoffe, Werkstoffverträglichkeiten).

Derartige Kriterien dienen ebenso der Imagebildung nach innen (umweltkonforme Betriebsführung) wie der nach außen (umweltbewußtes Handeln am Markt).

6 Rationelle Bewertung von Lösungsalternativen

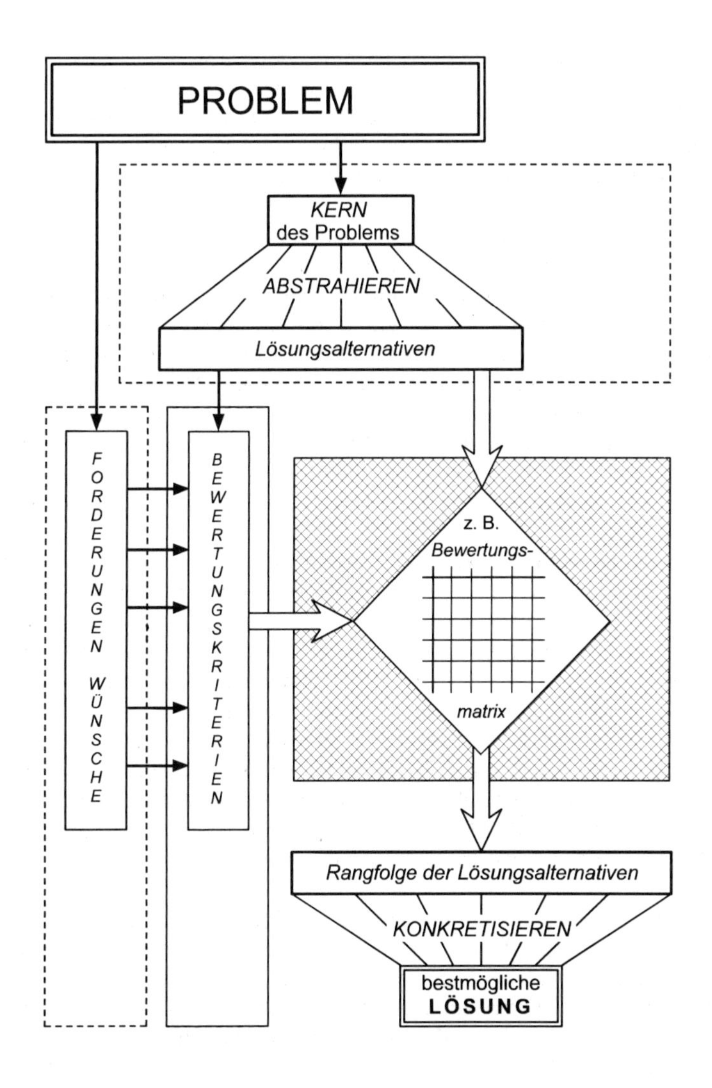

6.1 Urteilsfindung im Konstruktionsprozeß

6.1.1 Bewerten und Beurteilen

Das Ergebnis der Lösungsfindung ist eine Vielzahl von Lösungs- oder Teillösungsvarianten. Aus ihnen hat der Konstrukteur die für seinen Zweck bestgeeignete herauszusuchen. Dazu muß er die Soll-Vorstellungen für seine Konstruktion mit den erreichten oder wahrscheinlich erreichbaren Ist-Werten vergleichen. Mit der getroffenen Entscheidung übernimmt er auch die Verantwortung.

Allein die Anzahl der Veröffentlichungen läßt erkennen, welche Bedeutung der Bewertung von technischen Konstruktionen beigemessen wird. Für diesen Vorgang der Entscheidungsfindung gibt es sogenannte Entscheidungshilfen. Dabei ist wesentlich, mit welchem Aufwand für den, der zu entscheiden hat (Ingenieur, Vertriebsmann, Manager, Marktforscher, Kunde), die Durchführung des Verfahrens möglich ist. Alle sehr komplizierten und zeitaufwendigen Wertungsarbeiten haben nur eine geringe Aussicht auf Anwendung in der Praxis. Der stete Zeitdruck in der industriellen Entwicklung verbietet die Anwendung komplizierter und zeitraubender Methoden.

Bei einer pauschalen Urteilsfindung durch einen einzelnen oder durch ein Team spricht man von Beurteilen. Solche Entscheidungshilfen sind z. B. Gutachten (Pauschalurteil einzelner), pauschales Ausspielen der Lösungsalternativen gegeneinander, Kalkulationsverfahren (z. B. [VDI-69]), Entscheidungstabellentechnik (z. B. [DRE-72]) (Wenn-Dann-Entscheidungen ohne Kriterien), simulierte zeitraffende Erprobung, Wertanalyse nach Richtlinie VDI 2801 [VDI-70a] (Methode zum Auffinden wirtschaftlicher Lösungen), Simulationstechniken (z. B. [CHU-61]) (analytische Verfahren zur deterministischen oder stochastischen Simulation) sowie Methoden des Operations-Research (z. B. [CHU-61, JOH-73]) (lineare, nichtlineare oder dynamische Programmierung, Warteschlangentheorie ...).

Zum Heraussieben der bestgeeigneten Varianten technischer Konstruktionen sind Bewertungsverfahren notwendig, die gestatten, die Eigenschaften der aufgefundenen Lösungsvarianten an klar definierten Bewertungskriterien zu messen: Bewerten anhand von Kriterien. Für das Konstruieren gut anwendbare Verfahren wie Rangfolgeverfahren (z. B. [WEN-71]), Werteprofile [GUT-72, HIR-68, JÜP-73, PAH-72], technisch-wirtschaftliche Bewertung [KES-51, VDI-69], Weighted Specification Reference Scale [WHO-66] und Nutzwertanalyse [ZAN-70] gestalten den Entscheidungsvorgang transparent, indem sie eine gewisse Objektivierung erzwingen.

Verfahren zur Entscheidungsfindung	Einsatz-Kriterien: physikal. Prinzip	Konzept (Skizze)	(unvollst.) Entwurf	Fertigungsunterlagen	Produkt	Anwender-Kriterien: Einzelperson; Gruppe	besond. methodische Kenntnisse	besond. fachliche Kenntnisse	Einarbeitungszeit	Bearbeitungszeit	Bemerkungen
BEURTEILEN, pauschal. Beispiele											
Gutachten			○	●	●	E	△	◇	l	W	Fachmann beurteilt aufgrund von Kenntnis und Erfahrung
Pauschales Ausspielen	●	●	○		●	E	▲	▽	k	S	Abwägen der Alternativen gegeneinander
Kalkulation			○	●	●	E	△	◇	m	T	Kostenrechnung nach betriebs-internem Schema
Entscheidungs-tabellentechnik	○	○		○	○	E	△	◇	m	T	Wenn-Dann-Entscheidungen; Abschätzen der Folgen
Simulierte zeitraffende Erprobung				○	●	E	△	◇	l		definiert erzeugte extreme Umwelt-bedingungen zur Testzeitverkürzung
Wertanalyse nach VDI 2801				○	●	G	△	◇	m	W	Funktionsorientiertes Vorgehen mit Ausrichtung auf Kostenziel
Simulationstechniken				○	○	E	□	◇	l	W	Mathematisches Verfahren zur Nachbildung von Vorgängen
lineare, nichtlin, dynam. Programmierung			○	●		E	□	◇	l	W	Arbeiten mit Optimierungsmodellen
BEWERTEN anhand von Kriterien. Beispiele											
Rangreihenbildung											
Rangfolgeverfahren	●	●	○	○	●	E	▲	▼	k	S	Ordnen nach Präferenzen; Erfüllungsgrad pauschal geschätzt
Punktbewertung, einachsig											
Werteprofile	○	●	○		●	G	▲	▽	k	T	Graphisches Verfahren; Aussage aus der Gestalt des Profils
Wertigkeitsermittlung	○	●	●	○	●	E	△	▽	k	S	Punktbewertungsverfahren bei versch. kriterieninhalten
Weighted Specification Reference Scale			●	●	●	E	△	▼	m	S	Ursprünglich als Entscheidungshilfe für Manager gedacht
Nutzwertanalyse		○	●	●	●	G	□	▽	l	T (W)	Hierarchisches Zielsystem; Ungewohntes Vokabular
! Zeitsparendes Punkt-bewertungsverfahren	●	●	●	●	●	E	△	▽	k	S	Sehr sicheres Verfahren mit Kontrollformalismus
Punktbewertung, zweiachsig											
(!) Technisch-wirtschaftl. Wertigkeit, VDI 2225			●	●	●	E	△	◇	m	T	Verfahren trennt Gebrauchstaug-lichkeit und (Herstell-)Kosten
! Kosten-Nutzen-Gesamtwert	○	○	●	●	●	E	△	▽	k	S	Verfahren benutzt technische und wirtschaftliche Kriterien

Bild 6.1: Einsatzbereiche ausgewählter Entscheidungshilfen

Methode ist:	Methode ist:	Methode setzt voraus:	Einarbeitungszeit:	Bearbeitungszeit:
○ gut geeignet	▲ einfach	▼ wenig	k = kurz	S = Minute/Stunde
● (bedingt) geeignet	△ normal schwierig	▽ normal viel	m = mittel (vom Bearbeiter abverlangbar)	t = Stunde/Tag
ohne: nicht geeignet	□ schwierig	◇ viel (Fachleute)	l = lang	W = Tag/Wochen

(! zu empfehlende Methoden)

In Bild 6.1 wird versucht, einige ausgewählte bekannte Verfahren zur Entscheidungsfindung bezüglich ihrer Eignung in den verschiedenen Konstruktionsphasen und der dazu notwendigen Voraussetzungen des Bearbeiters zu beurteilen. Für die Bewertung von Lösungsalternativen während einer bestimmten Problemlösungsphase wird man ein Bewertungsverfahren wählen, das bei geringstmöglichem Aufwand ein Größtmaß an Aussagesicherheit bietet.

Jede Entscheidung, also auch die Bewertung von Lösungsalternativen, hat weittragende Folgen. Eine Bewertung kann also nicht früh genug einsetzen. Leider aber ist das Bewertungsergebnis um so unsicherer, je früher in den einzelnen Konstruktionsphasen die Bewertung durchzuführen ist; je sicherer die zu erwartenden Ist-Eigenschaften der Lösungsalternativen abschätzbar bzw. voraussagbar sind, desto sicherer ist auch die Entscheidungsfindung. Bild 6.2 zeigt übersichtlich die einzelnen Entscheidungsstufen beim Konstruktionsprozeß.

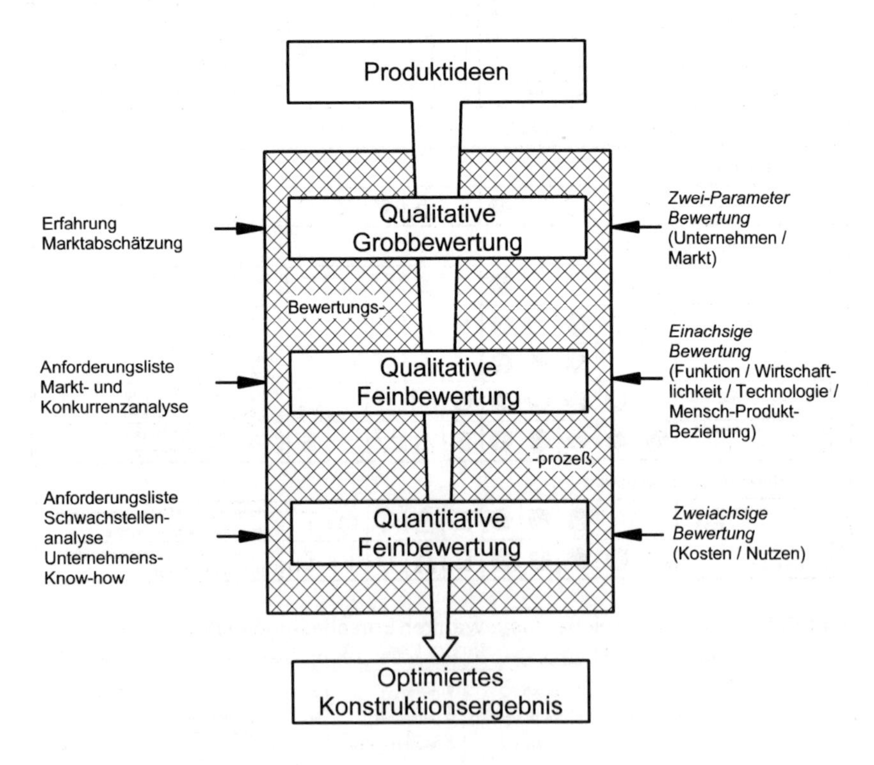

Bild 6.2: Stufen einer Lösungsbewertung

6.1.2 Ein- und zweiachsige Bewertung

Einachsige Bewertung

Eine Lösung eines technischen Problems wird im allgemeinen um so wertvoller sein, je besser es gelingt, die in der Aufgabe gestellten Mindestforderungen (Mindesterfüllungen) zu überschreiten und sich den Idealerfüllungen zu nähern. Der Grad der Erfüllung einer Anforderung (Eigenschaft des Konstruktionsergebnisses) kann häufig rechnerisch oder experimentell bestimmt oder muß als wahrscheinlich zu erwartender Wert geschätzt werden. Diese Eigenschaften bewertet man mit Punktzahlen entsprechend ihrer Annäherung an die ideale Verwirklichung. Hierbei braucht nicht die vollständige Ideallösung bekannt zu sein, die wohl in ihrer Gesamtheit nicht vorstellbar ist, sondern es genügt die Kenntnis von der idealen bzw. optimalen Erfüllung jedes Kriteriums.

Die für eine anstehende Bewertung relevanten Kriterien können je nach ihrer Bedeutung mit Gewichtsfaktoren g_1 ... g_n belegt werden. In dem Maße, wie die Lösungsalternativen (z. B. Konzeptalternativen) die verschiedenen Kriterien erfüllen, werden Punkte p_i vergeben. Durch Multiplikation der vergebenen Punktzahl mit dem zugehörigen Kriteriengewicht g_i wird die Bedeutung des jeweiligen Kriteriums berücksichtigt, Bild 6.3.

Bewertungs-kriterien	Kriterien-gewicht	Alternative 1 Punktewertung		Alternative 2 Punktewertung		
		ungewichtet	gewichtet	ungewichtet	gewichtet	...
Kriterium 1	g_1	p_{11}	$g_1\ p_{11}$	p_{12}	$g_1\ p_{12}$	...
Kriterium 2	g_2	p_{21}	$g_2\ p_{21}$	p_{22}	$g_2\ p_{22}$	...
...	...	...	... ...	...	... ...	...
...	...	...	... ...	...	... ...	...
...	...	...	... ...	...	... ...	...
Kriterium n	g_n	p_{n1}	$g_n\ p_{n1}$	p_{n2}	$g_n\ p_{n2}$	...

Bild 6.3: Verfahrensmatrix einachsiger Bewertungsverfahren

Wählt man $g_i < 1$ mit $\Sigma\, g_i = 1$ und $p_{ij} = 0 \ldots 4$, so erhält man als Summe $\Sigma\, g_i \cdot p_{ij}$ einen Nutzwert.

Zweiachsige Bewertung

Die meisten Bewertungsverfahren errechnen den "Wert" der Alternativen, indem sie deren Erfüllungsgrade bezüglich der aufgelisteten Kriterien in Punkten ausdrücken (Punktbewertungsverfahren) und deren Summe als Aussage für den Wert einer Alternative deuten. Dabei wird die unterschiedliche Bedeutung der Kriterien durch einen — multiplikativ mit den Punktzahlen zu verknüpfenden — Kriteriengewichtsfaktor berücksichtigt.

Oft aber kommt einem einzigen Kriterium eine so extrem hohe Bedeutung zu, daß es getrennt von allen anderen zur Wertbestimmung von Alternativen betrachtet wird. Dieses bedeutungsvolle Kriterium resultiert dabei keinesfalls aus einer Ja/Nein-Forderung, sondern ist — ebenso wie alle anderen, für den anstehenden Bewertungsvorgang relevanten Kriterien — eine Tolerierte Forderung. Solche extrem hohe Bedeutung kann Kriterien zukommen wie z. B.

- Herstellkosten (z. B. bei der Bewertung von Entwürfen),
- Anschaffungs-, Verbrauchs- und Reparaturkosten (z. B. bei der Bewertung von Produkten),
- Zuverlässigkeit (z. B. bei der Bewertung lebenswichtiger Baugruppen),
- Gewicht (z. B. bei der Bewertung von Konzepten oder Entwürfen für die Luft- und Raumfahrt),
- Bedienungssicherheit (z. B. bei der Bewertung von Entwürfen und Produkten für Körperbehinderte) oder
- Visuelles Design (z. B. bei der Bewertung von Produkten mit hohem Prestigewert).

Um solche Kriterien gebührend zu berücksichtigen, empfiehlt sich eine zweiachsige Bewertung:

- Die eine Achse enthält den "Teilwert" des einen ausgewählten Kriteriums bzw. aus wenigen inhaltlich zusammengehörenden Einzelkriterien,
- die andere Achse enthält den "Teilwert", der sich aus der Bewertung aller restlichen Kriterien errechnet.

Der Gesamtwert (Stärke, Gebrauchswert) einer Alternative ergibt sich dann aus ihrer Lage innerhalb des Koordinatensystems, Bild 6.4.

Während sich der Teilwert x, der aus dem Erfüllungsgrad der restlichen Kriterien resultiert, unter Anwenden eines Punktbewertungsverfahrens errechnet, muß der Teilwert y des ausgewählten Kriteriums durch ein spezielles, auf dieses Kriterium zugeschnittenes Verfahren (z. B. für das

Kriterium Herstellkosten das Verfahren Kalkulation, für das Kriterium Zuverlässigkeit das Verfahren Zuverlässigkeitsanalyse) bestimmt werden.

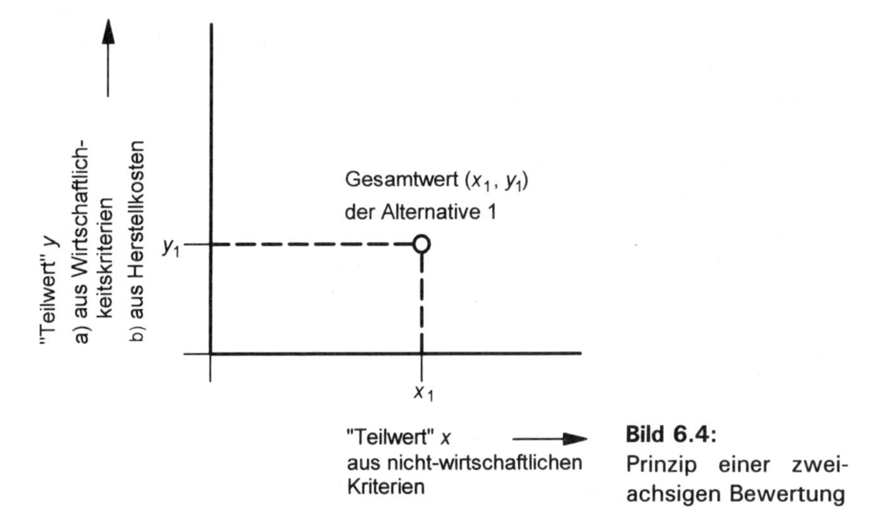

Bild 6.4:
Prinzip einer zweiachsigen Bewertung

Ein bekanntes und praktikables zweiachsiges Verfahren zur Bewertung von Entwürfen ist die technisch-wirtschaftliche Bewertung nach KESSELRING. Hierbei wird eine "technische Wertigkeit" mit Hilfe eines Punktbewertungsverfahrens und eine "wirtschaftliche Wertigkeit" über die Herstellkosten unter Zugrundelegen der Zuschlagskalkulation ermittelt [KES-42, KES-51].

6.2 Bewerten von Ideen

6.2.1 Kriterieninhalte

Produktideen entstehen aus der Bedarfsfeststellung oder aus gezielt durchgeführten Ideenfindungssitzungen. Die Ideensammlung ist im allgemeinen eine Auflistung von Kurzbegriffen. Die meist große Zahl von Einzelideen muß durch eine fachgerechte, qualitative Grobbewertung auf wenige reduziert werden. Eine derartige Filterung darf nur anhand von Kriterien geschehen und muß eine Rangfolge der verbleibenden Ideen liefern.

In der Praxis hat sich das Festlegen weniger Kriterien, strukturiert nach "Unternehmen" und "Markt", als sehr erfolgreich erwiesen. Dabei ist unter "Unternehmen" die betriebsinterne Situation bezüglich Machbarkeit, Aufwendung und Know-how zur Realisierung der Produktidee und unter "Markt" die Nachfragesituation sowie die Positionierung der Produktidee gegenüber der Konkurrenz zu verstehen. Bild 6.5 zeigt tabellarisch eine Übersicht über übliche Kriterieninhalte.

Bewertungsschlüssel			Punkte (1...3)
Bereich Markt	Unternehmenspolitik:	Paßt gut in die Unternehmenspolitik	3
		Wäre zur "Erweiterung" geeignet	2
		Paßt nicht in die Unternehmenspolitik	1
	Marktvolumen:	Markt ist vorhanden, Marktvolumen groß	3
		Markt ließe sich leicht erschließen	2
		Markt ist nicht in Sicht	1
	Vertriebsmöglichkeiten:	Vertriebskanäle vorhanden	3
		Vertriebskanäle sind leicht erschließbar	2
		Vertriebskanäle fehlen / nicht in Sicht	1
Bereich Unternehmen	Entwicklungserfahrung:	Entwicklungserfahrung vorhanden	3
		Notwendiges Know-how ließe sich leicht beschaffen	2
		Entwicklungserfahrung fehlt	1
	Investitionen:	Keine zusätzlichen Investitionen notwendig	3
		Geringe Investitionen notwendig	2
		Erhebliche Investitionen notwendig	1
	Fertigungsmöglichkeiten:	Fertigung im Hause mit Erfahrung	3
		Fertigung im Hause ohne Erfahrung	2
		Fremdfertigung	1

Bild 6.5: Kriterieninhalte für eine quantitative Grobbewertung von Produktideen

Für eine relativ genaue Bewertung reichen meist nur wenige Kriterien aus; auch eine deutliche Erhöhung der Kriterienanzahl und eine damit verbundene Erhöhung des Aufwandes für den Bewertungsprozeß führt zu keiner wesentlichen Erhöhung der Treffsicherheit. Die richtigen, betriebsspezifischen Kriterien sind das Maß für eine verläßliche Entscheidung.

6.2.2 Punktbewertung von Ideen

Ist die Ideensammlung das Ergebnis einer Ideenfindungssitzung (z. B. Brainstorming-Sitzung), so sollten alle Teilnehmer einen entsprechend vorbereiteten Bewertungsbogen erhalten, auf dem die in der Gruppe gesammelten Produktideen stehen. Diese werden von jedem Gruppenmitglied oder von gebildeten Bewertungsteams anhand des Bewertungsschlüssels (Kriterien und Punktzahl z. B. entsprechend Bild 6.5) bewertet. Jeder Bewerter trägt in den Bewertungsbogen die Punkte ein, die nach seiner Erfahrung für die zu bewertende Produktidee realistisch erscheinen; Formblatt nach Bild 6.6.

Firma	Ideensammlung und Vorbewertung für						Name:		
							Datum:		
lfd. Nr.	Produktidee	Punktsumme		Markt			Unternehmen		
		Markt	Unternehmen	Unternehmens-politik	Marktvolumen	Vertriebs-möglichkeit	Entwicklungs-erfahrung	Investitionen	Fertigungs-möglichkeit

Bild 6.6: Schema zur Grobbewertung von Ideen

Das Formblatt nach Bild 6.7 erlaubt eine Bewertung einzelner Produktideen durch mehrere Fachleute und bereitet die Entscheidungsfindung für das Unternehmen vor.

Firma	**Produktidee** Name / Gruppe	GT-PI Datum Unterschrift

Kurzbeschreibung der Produktidee:	Beigefügte Unterlagen:

Qualitative Vorbewertung (Punkte 1-3):

Kriterien / Bewertung	Name	Name	Name	Name	Punkt-summe
Unternehmenspolitik					
Marktvolumen					
Vertriebsmöglichkeiten					
Entwicklungserfahrung					
Investitionen					
Fertigungsmöglichkeiten					

Gesamtnote:		Anmerkungen auf Extrablatt von:
Markt:	Unternehmen:	Freigabe der Grundanalyse (Aufg.-Definition):

Begründung der Entscheidung:	Weiterbearbeitung: Termine:

Bild 6.7: Formblatt zur Grobbewertung einzelner Produktideen

6.3 Bewerten von Prinziplösungen und Konzepten

6.3.1 Rangfolgeverfahren

Bei dem Rangfolgeverfahren werden die Lösungsalternativen entsprechend ihrer Präferenzen bezüglich der aufgestellten Kriterien geordnet. Die Anzahl der Ränge entspricht dabei der Anzahl der zu bewertenden Lösungsalternativen [WEN-71]. Rang I ist der beste Rang. Bild 6.8 zeigt die Verfahrensmatrix prinzipiell.

Alternative / Kriterien	Alternative 1	Alternative 2	Alternative 3	Alternative 4
Kriterium 1	I	IV	II	III
Kriterium 2	II	III	I	IV
Kriterium 3	I	II	IV	III
Kriterium 4	I	IV	II	III
Kriterium 5	III	I	II	IV
Kriterium 6	I	III	II	IV
Σ der I	4	1	1	0
Σ der II	1	1	4	0

Bild 6.8:
Verfahrensmatrix des Rangfolge-Bewertungsverfahrens

Zur Auswertung addiert man für jede Alternative ihre I. Ränge. Die Alternative mit den meisten I. Rängen ist die beste. Bei gleicher Anzahl der I. Ränge bei mehreren Alternativen wird als Rangfolgekriterium zusätzlich die Summe der II. Ränge usw. herangezogen. So erhält man die beste, die zweitbeste, die drittbeste Lösungsalternative etc., weiß aber nicht, wievielmal besser z. B. die erstbeste gegenüber der zweitbesten ist.

Dieses Verfahren ist besonders für solche Fälle geeignet, in denen nur relativ allgemein formulierte Kriterien vorliegen, deren Erfüllungsgrad geschätzt wird (Alternative j erfüllt Kriterium k besser als z. B. Alternative j + 1), und wenn nicht allzuviele Alternativen zu vergleichen sind (im allgemeinen drei bis vier).

Bild 6.9 zeigt beispielhaft eine Rangfolgebewertung für drei Prinzipalternativen zum berührungsfreien Messen von Wegen und schnellen Bewegungen.

Kriterien \ Alternative Lösungsprinzipien	Kapazitätsänderung	Schwingkreisverstimmung	Lichtintensitätsänderung
	s(t), Objekt	s(t), Objekt	Objekt, s(t)
Linearität im Meßbereich 1 µm .... 1(10) mm	III in dieser Anordnung prinzipiell nicht-linear	II auf Flanke der Resonanzkurve arbeiten	I prinzipiell nur von Empfänger abhängig
Auflösungsgrenze ≦1 µm	I bei kleinem Aband im nm-Bereich	II 1 µm sicher auflösbar	III 1 µm auflösbar, darunter kritisch
Obere Frequenzgrenze	II bis ca. 40 kHz	III bis ca. 10 kHz	I bis 100 kHz
Störunempfindlichkeit	III Aufladung, Luftverschmutzung (Cl, H_2O)	II magnet. Felder stören, schwer abschirmbar	I Licht stört abschirmbar
Aufwand für die Signalverarbeitung	II Konst.-Spgs.-Quelle + Kond. + Verstärker	III Frequenzverschiebung, elektronischer Aufwand	I Lampe, Fotoelement + Verstärker
Geringer Aufwand für Meßsonde	II abhängig von Justage (1x)	III abhängig von Justage (2x)	I einigermaßen paralleles Licht
Σ I	1	0	5
Σ II	3	3	0

Bild 6.9: Rangreihe von Lösungsprinzipien

Oft wird dieses Verfahren zu einer Art Punktbewertungsverfahren umfunktioniert, was äußerst gefährlich sein kann. Denn eine Vergabe von Rangfolge-Zahlen (Anzahl der ganzen Zahlen gleich Anzahl der Alternativen) als eine Art von Punkten und deren anschließenden Addition zu einer Summe für jede Alternative verschleiert, ja verfälscht die Aussage und spiegelt damit eine Punktsumme als "Wert" einer Alternative vor, was sie nicht ist.

6.3.2 Werteprofile

Werteprofile sind graphische Darstellungsformen für Punktbewertungsverfahren unter Verwenden von Bewertungskriterien. Die Darstellung bezieht sich im allgemeinen auf nur eine Lösungsalternative bzw. Teillösungsvariante. Über den Gesamtwert einer Lösungsalternative gibt Auskunft

(1) der ungewichtete (w) oder der gewichtete (wg) Mittelwert:

$$w = \frac{\sum_{i=1}^{n} p_i}{n} \quad \text{bzw.} \quad wg = \frac{\sum_{i=1}^{n} (p_i \cdot g_i)}{\sum_{i=1}^{n} g_i} .$$

Dabei ist n die Anzahl der Kriterien, p_i die für das Kriterium i vergebene Punktzahl (Merkmalswert), g_i das zugehörige Gewicht ($g_i \geq 1$) und $\Sigma\, g_i >> 1$. Jede Punktzahl p_j kann mit der Häufigkeit f_j auftreten. Der Mittelwert ist dann

$$w = \frac{\sum_{j=1}^{n} \left(f_j \cdot p_j\right)}{n}$$

und heißt Seriendurchschnitt. Eine Alternative ist um so besser, je höher der Mittelwert aller Merkmalswerte ist.

(2) die Gestalt des Werteprofils: Eine optimale Alternative besitzt ein Werteprofil, das für alle Bewertungskriterien die gleichen Merkmalswerte (Punkte p_i) besitzt. Einbrüche im Profil stellen Schwachstellen dar. In Anlehnung an die Größen der Statistik kann für eine vorliegende diskrete Verteilung von Merkmalswerten p_j mit der Häufigkeit f_j die Standardabweichung s als Maß für die Profilgestalt herangezogen werden:

$$s = \sqrt{\frac{\sum_{i=1}^{n} \left(p_i - w\right)^2}{n-1}} \quad \text{bzw.} \quad s = \sqrt{\frac{\sum_{j=1}^{n} f_j \left(p_j - w\right)^2}{n-1}} .$$

Einzelne gravierende Schwachstellen allerdings können durch diese mathematische Erfassung verschleiert werden.

(3) die Bandbreite zwischen einer optimistischen und einer pessimistischen Bewertung: Um die Unsicherheit der Bewertung zu erkennen, wird das Werteprofil einer Alternative sowohl optimistisch als auch pessimistisch geschätzt. Die so entstehende Bandbreite *b*, also der durchschnittliche Abstand zwischen dem optimistischen und dem pessimistischen Profil, kann als weitere Kenngröße für die Stärke einer Alternative herangezogen werden.

Ungewichtete Bandbreite: $b = w_{\text{opt}} - w_{\text{pess.}}$

Gewichtete Bandbreite: $b_g = wg_{\text{opt}} - wg_{\text{pess.}}$

Die Aussagen über Mittelwert und Gestalt sind für die Beurteilung der Alternative unabdingbar, die Bandbreite läßt darüber hinaus die Unsicherheit bei der Bewertung erkennen. Als Bewertungsmaßstab dienen Punkteskalen wie z. B. 0 ... 4 [KES-51], 0 ... 10 [ZAN-70] oder 0 ... 100 [HIR-68]. Bild 6.10 zeigt die Verfahrensmatrix für Werteprofile in einer prinzipiellen Darstellung.

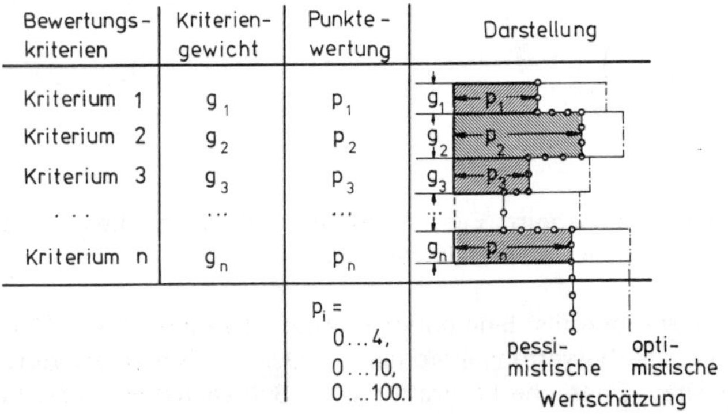

Bewertungs-kriterien	Kriterien-gewicht	Punkte-wertung	Darstellung
Kriterium 1	g_1	p_1	
Kriterium 2	g_2	p_2	
Kriterium 3	g_3	p_3	
...	...	...	
Kriterium n	g_n	p_n	
		p_i = 0...4, 0...10, 0...100.	pessimistische / optimistische Wertschätzung

Bild 6.10: Verfahrensmatrix für Werteprofile

Aus der praktischen Anwendung sind mehrere Darstellungsformen für Werteprofile bekannt. Bild 6.11 zeigt die Segmentdarstellung [PAH-72], das ordinale [GUT-72], das nominale [GUT-72, JÜP-73] und das kardinale [PAH-72, GUT-72, HIR-68] Werteprofil.

Bei der Wertfindung stellt das Umsetzen des Erfüllungsgrads qualitativer Kriterien in Punkte ein generelles Problem dar. Gerade bei der Bewertung von Alternativen anhand solcher Kriterien sind den subjektiven und emotionalen Gedankengängen des Urteilenden Tür und Tor geöffnet. Eine generelle Faßbarkeit nichtquantifizierbarer Kriterien setzt aber zumindest eine eindeutige Definition über Inhalt und gewünschten Erfüllungsgrad voraus. Es hat nicht an Versuchen gefehlt, Nichtquantifizierbares quantifizierbar zu machen.

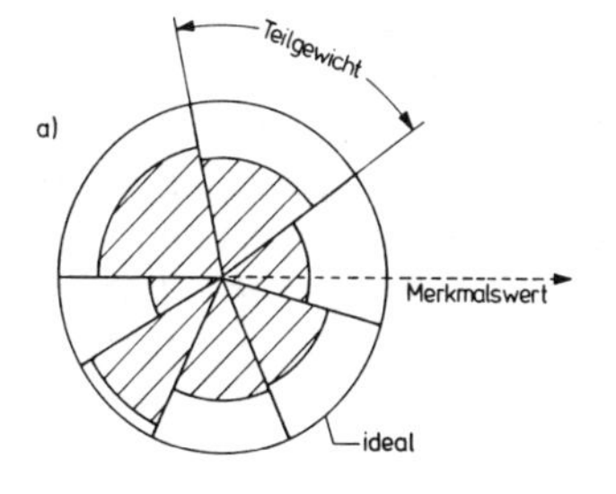

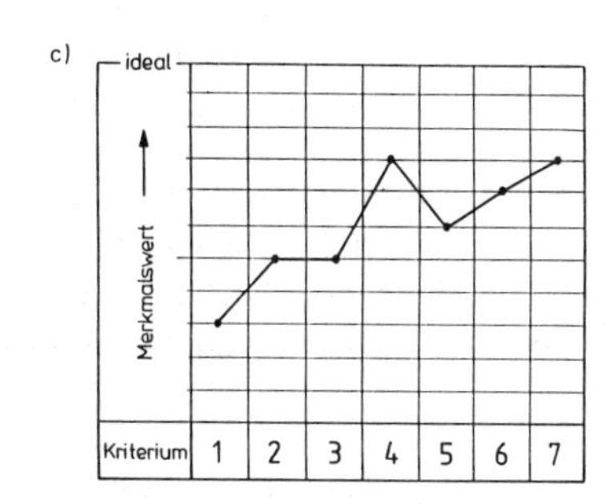

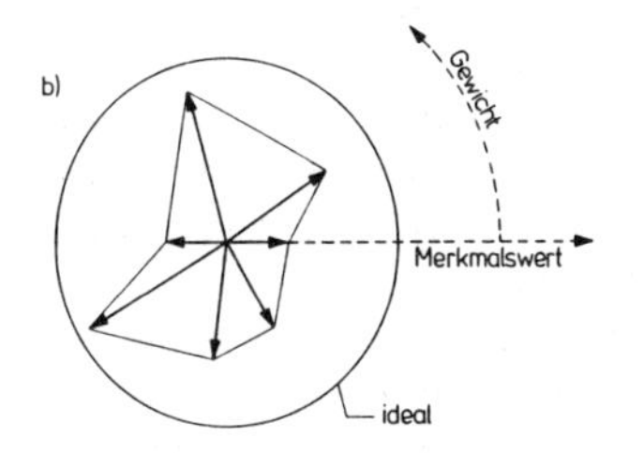

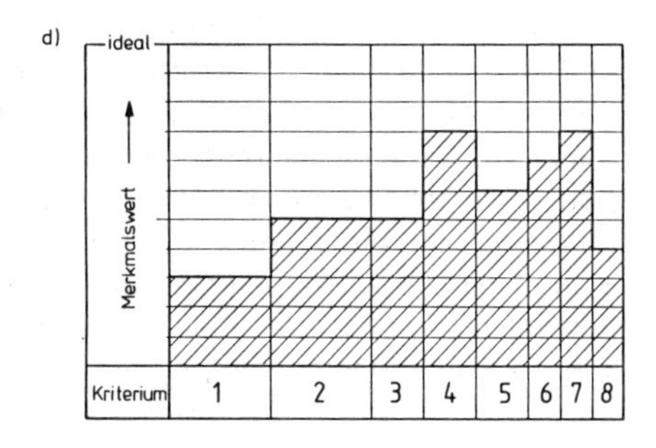

Bild 6.11: Darstellungsformen für Werteprofile

	Erfüllungsgrad	Gewichtsfaktor
a) Segmentdarstellung	Segmentradius	Segmentwinkel
b) Ordinales Werteprofil	Radiusvektor	Winkel zwischen Vektoren
c) Nominales Werteprofil	Streckenzug	—
d) Kardinales Werteprofil	Balkenhöhe	Balkenbreite

STABE schlägt z. B. das Einführen einer "Graduierung" vor, wie z. B. Präzisionsgrad 1 ... 10 und Gütegrad 1 ... 10 [STA-69] oder Qualitätsgrad der Fertigung, Austauschgrad, Sicherheitsgrad und Wartungsfreiheitsgrad [STA-74]. KRULL [KRU-74] definiert über einen normierten Korrelationsfaktor nach informationstheoretischen Gesichtspunkten einen Gütefaktor für

Meßgerätekonstruktionen. Bereits 1933 gab KEINATH [KEI-33] einen speziellen Gütefaktor für bewegliche Organe von Meßgeräten an. Für Schwingungsmeßgeräte arbeiten ERLER und LENK [ERL-68] mit einer Gütekenngröße, die sich auf die Scheinleistungsübertragung bezieht. GOUBEAUD [GOU-73] definiert Qualitätsfaktoren mit Hilfe von Fehlerklassen. Andere Autoren (z. B. [GRO-73]) legen für die Bewertung qualitativer Kriterien eine BATTELLE-Studie [BAT-70] zugrunde, die eine Bewertungsskala von 0 bis 10 benutzt und den Norm-Sollwert bei 5 fixiert, Abweichungen für "schlechter" auf den Bereich 0 bis 4, für "besser" auf den Bereich 6 bis 10 festlegt. Die Schwierigkeit bei der Anwendung solcher Urteilshilfen liegt einerseits bei der fehlenden, allseits anerkannten Definition solcher Begriffe und andererseits an der vagen Zuordnung verbaler Formulierungen zu festen Zahlen.

Arbeitswissenschaftler, Produktplaner, Designer und Architekten benutzen meist das von OSGOOD [OSG-57] entwickelte und von HOFSTAETTER [HOF-55] in Deutschland eingeführte "Semantische Differential", das in der Technik als nominales Werteprofil bekannt ist. Mit dem "Semantischen Differential" (Bedeutungs-Differenzierung) sollen konnotative (gefühlsmäßige) Bedeutungen betrachteter technischer Objekte quantitativ erfaßt werden. Das Schema besteht aus einer Reihe von untereinander geschriebenen 7-Punkte-Skalen, an deren Ende sich jeweils ein gegensätzliches Adjektivpaar im Sinne von "gut" und "schlecht" befindet, Bild 6.12. Verschiedene Versuchspersonen sollen beurteilen, in welchem Maße die einzelnen Wortpaare ihrer Meinung nach auf das zu beurteilende Objekt zutreffen. Das Ergebnis wird in Form einer Zickzacklinie dargestellt. Der arithmetische Mittelwert der Urteile aller Versuchspersonen bildet das "Polaritätsprofil" des untersuchten Objektes.

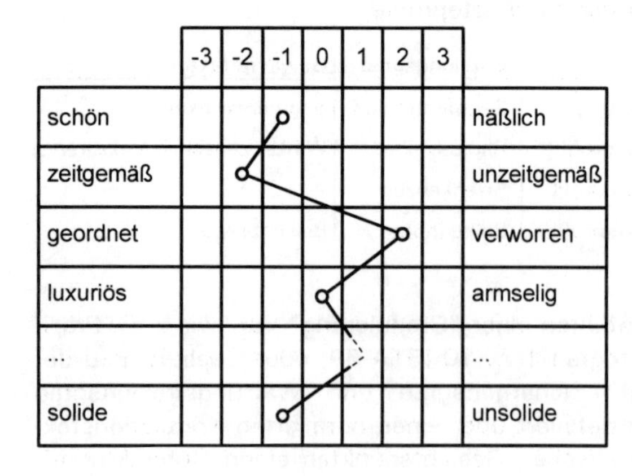

Bild 6.12: Semantisches Differential (schematisch)

Ebenso wie alle anderen Werteprofile muß auch das semantische Differential für jede Alternative einzeln aufgestellt werden. Um die Polaritätsprofile verschiedener Alternativen quantitativ miteinander vergleichen zu können, werden diese entweder einfach übereinandergelegt und die Abweichungen beurteilt, oder es werden Korrelationskoeffizienten der Profile bestimmt. Diese Werte lassen sich dann deuten, z. B. nach SIMMAT [SIM-69] als Hinweise für die Ähnlichkeit (positive Korrelation), keine Ähnlichkeit (neutral) oder bedeutungsmäßige Gegensätzlichkeiten (negative Korrelation). Als weitere Verfeinerung ist anschließend noch eine Faktorenanalyse [PFE-72] möglich.

Bild 6.13 zeigt ausschnittsweise und beispielhaft die Anwendung des Semantischen Differentials bei der Grobbewertung einer konzeptionell ausgearbeiteten Produktidee mit Hilfe einer 5-Stufen-Skala.

Firma	Produktidee *Musterprodukt* Grobbewertung					Name: Datum:
negative Faktoren	-2	-1	0	1	2	positive Faktoren
minimale Funktionserfüllung						maximale Funktionserfüllung
keine Modifizierbarkeit						Modifizierbarkeit möglich
bedienungsfeindlich						bedienungsfreundlich
niedriger Qualitätsstandard						hoher Qualitätsstandard
Herstelltechnologie fehlt						Herstelltechnologie vorhanden
kein Marketingkonzept						Marketingkonzept vorhanden
gegen den Trend						im Trend
geringes						hohes

Bild 6.13: Ausschnitt eines ausgefüllten Semantischen Differentials

6.3.3 Wertigkeitsbestimmung

Den Grad der Erfüllung einer Anforderung bewertet man mit Punktzahlen entsprechend ihrer Annäherung an eine gedachte ideale Verwirklichung, vgl. Kap. 6.1.2. Eine Multiplikation der vergebenen Punktzahl p_i mit dem zugehörigen Kriteriengewicht g_i führt zu einer gewichteten Bewertung. Bezeichnet man mit p_{1j}, p_{2j} ... p_{nj} die Punktzahlen, die als Maß für den

Erfüllungsgrad der Kriterien 1, 2 ... n bei der Alternative A_j vergeben werden, und mit p_{max} die maximal mögliche Punktzahl, die der "idealen Erfüllung" der einzelnen Kriterien entspricht, dann ist nach KESSELRING [KES-42, KES-51] die Wertigkeit w definiert:

ungewichtet $$w = \frac{p_{1j} + p_{2j} + \ldots + p_{nj}}{n \cdot p_{\max}} = \frac{\sum_{i=1}^{n} p_{ij}}{n \cdot p_{\max}},$$

gewichtet $$wg = \frac{g_1 \cdot p_{1j} + g_2 \cdot p_{2j} + \ldots + g_n \cdot p_{nj}}{(g_1 + g_2 + \ldots + g_n) \cdot p_{\max}} = \frac{\sum_{i=1}^{n} (p_{ij} \cdot g_i)}{p_{\max} \cdot \sum_{i=1}^{n} g_i}.$$

Dabei ist g_i der Gewichtsfaktor der Eigenschaft i und bei diesem Verfahren im allgemeinen eine ganze Zahl größer 1. Entsprechend dieser Definition ist die Wertigkeit w oder wg stets ≤ 1.

Den Einfluß der Gewichtung bei Bewertungen hat LOWKA [LOW-76] mathematisch untersucht. Er kommt zu dem Schluß, daß eine Gewichtung im allgemeinen zu vernachlässigen ist und gegenüber der Unsicherheit beim Schätzen der Punktzahl gering sein wird. Bei beispielsweise n = 10 Kriterien, Gewichtsfaktoren $1 \leq g \leq 5$ (größere Gewichtsfaktoren sind nicht zweckmäßig; entsprechend wichtige Kriterien sollten einzeln diskutiert werden [GER-76, KES-51, ZAN-70]) und Punktzahlen $0 \leq p \leq 4$ [GER-76, KES-51] liegen 96 % aller möglichen Bewertungen innerhalb einer Abweichung von ± 15 % und noch 86 % der Bewertungen innerhalb einer Abweichung von ± 10 %. Darüber hinausgehende Abweichungen sind nur dann zu erwarten, wenn extreme Gewichtsfaktoren mit extremen Punktzahlen zusammenfallen.

HANSEN [HAN-65] gibt Richtzahlen für den Wertigkeitsgrad einer Lösung an:

	günstig	brauchbar	nicht befriedigend
Wertigkeit w	0,85	0,7	< 0,6

„The Weighted Specification Reference Scale“ von MC WHORTOR [WHO-66] errechnet ebenfalls einen relativen Wert für die einzelnen Lösungsalternativen. Dazu wird eine "normierte Gewichtung" benutzt mit

$$\sum_{i=1}^{n} g_i = 1 \ .$$

An jedes Kriterium sind quantitative Mindestanforderungen zu stellen, die durch Teambefragung ermittelt oder vom Entwicklungschef festgelegt werden, sogenannte Spezifikationen ($s \leq \ldots$ oder $s \geq \ldots$). Der bei den einzelnen Lösungsalternativen erreichte Erfüllungsgrad, die erreichte Spezifikation s^*, wird zum Bilden der "Referenz" r benutzt: Bei allen Kriterien mit der Forderung $s \geq \ldots$ wird $r = s^* / s$, bei allen Kriterien mit der Forderung $s \leq \ldots$ wird $r = s / s^*$ gebildet, Bild 6.14.

Bewertungskriterien	Kriteriengewicht	Mindesterfüllung (Spezifikation s)	Ist-Zustand (erreichte Sp. s *)	Bezugsgröße (Reference r)	Wert
Kriterium 1	g_1	z. B. $s_1 > \ldots$	$s^*_1 = \ldots$	$r_1 = s^*_1 / s_1$	$w_1 = g_1 \cdot r_1$
Kriterium 2	g_2	z. B. $s_2 < \ldots$	$s^*_2 = \ldots$	$r_2 = s_2 / s^*_2$	$w_2 = g_2 \cdot r_2$
...	...	...	...	...	...
...	...	...	...	...	...
Kriterium n	g_n	$s_n \geqslant \ldots$ oder $s_n \leqslant \ldots$	$s^*_n = \ldots$	$r_n = s^*_n / s_n$ oder $r_n = s_n / s^*_n$	$w_n = g_n \cdot r_n$
	$\sum_{i=1}^{n} g_i = 1$				$P_0 = \sum_{i=1}^{n} w_i$ $P_0 = \sum_{i=1}^{n} g_i \cdot r_i$

Bild 6.14: Verfahrensmatrix des Bewertungsverfahrens nach MC WHORTOR (hier gezeigt für eine Alternative)

Die "Teilwertigkeit" w_i bezüglich des Kriteriums i ergibt sich als

$$w_i = r_i \cdot g_i \ ,$$

der Gesamtwert P_0 einer Alternative somit zu

$$P_0 = \sum_{i=1}^{n} g_i \cdot r_i \ .$$

Wegen der Normierung schwankt der Summenwert P_0 um 1. Von MC WHORTOR empirisch ermittelte Werte für P_0 von optimalen Lösungen liegen bei $1{,}05 < P_0 < 1{,}50$. Die Lösung mit dem höchsten Wert P_0 ist die beste. Ist aber $P_0 > 1{,}50$, dann sind die Forderungen falsch gestellt oder die Gewichte schlecht bestimmt. Ist $P_0 < 1$, obwohl die bestmögliche Lösung vorliegt, so sind die gesteckten Ziele (Forderungen) zu hoch. Die Kriterienaussagen müssen überprüft werden.

6.3.4 Nutzwertanalyse bei Konzeptalternativen

Die Nutzwertanalyse ist eigentlich eine Planungsmethodik zur systematischen Entscheidungsvorbereitung bei der Auswahl komplexer Projektalternativen im sozio-ökonomisch-technischen Bereich. Die Wirtschaftswissenschaft versteht unter dem Nutzwert den subjektiven, durch die Tauglichkeit zur Bedürfnisbefriedigung bestimmten Wert eines Gutes. Entsprechend hat ZANGEMEISTER [ZAN-70] definiert:

„Nutzwertanalyse ist die Analyse einer Menge komplexer Handlungsalternativen mit dem Zweck, die Elemente dieser Menge entsprechend den Präferenzen des Entscheidungsträgers bezüglich eines multidimensionalen Zielsystems zu ordnen. Die Abbildung dieser Ordnung erfolgt durch die Angabe der Nutzwerte (Gesamtwerte) der Alternativen."

Geht man von der Entscheidungslogik nach dem Prinzip der direkten Bewertung von Alternativen aus, so erfordert eine systematische Nutzwertanalyse folgende Schritte:

(1) *Aufstellen des Zielsystems*: Bestimmung der situationsrelevanten Ziele bzw. Zielkriterien

Die "Bewertungsziele" entsprechen den Bewertungskriterien, wie sie in der "Zielpräzisierung" (Aufgaben-Definition) vorliegen. Das "Zielsystem" (alle Kriterien) wird meist hierarchisch gegliedert. Die unterschiedliche Bedeutung einzelner Ziele (Kriterien) wird durch Gewichtsfaktoren ausgedrückt, die stufenweise (entsprechend den Hierarchiestufen der Ziele) aufgestellt werden und wobei die Quersumme der Gewichtsfaktoren je Zielstufe und zugehörigem Oberziel $\Sigma\, g_s = 1{,}0$ betragen muß. Die Summe der Kriteriengewichte ergibt sich dann ebenso zu

$$\sum_{j=1}^{m} g_j = 1$$ (vgl. Bild 5.5 in Kapitel 5.4.2).

(2) *Aufstellen einer Zielertragsmatrix*: Beschreibung der zielrelevanten Konsequenzen, d. h. der Zielerträge, der Alternativen

Hier werden die durch Analyse der Lösungsvarianten ermittelten Eigenschaften bezüglich der Bewertungsziele geordnet. Die "Zielerträge" sind numerische oder verbale Angaben (gemessen, errechnet, empirisch bestimmt oder geschätzt) über den Beitrag der Alternativen in bezug auf das beobachtete Kriterium. Dieser Schritt dient dem Darstellen der Ist-Werte als sachliche und objektive Informationsgrundlage ("Objektivschritt") für den folgenden "Subjektivschritt" der Bewertung.

(3) *Aufstellen einer Matrix der Zielerfüllungsgrade*: Bewertung der Alternativen aufgrund ihrer Zielerträge

In diesem Schritt erfolgt die Bewertung der Zielerträge k_{ij}, was zu den "Zielerfüllungsgraden" w_{ij} (für Alternative i und Kriterium j) führt. Dazu benutzt die Nutzwertanalyse eine Wertziffernskala von 0 bis 10 (0 $\hat{=}$ absolut unbrauchbar, 10 $\hat{=}$ Ideallösung). Der Zusammenhang zwischen den Zielerträgen und der zu vergebenden Punktzahl ist über sogenannte "Wertfunktionen" gegeben. Bei multidimensionalen Nutzwertanalysemodellen empfiehlt ZANGEMEISTER, von mathematisch exakt definierten Funktionsverläufen auszugehen, z. B. lineare Funktion, Exponentialfunktion, S-Funktion, Maximum-, Minimumfunktion.

(4) *Aufstellen einer Zielwertmatrix*: Abbildung der Alternativen im Wertsystem durch m eindimensionale Präferenzordnungen

Die Berücksichtigung der unterschiedlichen Bedeutung von Zielen (Bewertungskriterien) drückt sich in den "Teilnutzwerten" n_{ij} aus, die sich aus der Multiplikation der Zielerfüllungsgrade w_{ij} mit den Gewichtsfaktoren g_j ergeben zu

$$n_{ij} = g_j \cdot w_{ij} \,.$$

(5) *Bestimmen der Gesamtnutzwerte*: Abbildung der Alternativen im Wertsystem durch eine m-dimensionale Präferenzordnung

Der Gesamtnutzwert N_i einer Alternative i ergibt sich mit Hilfe einer Entscheidungsregel aus den Teilnutzwerten n_{ij}. Die im allgemeinen angewandte Addition der Teilnutzwerte führt zu

$$N_i = \sum_{j=1}^{m} n_{ij} = \sum_{j=1}^{m} g_j \cdot w_{ij} \,.$$

Der größte Gesamtnutzwert kennzeichnet die beste Lösung.

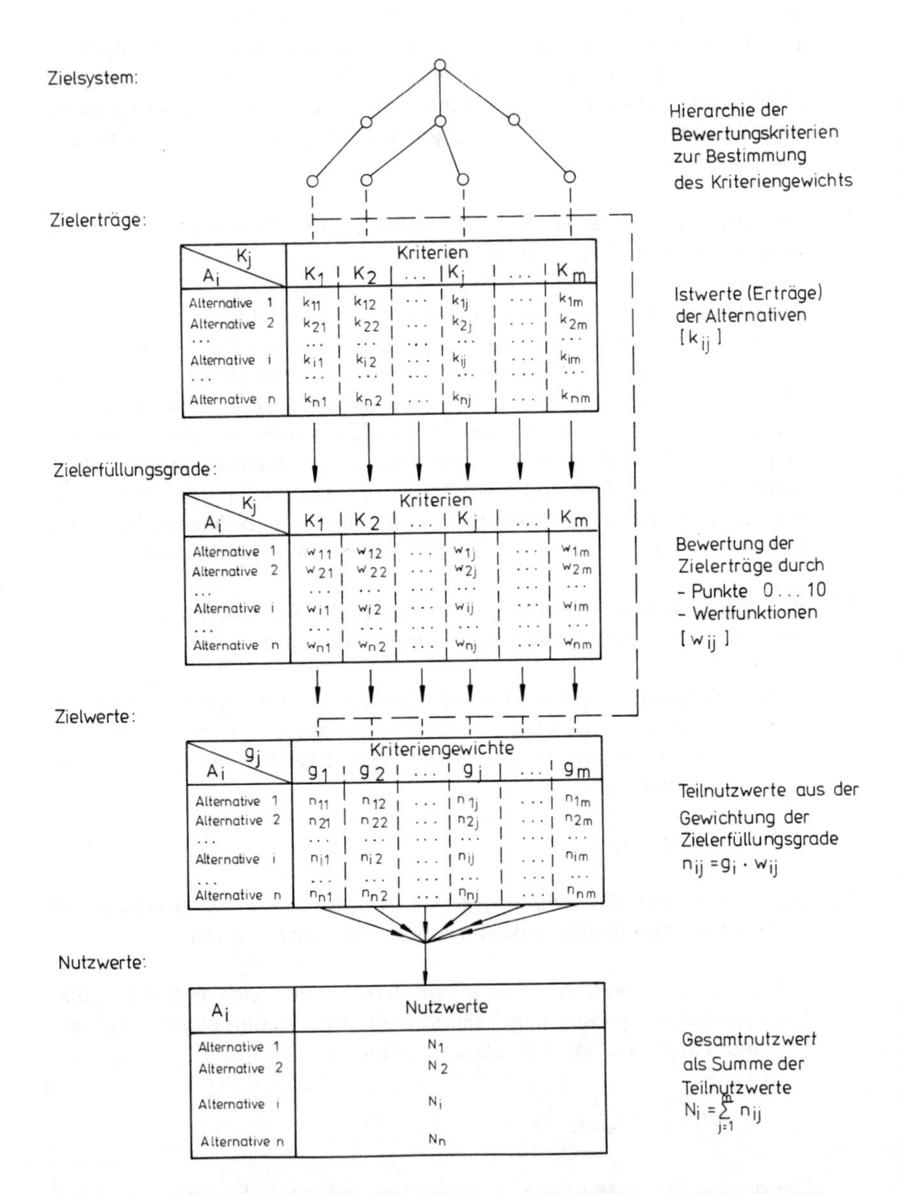

Bild 6.15: Verfahrensmatrizen der Nutzwertanalyse nach ZANGEMEISTER

Der besondere Vorteil der Nutzwertanalyse liegt in der genau festgelegten Vorgehensweise mit dem Zerlegen komplexer Entscheidungsabläufe in überschaubare Einzelschritte und der damit verbundenen Transparenz. Sie befolgt das Prinzip der direkten Bewertung von Alternativen und kann somit die Möglichkeit nicht ausschließen, daß lediglich die beste aus den an sich schlechten Alternativen ausgewählt wird, wenn das zugrundegelegte Situationsbild unrichtig und die Alternativen in Wahrheit unzweckmäßig sind. Ein Nachteil der Nutzwertanalyse ist ihr recht erheblicher Aufwand.

Bild 6.15 gibt eine Übersicht über den Ablauf der Nutzwertanalyse.

Für den Fall einer vorläufigen Grobbewertung oder wenn nur sehr lückenhafte Objektivwerte über die Eigenschaften der einzelnen Lösungsalternativen vorliegen, schlägt KOELLE [KOE-72] eine vereinfachte Nutzwertanalyse vor. Er verzichtet auf die Ermittlung der Zielerträge k_{ij} und beginnt nach der Festlegung der Bewertungskriterien und ihrer Gewichtung sofort mit der Punktbewertung. Ansonsten ist dieses Bewertungsverfahren identisch mit der Nutzwertanalyse nach ZANGEMEISTER.

6.4 Zeitsparendes Punktbewertungsverfahren zur Bewertung von Konzepten und (Vor-)Entwürfen

Für die praktische Konstruktionsarbeit ist es von großer Hilfe, wenn im gesamten Prozeß nicht nur die Schritte, sondern auch die Methoden aufeinander abgestimmt sind. Die richtige Taktik zu einer erfolgreichen Gesamtbewertung dürfte die sein, von Anfang an die getroffenen Entscheidungen in den Entwicklungsphasen regelmäßig zu kontrollieren und mit solcher Genauigkeit, wie Fakten anfallen, zu bewerten. So kann man eine ausgereifte und sich langfristig bewährende Konstruktion anvisieren und mit fortlaufender Produktrealisierung mit immer zunehmender Sicherheit bestimmen.

6.4.1 Wertdaten und Wertfunktion

In der Anforderungsliste sind die Anforderungen mit ihren Wertdaten (Mindesterfüllung-Soll-Idealerfüllung) angegeben. Aus diesen Tolerierten Forderungen lassen sich die für einen anstehenden Bewertungsprozeß unwichtigen mit Hilfe der gewichteten Rangreihe mit Grenzwertklausel (Kapitel 5.4.3) heraussieben. Die als wichtig genug erkannten Anforderungen sind die Kriterien für die anstehende Bewertung.

Die dem jeweiligen Erfüllungsgrad eines Kriteriums zuzuordnende Punktzahl soll, unabhängig von der Breite des Erfüllungsbereiches und unabhängig von dem gewählten Punktbewertungsverfahren, wie folgt festgelegt werden:

Idealerfüllung = maximal mögliche Punktzahl
≙ prinzipiell mögliche obere Grenze des Erfüllungsbereichs,

Normalerfüllung = ca. 80 % der maximal möglichen Punktzahl
≙ Soll-Wert,

Mindesterfüllung = kleinstmögliche Punktzahl
≙ der unteren Grenze des Erfüllungsbereichs.

Beim Festlegen der Normalerfüllung auf ca. 80 % der maximal möglichen Punktzahl wurde unter anderem auf Arbeiten von KESSELRING [KES-42, KES-51, VDI-69] und Erfahrungen von HANSEN [HAN-65] für eine günstige technische Wertigkeit von 0,80 ... 0,85 zurückgegriffen. Diese Zahlen werden durch die Bereichsfestlegung für ganzzahlige Punkte als sinnvoll bestätigt (Kapitel 6.4.2).

Eine auf Mindest-, Normal- und Idealerfüllung festgelegte Aussage erlaubt auf recht einfache und rationelle Art eine eindeutige Punktezuordnung beim Vergleich der Istwerte der Lösungsalternativen mit den tolerierten Sollwerten der Kriterien.

Eine graphische Darstellung dieses Zusammenhangs, die Wertfunktion, für die bereits drei Punkte eindeutig festliegen, hat in den weitaus meisten Fällen nur noch gleiche Krümmungsrichtung des Kurvenverlaufs zu berücksichtigen. Lediglich wenn zwei der drei Werte identisch sind oder nahe beisammen liegen, entsteht ein Krümmungswendepunkt (S-Kurve). Durch diese einfache Wertfunktionsermittlung wird ein in der Praxis oft allzu freies Abschätzen verhindert, ohne daß die Formulierung mathematischer Funktionen notwendig wird. Bei einiger Übung dürfte die Darstellung der Wertfunktion durchaus entfallen können, wenn dem Bewerter ihr Zustandekommen und die Unschärfe der Istwerte der Lösungsalternativen bewußt sind und wenn er — um mit ganzzahligen Punkten rechnen zu können — Punktbereiche festlegt.

Bild 6.16 zeigt die prinzipielle Darstellungsmöglichkeit und zwei Beispiele.

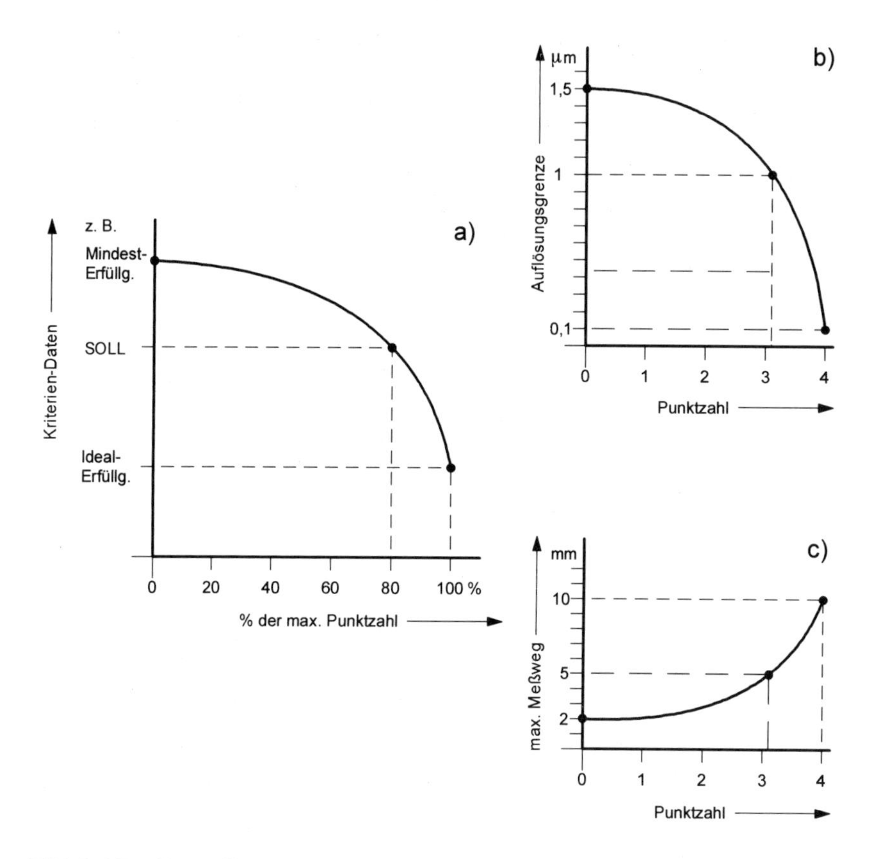

Bild 6.16: Darstellung von Wertfunktionen aus den Wertdaten der Kriterien

a) allgemein
b) Beispiel: untere Auflösungsgrenze für Wegmesser (Mindesterfüllung 1,5 µm, Soll 1,0 µm, Idealerfüllung 0,1 µm)
c) Beispiel: maximaler Meßweg für Wegmesser (Mindesterfüllung 2 mm, Soll 5 mm, Idealerfüllung 10 mm)

6.4.2 Ermitteln der Punktzahl

In Bild 6.17 sind gebräuchliche und oft diskutierte Zahlenreihen zur Verwendung als Bewertungsskalen zusammengestellt und der verbalen Beschreibung, sofern bereits festliegend, zugeordnet.

5er Stufung

VDI 2225 Bedeutung	lineare Zahl	geom. Reihe R 5	geom. Reihe E 6 normal	geom. Reihe E 6 versetzt
(ideal) sehr gut	4	4	3,3	4,7
gut	3	2,5	2,2	3,3
ausreichend	2	1,6	1,5	2,2
gerade noch tragbar	1	1	1	1,5
un - befriedigend	0	0,63	0,68	1

11(12;14)er Stufung and **lineare 100er Stufung**

Nutzwertanalyse Bedeutung	lineare Zahl	geom. Reihe R 10	geom. Reihe E 12	lineare 100er Stufung
Ideallösung	10	10	10	100
über Zielvorstellung weit hinausgehend	9	8,0	8,2	90
über Zielvorstellung hinausgehend	8			80
sehr gut	7	6,3	6,8	70
gut	6		5,6	60
befriedigend	5	5	4,7	50
mittelmäßig	4	4	3,9	40
ausreichend	3	3,15 2,5	3,3 2,7 2,2	30
schwach	2	2,0 1,6	1,8 1,5	20
praktisch unbrauchbar	1	1,25 1	1,2 1	10
absolut unbrauchbar	0	0,8	0,82	0

Bild 6.17: Verschiedene Zahlenreihen als Bewertungsskalen

Eine Bewertung nach einem Punktverfahren ist nur bei geringem Aufwand akzeptabel. Ein solches Verfahren darf nur mit relativ wenigen und zudem ganzzahligen Punkten arbeiten. Eine Punkteskala von 0 ... 4, wie sie prinzipiell auch die Richtlinie VDI 2225 [VDI-69] vorsieht, wird als ausreichend und handlich empfunden. Dabei erscheint es sinnvoll, die zum Arbeiten mit ganzen Zahlen notwendigen Bereiche entsprechend einer Normzahlenreihe festzulegen. Der Vergleich der Reihe R5 mit der internationalen Reihe E6 in Bild 6.18 zeigt, daß beim Verwenden von ganzen Zahlen für die Bereichsdefinition nur die — im 1-Punkt-Bereich zusammengesetzte — E6-Reihe in Frage kommt, da nur sie sich mit den Aussagen über das Aufstellen einer Wertfunktion deckt (bei Soll ca. 80 % der maximalen Punktzahl, aber noch genügend Punktabstand von der Idealerfüllung); die Reihe R5 würde schon ab 3,15 (3,2 = 80 %!) die Vergabe der Idealpunktzahl verlangen.

Aus der Bereichsfestlegung entsprechend der internationalen E6 (E12)-Reihe folgt

4 Punkte vergeben im Bereich 3,9 ... 4,0;
3 Punkte vergeben im Bereich 2,7 ... 3,9;
2 Punkte vergeben im Bereich 1,8 ... 2,7;
1 Punkt vergeben im Bereich 0,7 ... 1,8;
0 Punkte vergeben im Bereich 0 ... 0,7.

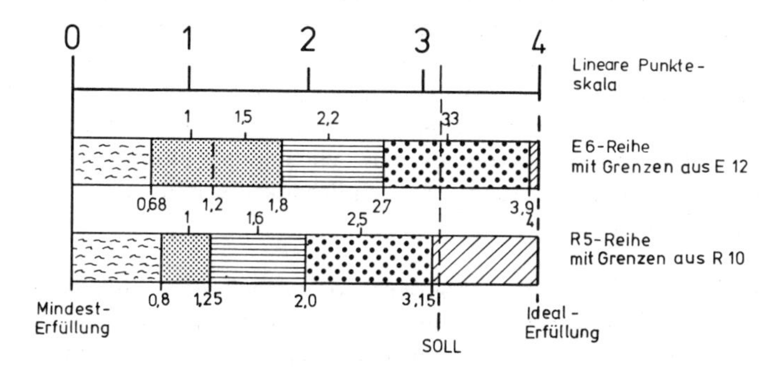

Bild 6.18: Festlegung der Punkt-Bereiche

Mit Hilfe dieser festgelegten Bereiche kann dem jeweiligen Erfüllungsgrad einer Eigenschaft von Lösungsalternativen eine eindeutige Punktzahl zugeordnet werden. Bild 6.19 zeigt dies allgemein für beispielsweise zwei Alternativen.

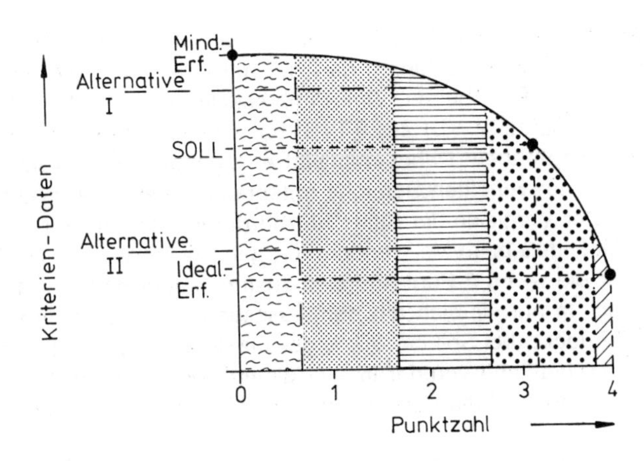

Bild 6.19: Ermitteln der Punktzahl für Lösungsalternativen bei quantitativen Kriterien

Nicht immer ist es möglich, für die Wertbildung relevante Kriterien mit exakten Zahlen anzugeben. Will man aber für solche qualitativen Kriterien ebenso eine feste Wertskala benutzen wie für die quantitativen Kriterien, so müssen auch die nur verbal formulierten Wertdaten bereits in der Anforderungsliste möglichst mit einem Sollwert und einer vertretbaren Toleranz (Mindest-, Idealerfüllung) angegeben werden. Hierdurch wird eine gewisse verbale Quantifizierung erzwungen. Sollte dies in einzelnen Fällen nicht möglich sein, so ist meist das entsprechende Kriterium als Ja/Nein-Forderung zu verstehen (sehr oft der Fall bei Wirtschaftlichkeits- und manchen Technologiekriterien), oder es muß als Sollwert interpretiert werden (oft der Fall bei Aussagen über Mensch-Produkt-Beziehungen, besonders beim visuellen Design).

Bei allen qualitativen Kriterien, bei denen es gelingt, den Erfüllungsbereich durch die drei Wertdaten Mindesterfüllung-Soll-Idealerfüllung abzustecken, liegen bereits drei Punktzuordnungen fest, wenn die gleiche Definition wie bei quantitativen Kriterien zugrunde gelegt wird. Die Darstellung nach Bild 6.20 zeigt, daß in praktischen Fällen der Beurteiler nur eventuell zwischen Mindesterfüllung und Soll noch unterteilen muß, was im allgemeinen nicht schwerfällt, da die Vergabe von 0, von 3 und von 4 Punkten eindeutig festliegt. Inwieweit sich eine Unterteilung zwischen Mindesterfüllung und Soll überhaupt lohnt, muß von Fall zu Fall entschieden werden.

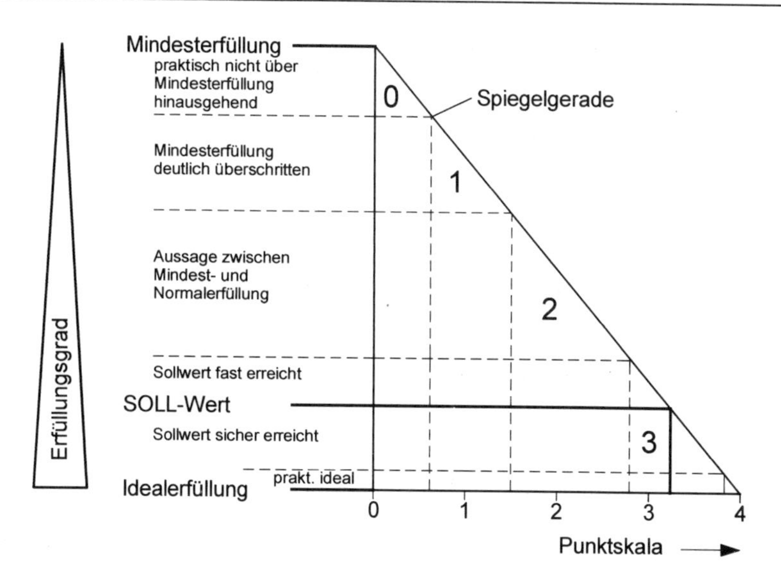

Bild 6.20: Ermitteln der Punktzahl für Lösungsalternativen bei qualitativ festgelegten Kriterien

6.4.3 Bewertungsschema

Der Konstrukteur läßt seine "schöpferische" Arbeit nur ungern in Formulare pressen. Nur wenn ihm solche Arbeitsunterlagen helfen, seine Gedanken – quasi zwangsläufig – zu ordnen, zudem noch Zeit zu sparen und trotzdem jederzeit die von ihm getroffene Entscheidung begründen und damit seine Arbeit rechtfertigen zu können, wird er sie akzeptieren und auch wirklich anwenden.

Ein entsprechend handliches Bewertungsschema sollte auch für den Entwicklungsbericht verwertbar sein und damit den Papieraufwand verringern. Es muß deshalb folgende Bedingungen erfüllen:

- Die Kriterien sollten mit ihrem Erfüllungsgrad (Wertdaten) angebbar sein: Kriterieninhalt, Mindesterfüllung, Soll, Idealerfüllung.

- Eine graphische Darstellung der Wertfunktion muß möglich sein, falls dies bei quantitativen Kriterien erforderlich werden sollte.

- Die Bewertung muß ungewichtet und gewichtet durchführbar sein.

- Die Eintragung der Istwerte der Alternativen bzw. eine kurze Begründung, warum gerade diese Punktzahl vergeben wurde, sollte möglich sein. Das ist für ein späteres Nachvollziehen, Überarbeiten, Kontrollieren "Erinnern" sehr wichtig.

- Für quantitative (objektive) und qualitative (subjektive) Kriterien soll sich getrennt ein "Unterwert" errechnen lassen. Das Aufstellen einer Zwischensumme für die quantitativen Kriterien zeigt, ob sich die Rangfolge der Alternativen bei Hinzunahme der qualitativen Kriterien ändert und wenn ja, warum.

Bild 6.21 zeigt den Aufbau eines solchen Bewertungsformulars. Die einzutragenden Daten erhält man dabei aus folgenden Unterlagen:

- Kriterien:
  Sie ergeben sich — eventuell begrenzt durch eine einfache (Kap. 5.4.2) oder gewichtete (Kapitel 5.4.3) Rangfolgebetrachtung oder mit Hilfe des Zielsystems der Nutzwertanalyse (Kapitel 5.4.2) — aus der anliegenden Kriterienmenge.

- Wertdaten der Kriterien:
  Sie folgen aus der Anforderungsliste (Kapitel 2.4) und deren späterer Erweiterung.

- Wertfunktionen:
  Das eventuelle Aufstellen von Wertfunktionen wird nur für quantitative Kriterien notwendig (Kapitel 6.4.2). Zur Ermittlung dienen die drei Wertdaten.

- Kriteriengewichte:
  Die Kriteriengewichte sind aus der Rangreihenermittlung (Kapitel 5.4.3) bekannt. Sie können auch durch Teammitglieder oder den Beurteiler selbst geschätzt bzw. im Zielsystem der Nutzwertanalyse ermittelt werden.

- Ist-Werte:
  Die Ist-Werte sind die tatsächlichen Daten der Alternative. Sie sind zu beschaffen durch Muster- oder Modellbau als Meßwerte, aus Literaturangaben und Gutachten, durch Schätzungen anhand der eigenen Erfahrung oder der von Kollegen. Sie sind in sehr vielen Fällen mit einer gewissen Unsicherheit behaftet.

Art	Bewertungs-Kriterien: Kriterien-Inhalt	Mindest Erf.	SOLL	Ideal-Erf.	Kriterien-Gewicht	Alternative 1	Alternative 2	Alternative 3	Alternative 4
quantitative Kriterien	Krit. 1	0 1 2 3 4			g_1	p_{11} / n_{11} IST 1(k1)	p_{12} / n_{12} IST 2(k1)	p_{13} / n_{13} IST 3(k1)	p_{14} / n_{14} IST 4(k1)
	Krit. 2	0 1 2 3 4			g_2	p_{21} / n_{21} IST 1(k2)	p_{22} / n_{22} IST 2(k2)	p_{23} / n_{23} - - - -	p_{24} / n_{24} - - - - -
	....				g_i	- - - -	- - - -	p_{ij} / n_{ij}	- - - - -
	Zwischensumme	$\sum_1^x p_{ij}$		$\sum_1^x n_{ij}$		P_{x1} / N_{x1}	P_{x2} / N_{x2}	P_{x3} / N_{x3}	P_{x4} / N_{x4}
qualitative Kriterien	Krit. ...					$p_{(x+1)1}$ / $n_{(x+1)1}$ warum?	$p_{(x+1)2}$ / $n_{(x+1)2}$ warum?	- - / - - —	- - / - - —
	Krit. ...					$p_{(x+2)1}$ / $n_{(x+2)1}$ warum?	— / — —	— / — —	— / — —
	....				g_n	- - -	- - -	- - -	- - -
	Zwischensumme	$\sum_{x+1}^n p_{ij}$		$\sum_{x+1}^n n_{ij}$		$P_{(n-x)1}$ / $N_{(n-x)1}$	$P_{(n-x)2}$ / $N_{(n-x)2}$	- - / - -	- - / - -
ungewichtet	Punktsumme	$P_j = \sum_1^n p_{ij}$				P_1	P_2	P_3	P_4
	Wertigkeit	$w_j = \frac{P_j}{n \cdot p_{max}}$				w_1	w_2	w_3	w_4
gewichtet	Nutzwert	$N_j = \sum_1^n n_{ij}$				N_1	N_2	N_3	N_4

Bild 6.21: Bewertungsschema für Punktbewertungsverfahren

- Ungewichtete Punktzahl:
  Die ungewichtete Punktzahl p_{ij} (Punktzahl der Alternative j für das Kriterium i) folgt aus dem Vergleich der Istwerte der Alternativen mit den Sollwerten der Kriterien über die Wertfunktionen bei quantitativ festgelegten Kriterien oder über die Erfüllungsbereich-Definition bei qualitativ festgelegten Kriterien (Kapitel 6.4.1) unter Benutzung einer Werteskala (Kapitel 6.4.2).

- Gewichtete Punktzahl:
  Die gewichtete Punktzahl n_{ij} (gewichtete Punktzahl der Alternative j für das Kriterium i) ist das Produkt der jeweils vergebenen ungewichteten Punktzahl p_{ij} mit dem Kriteriengewicht g_i, der Teilnutzwert

$$n_{ij} = g_i \cdot p_{ij} \,.$$

- Ungewichtete Punktsumme:
  Die ungewichtete Punktsumme P_j ergibt sich als Summe aller ungewichteten Punkte einer Lösungsalternative j. Bei Aufteilung in Zwischensummen (Punkt-Teilwerte) für quantitative und qualitative Kriterien (Anzahl der Kriterien n) ist

$$P_j = P_{xj} + P_{(n-x)j} = \sum_{i=1}^{x} p_{ij} + \sum_{i=x+1}^{n} p_{ij} = \sum_{i=1}^{n} p_{ij} \,.$$

- Wertigkeiten:
  Die Wertigkeiten w_j ergeben sich aus der erreichten ungewichteten Punktsumme P_j bezogen auf die maximal mögliche (ungewichtete) Punktsumme

$$w_j = \frac{\sum_{i=1}^{n} p_{ij}}{n \cdot p_{\max}} \,.$$

  Diese Definition entspricht der VDI-Richtlinie 2225 [VDI-69] für die dort benutzte "technische Wertigkeit".

- Nutzwerte:
  Der Gesamtnutzwert N_j einer Alternative j ergibt sich aus der Summe der Teilnutzwerte n_{ij} bei Aufteilung in Unternutzwerte für quantitative und qualitative Kriterien (Anzahl der Kriterien n) zu:

$$N_j = N_{xj} + N_{(n-x)j} = \sum_{i=1}^{x} n_{ij} + \sum_{i=x+1}^{n} n_{ij} = \sum_{i=1}^{n} n_{ij} = \sum_{i=1}^{n} g_i \cdot p_{ij} .$$

Diese Definition entspricht der der Nutzwertanalyse [ZAN-70].

Als Beispiel zeigt Bild 6.22 die Bewertung magnetisch betätigter Katheterverschlüsse, die aus Bild 4.25 in Kapitel 4.4 bekannt sind. Aus allen diesbezüglichen Kriterien wurden mit Hilfe des gewichteten Rangfolgeverfahrens mit Grenzwertklausel die mit einem Kriteriengewicht $g_k \geq 5$ % ausgewählt und in das Bewertungsschema nach Bild 6.21 übertragen.

Bewertungsschemata können und sollen aber keineswegs Kalkulation, Erprobung oder wertanalytischen Betrachtungen Konkurrenz machen. Aber sie können sowohl das systematisch-methodische als auch das wertgestaltende Denken fördern. Die Kosten können als ein Kriterium neben anderen berücksichtigt oder getrennt behandelt und den ermittelten Nutzwerten oder Wertigkeiten gegenübergestellt werden. Damit läßt sich die stets anliegende Entscheidungsfindung objektivieren, nachvollziehbar und begründbar machen und gleichzeitig dokumentieren.

6.5 Bewerten von Entwürfen und Produkten

6.5.1 Konstruktion und Kosten

Voraussetzung jeder Bewertung sind Informationen über das zu erwartende Verhalten bzw. über die Eigenschaften der betrachteten Lösungsalternativen. Die Möglichkeit einer Berücksichtigung der Kosten bei der Bewertung ist vorwiegend ein Informationsproblem.

Immer soll der zu konstruierende Gegenstand auf einem Markt verkauft werden, der recht genaue Vorstellungen hat, welchen Preis er dafür bezahlen will. Konkurrenzangebote und der Vergleich mit ähnlichen Geräten helfen dem Abnehmer, diese Vorstellungen zu präzisieren. Daher ist es für die Geschäftsführung eines Unternehmens von entscheidender Bedeutung, die Kosten für ein Erzeugnis möglichst präzise im voraus zu kennen. Wesentliche Grundlage für die Kostenermittlung ist die Konstruktion.

Elektromechanische Konstruktion Prof. Dr.-Ing. E. Gerhard	Punktbewertung (0... 4) für Katheterverschluß									zu Auftrag:
Kriterienart	Kriterien Inhalt	Mindest-Erfüllung	SOLL	Ideal-Erfüllung	Krit.-Gewicht	Alternativen 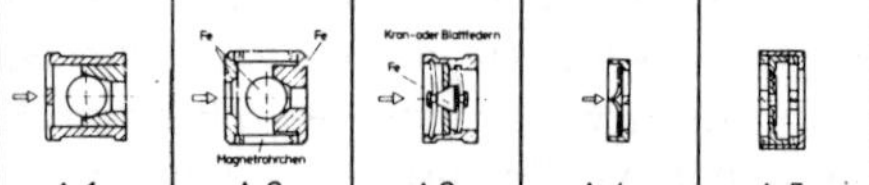 A 1	A 2	A 3	A 4	A 5
quantitative Kriterien	Durchflußmenge hier A_{Dfl}/A_{Kath} [%] 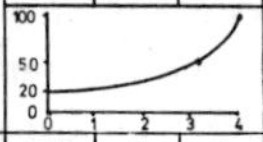	20	~50	100	0,103	3 / 0,309 real ca. 40 %	3 / 0,309 real ca. 40 %	1 / 0,103 real ca. 25%	0 / 0 real ca 20 %	2 / 0,206 real ca. 30 %
	Verschlußlänge [mm] 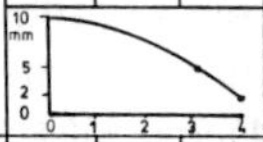	10	5	2	0,080	2 / 0,160 ca. 7 mm machbar	2 / 0,160 ca. 7 mm machbar	3 / 0,240 ca. 5 mm machbar	4 / 0,320 ca. 3 mm machbar	3 / 0,240 ca. 5 mm machbar
	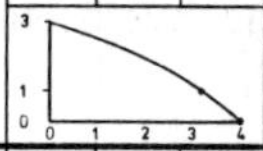 Leckverluste [mm³/h]	3	1	0	0,057	3 / 0,171 nicht Null (Bearbeitung)	3 / 0,171 nicht Null (Bearbeitung)	3 / 0,171 nicht Null (Bearbeitung)	0 / 0 relativ groß	4 / 0,228 sehr klein
qualitative Kriterien	Art des "Notauf"	durch Zer-stören	einfach. Betätig. von außen	selbst-tätig	0,080	2 / 0,160 Draht von außen	2 / 0,160 Draht von außen	4 / 0,320 selbst-tätig	3 / 0,240 Gegenstand von außen	0 / 0 durch Zer-stören
	sicheres Halten d. Flüssigkeitsdr.	bei quasi statisch. Belastg.	bei statisch. und dyn. Belastg.	bei jeder Belastg. und Lage	0,126	3 / 0,378 druck-proportional	4 / 0,504 druck-proportional + Magnet	0 / 0 statisch Feder einst.	3 / 0,378 druck-proportional	0 / 0 statisch Feder einst.
	Verlorengehen von Teilen	keine nach innen	keine in Normal-situ-tion	in keiner Situ-ation	0,126	4 / 0,504 nicht möglich	4 / 0,504 nicht möglich	0 / 0 Feder! Sicherung	3 / 0,378 gepunktete Teile	4 / 0,504 unwahr-scheinlich
	Bequemlichkeit der Bedienung	Bewe-gung mach-bar	einfache Bewe-gung, 1 Hand	zwei Ruhe-lagen, 1 Hand	0,103	3 / 0,309 Kugel "halten"	4 / 0,412 zwei Ruhe-lagen	1 / 0,103 gegen Feder "halten"	2 / 0,206 gegen Feder "halten"	3 / 0,309 evtl. leicht halten
	Verklemmnei-gung	beheb-bar	gering, nur durch altern	Verklem-men nicht möglich	0,126	4 / 0,504 nicht möglich	4 / 0,504 nicht möglich	3 / 0,378 Feder-führung	0 / 0 d. ungleich-mäß. Rückst.	1 / 0,126 elast. Teile Verkl. behebb.
Punktsumme	$P_j = \sum_{i=1}^{n} p_{ij}$					24	26	15	15	17
Wertigkeit	$w_j = \frac{P_j}{n \cdot p_{max.}}$					0,75	0,81	0,47	0,47	0,53
Nutzwert	$N_j = \sum_{i=1}^{n} n_{ij}$					2,495	2,724	1,315	1,522	1,613

Bild 6.22: Bewerten magnetisch betätigter Katheterverschlüsse

Die *Kostenzielsetzung* ist als Forderung des Marktes in der Anforderungsliste festgelegt. Der Entscheidungsspielraum ist dabei bei einem anonymen Markt größer als wenn Erzeugnisse nur für wenige Kunden zu entwickeln sind; dagegen ist dort die Aussagesicherheit geringer, Bild 6.23. Entsprechendes gilt für neue Erzeugnisse, die ähnliche Vorgänger haben.

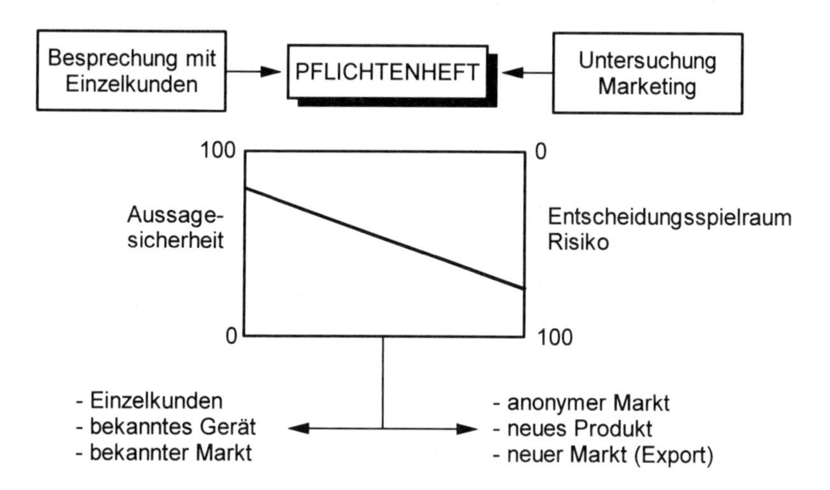

Bild 6.23: Aussagesicherheit und Entscheidungsspielraum in einem Pflichtenheft nach GRESSENICH [GRE-75]

Wenn es eine Vorstellung über den Marktpreis gibt, so lassen sich die geforderten Herstellkosten HK_{gef} ermitteln, wenn man den erwarteten Gewinn Δ_e und die von der Herstellung nicht beeinflußten Gemeinkosten GK von dem zu erzielenden Marktpreis P_e abzieht:

$$HK_{gef} = P_e - \Delta_e - GK\,.$$

Einzelheiten hängen von der Struktur des Betriebes und von der Art der Kalkulation ab. Die Aufgabe des Vertriebes ist es, einen möglichst hohen Marktpreis zu erzielen, die der Konstruktion, die Herstellkosten möglichst niedrig zu halten.

Letztlich bedeuten alle Forderungen in der Anforderungsliste Kosten. Deshalb ist es möglich, daß die Realisierung dieser Forderungen und die Kostenzielsetzung unvereinbar sind. Während des Konstruktionsvorgangs können sich außerdem Lösungen ergeben, die es erlauben, auf dem Markt einen höheren Preis durchzusetzen. Das bedeutet, daß über Änderungen entschieden werden muß, die aus folgenden Gründen anstehen können:

- Es gibt immer einen Redaktionsschluß, auch für eine Konstruktion. Nachfolgende Ideen und neue Erkenntnisse können nur durch Änderung oder in der nächsten "Ausgabe" erscheinen.
- Man hat Einflüsse auf die Funktion übersehen, die sofort berücksichtigt werden müssen.
- Qualitätsmängel treten auf, die unmittelbar zu beheben sind.
- Das Konkurrenzprodukt kommt auf dem Markt besser an; das eigene muß angepaßt werden.
- Neue Märkte können erschlossen werden; Änderungen sind dazu notwendig.
- Das Design entspricht nicht mehr dem Geschmack oder der Mode.
- Die Erlöslage ist schlecht, die Kosten müssen gesenkt werden.

Einen schematischen Kostenvergleich, ob ein Substitutionsprodukt durch *Änderung* seines Vorgängers oder durch eine *Neukonstruktion* den geänderten Kundenwünschen Rechnung tragen soll, zeigt Bild 6.24.

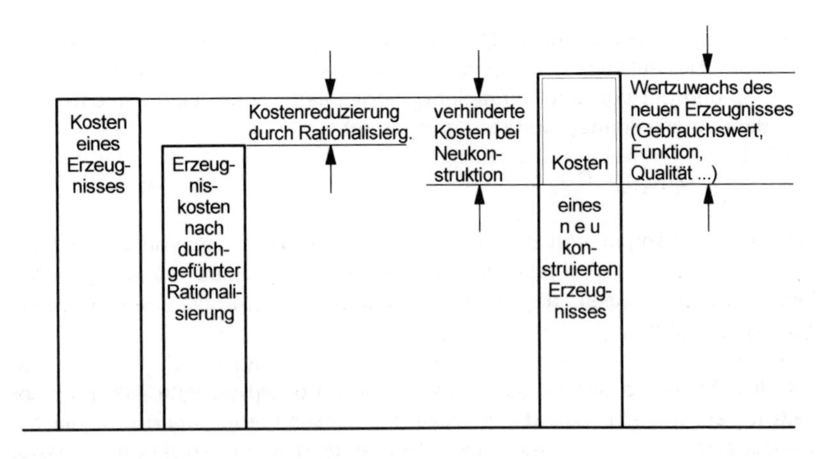

Bild 6.24: Kostenvergleich bei Änderung und Neukonstruktion nach GRESSENICH [GRE-75]

Immer ist es für den Konstrukteur und das Unternehmen wichtig, nicht nur einen *Wert* für die technische Funktion eines Produktes zu kennen, sondern auch für dessen Kosten bzw. Wirtschaftlichkeit.

Während der *Entwurfsphase* besteht die Möglichkeit, die Kosten in Form einer "wirtschaftlichen Wertigkeit" einer "technischen Wertigkeit" gegenüberzustellen.

Die *technische Wertigkeit* bzw. ein technischer Teilwert ergibt sich stets aus mehreren technischen bzw. nicht-wirtschaftlichen Kriterien. Eine *wirtschaftliche Wertigkeit* kann demgegenüber bestimmt werden

- aus mehreren Wirtschaftlichkeitskriterien in gleicher Weise wie ein technischer Teilwert oder

- direkt aus den Herstellkosten. In diesem Falle wird zur Bestimmung der wirtschaftlichen Wertigkeit das Kalkulationsverfahren "Zuschlagskalkulation" benutzt.

6.5.2 Technisch-wirtschaftliches Bewerten von Entwürfen nach VDI 2225

Die VDI-Richtlinie 2225 [VDI-69] geht auf Arbeiten von KESSELRING [KES-42, VDI-69] zurück und ist inzwischen mehrfach überarbeitet worden. Hiernach wird zur Bewertung von Lösungsalternativen, vorwiegend von Entwürfen und "vollständigen technischen Erzeugnissen", die *technische Wertigkeit* und die *wirtschaftliche Wertigkeit* getrennt bestimmt und im *s-Diagramm* als Stärke der Lösung dargestellt. Als Bezug bei der Wertfindung dient die Ideallösung, ein angenommenes „Erzeugnis, das alle in der Bewertungsaufstellung zusammengefaßten Bewertungsmerkmale ideal verwirklicht“ [VDI-69].

(1) Technische Wertigkeit

Die technische Wertigkeit einer Alternative (Entwurf, Erzeugnis) entspricht etwa deren Gebrauchstauglichkeit. Die zur Beurteilung vorliegenden Konstruktionen werden mit der technischen Ideallösung verglichen. Der jeweilige Grad der Annäherung an die ideale Verwirklichung wird durch eine Punktzahl 0 ... 4 festgelegt:

sehr gut (ideal)	4	Punkte;
gut	3	Punkte;
ausreichend	2	Punkte;
gerade noch tragbar	1	Punkt;
unbefriedigend	0	Punkte.

Zur Bestimmung der technischen Wertigkeit x wird die Summe der Punkte eines Entwurfs zur maximal möglichen Punktzahl der Ideallösung in Beziehung gesetzt. Bezeichnet man mit p_1, p_2 ... p_n die jeweilige Punktzahl für die 1., 2. ... n. Eigenschaft (Kriterium) und mit p_{max} die Punktzahl, die allen Eigenschaften der Ideallösung zukommt, so bestimmt sich die technische Wertigkeit x zu

$$x = \frac{p_1 + p_2 + \ldots + p_n}{n \cdot p_{\max}} = \frac{\sum_{i=1}^{n} p_i}{n \cdot p_{\max}} .$$

Eine technische Wertigkeit über $x = 0{,}8$ ist im allgemeinen als sehr gut, eine von $x = 0{,}7$ als gut und eine unter $x = 0{,}6$ als nicht befriedigend zu bezeichnen. Schwachstellen lassen sich im Bewertungsschema erkennen, da etwa 2,5 Punkte einer Durchschnittslösung entsprechen [VDI-69]. Die Ermittlung der technischen Wertigkeit x setzt voraus, daß die zu bewertenden Eigenschaften von etwa gleicher Bedeutung sind. Glaubt man, daß dies nicht zutreffe, so kann man auch hier mit einer gewichteten technischen Wertigkeit arbeiten, wie sie in Kapitel 6.1.2 (Bild 6.3) beschrieben ist. Bild 6.25 zeigt die Bestimmung der technischen Wertigkeit prinzipiell.

(2) Wirtschaftliche Wertigkeit

Die wirtschaftliche Wertigkeit einer Konstruktion wird nach VDI 2225 [VDI-69] ausschließlich aus den Herstellkosten abgeleitet. Dies geschieht auf der Basis der Zuschlagskalkulation, welche die Selbstkosten *SK*, die Preis und Gewinn bestimmen und sich aus den Herstellkosten *HK* und anteilig aus den Entwicklungs- (*EtwGK*), den Verwaltungs- (*VwGK*) und den Vertriebsgemeinkosten (*VtGK*) zusammensetzen, als proportional zu den Herstellkosten ansieht.

$$SK = HK + \left(EtwGK + VwGK + VtGK\right),$$
$$SK = \alpha \cdot HK .$$

Die verschiedenen Gemeinkosten werden den Herstellkosten in Form des Faktors α zugeschlagen.

Nr.	Technische Eigenschaften	Punktzahlen (0 ... 4)				
		1. Entwurf	2. Entwurf	...	m. Entwurf	Ideal
1	minimale Zahl der Konstruktionsteile	3	4	...	...	4
2	minimaler Raumbedarf	2	3	...	...	4
3	Einfachheit der Bearbeitung	2	4	...	...	4
4	Geräuschlosigkeit	[1]	2	...	...	4
5	Geringer Wartungsaufwand	3	3	...	...	4
.						
n	...	...	...	...	...	...
Punktsumme $\sum_{i=1}^{n} p_i$		11	16	...	...	20
techn. Wertigkeit x		0,55	0,80	...	...	1

Bild 6.25: Prinzipielles Beispiel zur Bestimmung der technischen Wertigkeit

☐ Schwachstelle

Zur Bestimmung der wirtschaftlichen Wertigkeit y ist es nötig, eine wirtschaftliche Ideallösung zu definieren, der Herstellkosten als "ideal" angenommen werden. Die für die Realisierung einer Konstruktion zulässigen Herstellkosten HK_{zul} ergeben sich aufgrund einer Marktuntersuchung aus dem niedrigsten ermittelten Marktpreis gleichwertiger Erzeugnisse. Die VDI-Richtlinie empfiehlt, die idealen Herstellkosten HK_i zum 0,7-fachen von HK_{zul} anzusetzen:

$$HK_i = 0{,}7 \cdot HK_{zul} .$$

Daraus folgt die wirtschaftliche Wertigkeit zu

$$y = \frac{HK_i}{HK} = \frac{0{,}7 \cdot HK_{zul}}{HK} ,$$

wobei die Herstellkosten HK eines Erzeugnisses sich ergeben aus der Summe der Material- (MK), der Lohn- bzw. Fertigungseinzelkosten (LK) und der Fertigungsgemeinkosten (FGK) zu

$$HK = MK + LK + FGK$$

mit $FK = LK + FGK$ als Fertigungskosten. Diese Fertigungskosten werden üblicherweise mit Hilfe der Zuschlagskalkulation (Zuschlag der Fertigungsgemeinkosten über einen mittleren Gemeinkostenfaktor $\overline{g}_F$ auf die produktiven Lohnkosten LK:

$$FK = \left(1 + \overline{g}_F\right) \cdot LK\,;$$

vorwiegend bei Einzel- und Serienfertigung, nicht bei Massenfertigung) oder der Platzkalkulation (jede Maschine bzw. jeder Arbeitsplatz erhält einen besonderen Kostenansatz, der alle der Maschine oder dem Arbeitsplatz zugeordneten Kosten enthält) ermittelt. Die Materialkosten lassen sich vom Konstrukteur relativ leicht über die Brutto-Werkstoffkosten WK_b und die Zulieferkosten ZK errechnen, denen die anfallenden Werkstoff- und Zuliefergemeinkosten in Form mittlerer Gemeinkostenfaktoren ($\overline{g}_W$ bzw. $\overline{g}_Z$) zugeschlagen werden:

$$MK = WK_b \left(1 + \overline{g}_W\right) + ZK \left(1 + \overline{g}_Z\right).$$

Man ermittelt die Brutto-Werkstoffkosten anhand des maßstäblichen Entwurfs über das Brutto-Volumen V_b der Einzelteile und die volumenspezifischen Materialkosten k_V:

$$WK_b = V_b \cdot k_V\,.$$

Bezieht man k_V auf die spezifischen Kosten k_{V0} eines Basismaterials (in VDI 2225: warmgewalzter Rundstahl Ust 37-2 mittlerer Abmessungen, 35 mm bis 100 mm Durchmesser, Maßnorm DIN 1013, bei einer Bezugsmenge von 1000 kg), so lassen sich diese relativen spezifischen Werkstoffkosten

$$k_V^{\,*} = \frac{k_V}{k_{V0}}$$

tabellieren (Tabelle in VDI 2225, Blatt2 [VDI-69]).

Kann man den zu bewertenden Entwurf einer Erzeugnisgruppe zuordnen, für die der prozentuale Materialkostenanteil $MK_{\%}$ aus der Kostenstruktur, dem Verhältnis der prozentualen Kostenanteile

$MK_{\%} : LK_{\%} : FGK_{\%} =$ konstant,

bekannt ist, dann lassen sich die Herstellkosten bestimmen aus

$$HK = \frac{MK}{MK_{\%}} \cdot 100\,\% .$$

Bild 6.26 zeigt die prinzipielle Berechnung der wirtschaftlichen Wertigkeit für eine Entwurfsalternative. Eine wirtschaftliche Wertigkeit $y = 0{,}7$ bedeutet ein gutes Ergebnis, da dann die erreichten Herstellkosten den zulässigen entsprechen.

Nr.	Stückzahl	Teil	Werkstoff	Bruttovolumen [cm³] 1)	spez. Kosten k_V^* 2)	spez. Kosten k_V^* [DM/cm³] 3)	Zuschlag $1+\bar{g}_W$; $1+\bar{g}_Z$	Materialkosten [DM]
1	1	Tragwerk	GG-20	2130	2,3	$16{,}33 \cdot 10^{-3}$	1,2	41,74
2	1	Riemenscheibe	GG-38	340	4,6	$32{,}66 \cdot 10^{-3}$	1,2	13,33
3	1	Welle	St 50-2	320	1,1	$7{,}81 \cdot 10^{-3}$	1,2	3,00
4	4	Lagerdeckel	USt 37-2	410	1,0	$7{,}10 \cdot 10^{-3}$	1,2	3,49
...	...	...	...	...	...	...	...	...
		<u>Zulieferteile:</u>						
5	2	Rillenkugellager nach DIN 1025		(Einzelpreis 3,30 DM)			1,1	7,26
		<u>Kleinteile:</u>						
6	20 2	Schrauben Paßfedern	}	10% der Werkstoffkosten, also 6,16 DM			1,1	6,78
...	...	...						

$HK_{zul} = 170$,- DM	Summe der Materialkosten MK	75,60
$HK_i = 0{,}7 \cdot HK_{zul}$	Prozentualer Materialkostenanteil $M_{\%}$ 4)	43%
$HK_i = 119$,- DM	Herstellkosten $HK = \frac{MK}{MK_{\%}} \cdot 100\%$	175,81
Wirtschaftliche Wertigkeit $y = \frac{HK_i}{HK}$		0,68

Bild 6.26: Prinzipielles Beispiel zur Bestimmung der wirtschaftlichen Wertigkeit

1) Aus Zeichnung im allgemeinen nur Nettovolumen entnehmbar, eventuell über Zuschlagsfaktor umrechnen.
2) k_V^* aus Tabelle VDI 2225, Blatt 2 [VDI-69].
3) Gerechnet mit $k_{V0} = 7{,}1 \cdot 10^{-3}$ DM/cm³; $k_V = k_V^* \cdot k_{V0}$; Stand 1997.
4) Wert angenommen.

Eine scharfe Trennung der technischen und wirtschaftlichen Wertigkeit ist nicht möglich, da viele wirtschaftliche Faktoren, die sich nicht auf die Herstellkosten direkt beziehen lassen, als technische Eigenschaften beschrieben werden müssen.

(3) s-Diagramm

Als graphische Darstellung des technisch-wirtschaftlichen Vergleichs wird das s-Diagramm entsprechend Bild 6.27 benutzt. Die "Stärke" *s* einer Lösung ist in diesem Koordinatensystem durch den Punkt s_i mit den Koordinaten x_i und y_i gekennzeichnet. Eine gesunde Entwicklung wird in der Nähe der idealen Entwicklungslinie verlaufen, sich stufenweise dem Idealwert ($x = 1$, $y = 1$) nähern, ohne ihn jemals zu erreichen (vgl. angenommenes Beispiel). Trägt man die jeweiligen Stufen der Entwicklung ein, so wird im Verlaufe der Entwicklung sowohl der technische als auch der wirtschaftliche Fortschritt deutlich.

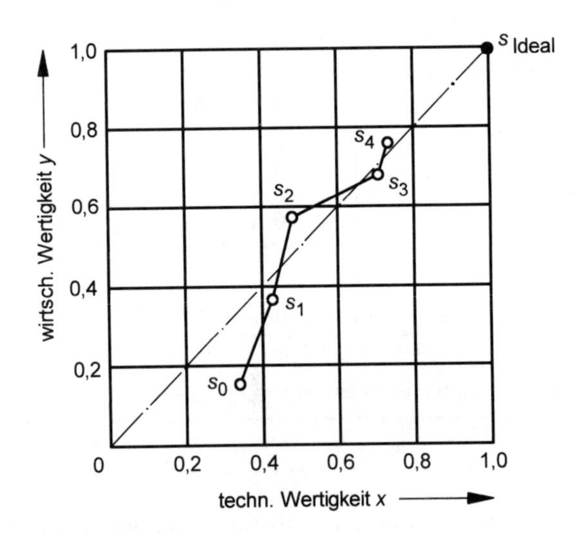

Bild 6.27: Das s-Diagramm

— • — • — Entwicklungslinie, Idealverlauf

———— Entwicklungslinie, angenommener realer Verlauf

Das technisch-wirtschaftliche Bewertungsverfahren bestimmt die technische Wertigkeit durch Messen der Alternativen-Eigenschaften an Kriterien, die wirtschaftliche Wertigkeit mit Hilfe eines Kalkulationsverfahrens.

Dadurch werden die Herstellkosten ebenso stark betont wie alle anderen Kriterien zusammen.

6.5.3 Kosten-Nutzen-Gesamtwert

Der Wert einer Konstruktion ist das Verhältnis von Nutzen zu Aufwand. Verschiedene Wertmaßstäbe wie Qualität (Leistung, Funktionserfüllung, Zuverlässigkeit, Güte, ...), Rentabilität (Verhältnis von Gewinn zu Kapitaleinsatz, Wirtschaftlichkeit in Bezug zur gebotenen Qualität) und Aktualität (zeitliche Zusammenhänge von Termin, Bedarfsdeckung, Markt, Neuheit, Mode, Saison, ... zur gebotenen Qualität) führen je nach Betrachtungsrichtung zu verschiedenen Wertbegriffen wie Gebrauchswert, Geltungswert, Marktwert, Prestigewert u. ä..

Werden während des Konstruktionsprozesses die getroffenen Entscheidungen regelmäßig kontrolliert und mit solcher Genauigkeit, wie Fakten anfallen, bewertet, so dürfte ein hoher Gesamtwert des Konstruktionsergebnisses garantiert sein. Am sichersten ist hierfür eine Methode, die den Gesamtkomplex der Bewertung aufgliedert in gut übersehbare, inhaltlich zusammengehörige Teilbereiche, also Teilwerte ermittelt, die in ihrer Summe zu einem Gesamtwert führen. Dabei lassen sich Schwachstellen in den einzelnen Bereichen dann gut erkennen, wenn jeder Teilwert aus Erfüllungsgraden der (wichtigsten!) Kriterien ermittelt wird.

Sinnvoll ist es, einen technischen Teilwert einem wirtschaftlichen Teilwert gegenüberzustellen, wie dies die Richtlinie VDI 2225 auch vorsieht. Wenn allerdings die Kostenstruktur eines Produktes nicht bekannt ist, z. B. bei einer Neukonstruktion oder einer Änderungskonstruktion mit neuem Technologieeinsatz, so muß der technische Teilwert anhand beurteilbarer Einzelkosten-Aussagen ermittelt werden.

Technischer Teilwert (Nutzen)

Zur Ermittlung des technischen Teilwertes werden die bewertungsrelevanten Anforderungen aus Anforderungsliste, Vor-Nachteile-Katalog, ähnlichen Aufgabenstellungen und Erfahrung zusammengetragen und als Bewertungskriterien — z. B. nach einer Gewichtung bzw. Vorauswahl — in den Bewertungsprozeß eingebracht. Sie resultieren aus den Bereichen physikalisch-technische Funktion, Mensch-Produkt- bzw. Umwelt-Beziehungen und Herstellbarkeit, sofern sich daraus keine Wirtschaftlichkeitskriterien ableiten lassen.

Zur Berechnung der technischen Wertigkeit w_t bzw. eines entsprechenden Nutzwertes kann ein Formblatt ähnlich dem in Bild 6.21 in Kapitel 6.4.3 benutzt werden.

Wirtschaftlicher Teilwert (Kosten)

Wirtschaftlichkeit ist das Verhältnis von Kosten zu Leistung (Nutzen), von Kosten zu Gebrauchstauglichkeit. Der wirtschaftliche Teilwert von Lösungsalternativen läßt sich somit aus mehreren Wirtschaftlichkeitskriterien bestimmen. Diese folgen einerseits aus den durch betriebswirtschaftliche Verfahren berechenbaren Kostenarten, im allgemeinen quantitativ angebbar, und andererseits aus einer Art betriebswirtschaftlichem Mehraufwand, der meist nur über Diagramme, Kennziffern oder Analogiebetrachtungen geschätzt und somit im allgemeinen nur qualitativ angegeben werden kann, vgl. Kapitel 5.5.3.

Zur Berechnung der wirtschaftlichen Wertigkeit w_w bzw. des entsprechenden Nutzwertes kann das gleiche Formblatt benutzt werden wie zur Berechnung der technischen Wertigkeit (vgl. Bild 6.21 in Kapitel 6.4.3).

Bild 6.28 zeigt die Ermittlung des Kosten-Nutzen-Gesamtwertes aus der technischen und der wirtschaftlichen Wertigkeit. Die beispielhaft eingetragenen Alternativen A1, A2 und A3 im w_w-w_t-Diagramm verdeutlichen eine technisch sehr gute aber zu teure Lösung (A1), eine wirtschaftlich günstige aber technisch schwache Lösung (A2) und eine technisch-wirtschaftlich ausgewogene und gute Lösung (A3).

Jeder Punkt in diesem Graphen entspricht einem ganz bestimmten Gesamtwert einer Konstruktion. Eine gesunde Entwicklung wird zu Produkten führen, die dem Idealwert möglichst nahe kommen.

6.5.4 Produktbewertung aus der Sicht des Kunden

Spätestens seit der Arbeit von RUPPEL [RUP-65] aus dem Jahre 1965 weiß man, daß für den Kunden das wesentliche beim Kauf eines bestimmten Produkts nicht das objektive Reale (Denotation des Produkts) ist, sondern das, was er dafür hält, die Bedeutung des Produkts (Konnotation), eine Art subjektive Schein-Objektivität. Diese drückt sich in dem Produkt-Image aus, das durch geistige Filterung eingehender Informationen entsteht und dafür entscheidend ist, wie das Individuum auf die Reize antwortet, die vom Produkt, vom Hersteller und von der Werbung ausgehen. Damit führt

Firma	Punktbewertung (0...4) Wirtschaftlicher Teilwert für:					zu Auftrag:
Kriterien-inhalt	Mindest-Erf.	Soll	Ideal-Erf.	Krit.-Gew.	Alternative A 1	Alternative A 2	Alternative A 3
Geringe Materialkosten	M_M	M_S	M_I	g_1	p_{11} / n_{11}	p_{12} / n_{12}	p_{13} / n_{13}
Geringe Qualitätskosten	Q_M	Q_S	Q_I	g_2	p_{21} / n_{21}	p_{22} / n_{22}	p_{23} / n_{23}
Geringe Wartungskosten	W_M	W_S	W_I	g_3	p_{31} / n	p_{32} / n_{32}	p_{33}

Beispiel:

	A 1	A 2	A 3
w_w	0,10	0,70	0,75

Wirtschaftlicher Teilwert

w_w 1,0 0,5 0 A 2 A 3 A 1 0 0,5 1,0 w_t

Beispiel:

	A 1	A 2	A 3
w_t	0,80	0,2	0,75

Technischer Teilwert

Firma	Punktbewertung (0...4) Technischer Teilwert für:					zu Auftrag:
Kriterien-inhalt	Mindest-Erf.	Soll	Ideal-Erf.	Krit.-Gew.	Alternative A 1	Alternative A 2	Alternative A 3
Verstellbereich	a	b	c	g_1	p_{11} / n_{11}	p_{12} / n_{12}	p_{13} / n_{13}
Genauigkeit	%	%	‰	g_2	p_{21} / n_{21}	p_{22} / n_{22}	p_{23} / n_{23}
Betriebslage	=	⊀	.+	g_3	p_{31} / n	p_{32} / n_{32}	p_{33}

Bild 6.28: Kosten-Nutzen-Gesamtwert aus technischem und wirtschaftlichem Teilwert

die Summe aus Gebrauchswert und Geltungswert eines Produkts zur Kaufentscheidung.

Der Gebrauchswert ist in der Wertanalyse [VDI-70a] definiert als der Geldwert der Funktionen, die zur technisch-funktionalen Zweckerfüllung eines Erzeugnisses oder einer Dienstleistung notwendig sind. Er ist objektiv meßbar und für den Kunden u. a. über Verbraucherzeitschriften zugänglich. Der Geltungswert ist der Geldwert von Funktionen, die zur Bedürfnisbefriedigung oder Verkäuflichkeit eines Produkts beitragen, jedoch für die technisch-funktionale Zweckerfüllung nicht notwendig sind [GUT-73]. Er kann, als Summe von Prestigewert und ästhetischen Wert, als der Befriedigungswert des Produkts bezeichnet werden. Welche Produkteigenschaften Träger dieses Wertes sind, ist von den sozio-genetischen Bedürfnissen des Käufers (angeborene, anerzogene und auferlegte Verhaltensnormen) abhängig, die aus dem sozio-kulturellen Umfeld, indem der Mensch aufwächst und lebt, resultieren. Diese Bedürfnisse artikulieren sich in subjektiven und emotionalen Aussagen. Der Befriedigungswert eines Produkts wird ausschließlich über dessen Image vermittelt. Grundsätzlich trifft dies sowohl für Konsum- als auch für Investitionsgüter zu, wenn auch bei Investitionsgütern der Einfluß des Gebrauchswertes sehr hoch ist.

Zum Anstoß für den Kauf eines Produkts kommt es durch die kognitive Dissonanz, einer psychischen Spannung mit motivationalem Charakter, bedingt durch das Bild des Kunden von sich selbst und seiner Umwelt [HÖR-66]. Der Käufer kann, um diese Dissonanz zu reduzieren, entweder sein Bedürfnisprofil dem Güterprofil anpassen (Akzeptieren von Neuerungen und Modeströmungen etc.) oder aber das Güterprofil dem Bedürfnisprofil (z. B. Ablehnen extravaganter Lösungen). Inwieweit der einzelne zu diesem Anpassungsprozeß bereit ist, hängt außer von seinem "ästhetischen Geschmack" [MAS-70] auch ab von seiner Sicherheits- oder Erfolgsorientierung [HÖR-66, KAT-62], von seiner Schicht-Zugehörigkeit [WIS-72], seinem Einkommen [MYE-71], dem gesellschaftlichen Prestige seines Berufs und von seiner Bildung [COR-71].

6.6 Die Aussageunsicherheit bei der Wertfindung

Die obigen Bewertungsrichtlinien sollen eine möglichst optimale stoffliche Verwirklichung durch Auswahl der "richtigen" Lösungsalternative erhoffen lassen. Voraussetzung hierfür sind Informationen über das zu erwartende

Verhalten bzw. die Eigenschaften der betrachteten Lösungsalternativen. Es tritt zu den errechneten Nutzen-Erwartungen ein Risikoverhalten hinzu; denn es gibt in jeder Entscheidungssituation für den Entscheidenden Umweltbedingungen, die er nicht unmittelbar beeinflussen und deren zukünftigen Änderungen er nur mit einer mehr oder weniger großen Unsicherheit vorhersagen kann. Die generelle Unsicherheit bei Entscheidungssituationen resultiert aus folgenden Gegebenheiten:

- Informationsgewinnung:
  In der Regel verfügt der Mensch als Individuum in den Entscheidungssituationen über keine vollständigen Informationen bezüglich der zu verfolgenden Ziele und der auszuwählenden Alternativen. Da die Konsequenzen der Entscheidung in der Zukunft liegen, muß das Vorstellungsvermögen des Menschen die fehlende Information über die Konsequenzen ersetzen. Dieses Vorstellungsvermögen ist aber nur unvollkommen ausgebildet; ingenieurmäßige Phantasie jedoch ist ein typisches Merkmal guter Konstrukteure.

- Informationsverarbeitung:
  Der Mensch ist oft nicht in der Lage, die verfügbaren Informationen in einer vorgegebenen Zeitspanne ausreichend zu verarbeiten und ebensowenig, die Konsequenzen der einzelnen Handlungsalternativen und Ziele zu erfassen und rangmäßig zu bewerten. Die Auswahl der Ziele und Alternativen erfolgt beim Menschen grundsätzlich sukzessive.

- Ausgangslage:
  In jede Entscheidungssituation fließen nicht nur problembezogene Informationen ein, sondern auch Erfahrungen des Individuums aus früheren Entscheidungssituationen und der daraus resultierende Erfolg oder Mißerfolg von Handlungen.

Für die Entscheidungssituationen während der einzelnen Phasen des technischen Problemlösungsprozesses von der Aufgabenstellung bis zum "verstofflichten" Produkt ergibt sich somit eine Unsicherheit, die mit zunehmendem Realisierungsgrad kleiner wird. Ein fertiges Produkt bietet hinsichtlich der Wertfindung die höchstmögliche Sicherheit: Seine objektiv erfaßbaren (meßbaren) Eigenschaften sind — innerhalb des Bestimmungs-Toleranzbereichs — mit absoluter Sicherheit, seine subjektiv erfaßbaren Eigenschaften mit statistischer Sicherheit feststellbar. Diese Sicherheit (*Sh*) hat mit dem "Wert" ("Güte", "Stärke") einer Lösung nichts zu tun.

Sieht man alle Bewertungsprozesse während der Planungsphase als mit Ergebnis abgeschlossen an und definiert man die Unsicherheit (*USh*) einer

Bewertung als

$$USh = 1 - Sh,$$

so ergibt sich der in Bild 6.29 dargestellte schematische Verlauf einer abklingenden e-Funktion, der dem Aufladen eines "Konkretisierungs"-Speichers entspricht. Näherungsweise dürfte dieser Verlauf – zumindest während der Phase des Konzipierens – der Ausfallwahrscheinlichkeit der Lösungsprinzipalternativen (Gesamtanzahl A_0) entsprechen:

$$A(t) = A_0 \cdot e^{-\lambda t_k},$$

wobei die Ausfallrate λ, welche die Anzahl der noch verbliebenen Alternativen $A(t)$ zur Zeit t_k nach Beginn der Lösungssuche mitbestimmt, außer vom Aufgabentyp auch von den Fähigkeiten und Kenntnissen des Bearbeiters abhängt.

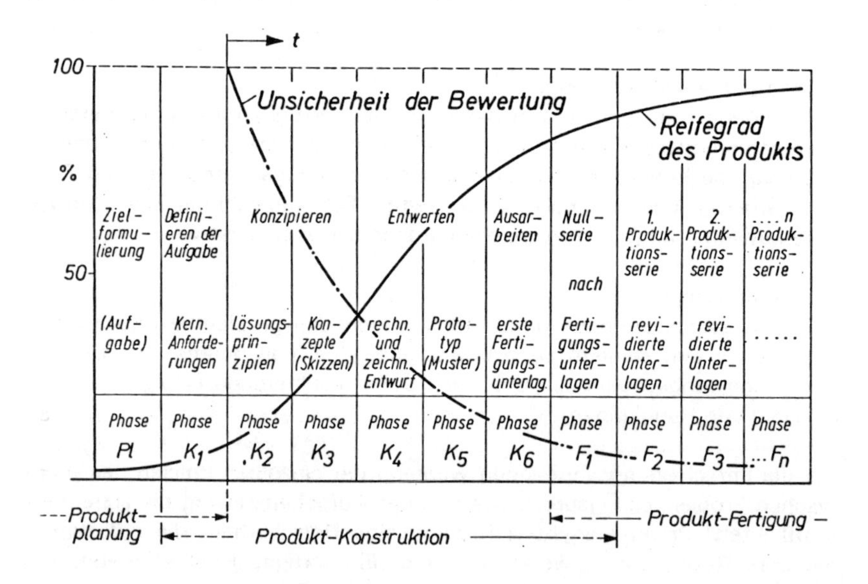

Bild 6.29: Unsicherheit der Bewertung und Reifegrad des Produkts in Abhängigkeit von den Problemlösungsphasen K_2 ... F_n

Sobald die Unsicherheit der Bewertung nur noch 10 % oder weniger beträgt, wird man von einem Abschnitt mit relativ sicheren Bewertungsunterlagen sprechen, wie diese während der Produktfertigung im allgemeinen vorliegen.

Bei der Produktentwicklung können u. a. folgende Quellen der Ungewißheit auftreten, vgl. z. B. auch [ZAN-70]:

- Das Projekt beruht auf einer Konzeption, der noch zum Teil unvollkommen erforschte wissenschaftliche Theorien oder physikalische Prinzipien zugrunde liegen.

- Die zur Realisierung des Projekts erforderlichen Technologien sind noch zu neu oder in der Serienfertigung noch nicht erprobt.

- Die noch fehlenden technischen und technologischen Voraussetzungen können innerhalb der Zeit- und Kostengrenzen möglicherweise nicht geschaffen werden.

- Die Konjunkturentwicklung (besonders mittel- und langfristig) bringt im Bereich des Markts eine schwer vorhersehbare ökonomische Ungewißheit. Das gleiche gilt für unvorhersehbare Verhaltensweisen der Konkurrenz.

- Die Ungewißheit von Kostenschätzungen steigt oft überproportional mit der Entfernung des Planungshorizonts.

- Die Ermittlung relevanter Kriterien hängt sehr stark von den zukünftigen maßgebenden Umweltbedingungen ab. Kriterien werden überholt, neue kommen hinzu.

- Die zukünftigen Marktgegebenheiten, besonders für kommerzielle Güter, sind mit erheblicher Ungewißheit behaftet.

Jeder Entwicklungsstand bezieht sich auf einen bestimmten Zeitpunkt. Somit besitzt jedes Konstruktionsergebnis einen "Zeitwert". Demzufolge können auch die Produkteigenschaften während der Konstruktions-, Fabrikations- und Einsatzphase nur zu einem festen Zeitpunkt mit einer bestimmten Unsicherheit angegeben und bewertet werden. Die Wertverläufe der zu beurteilenden Bewertungskriterien in Abhängigkeit von der Zeit sind voneinander verschieden und im allgemeinen nicht vorhersehbar.

Obwohl für die Entscheidungsfindung verschiedene Entscheidungsregeln entwickelt wurden (vgl. auch z. B. [GUT-73, HUR-51, WEN-71, ZAN-70]), wird eine Entscheidungssituation während des Konstruktionsprozesses lediglich zu einem zufriedenstellenden Ergebnis führen, welches — unabhängig von der adäquaten Informationsgewinnung — mehr "subjektiv ausgewählt" oder mehr "objektiv bestimmt" prognostiziert wird.

Der Entscheidende hat seine Entscheidungen um so vorsichtiger zu treffen, je weniger er über die einzelnen Bewertungskriterien einerseits und die tatsächlichen Istwerte der Alternativen andererseits weiß. In diesen Fällen wird im allgemeinen Teamarbeit von Vorteil sein.

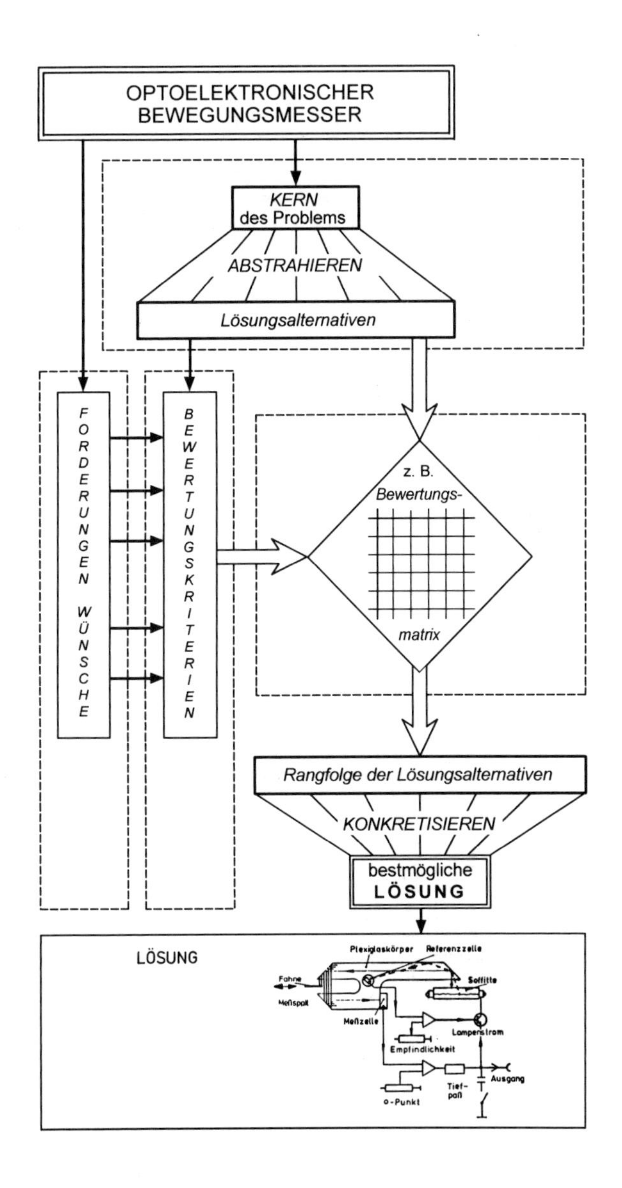

OPTOELEKTRONISCHER
BEWEGUNGSMESSER
KERN
des Problems
ABSTRAHIEREN
Lösungsalternativen
FORDERUNGEN WÜNSCHE
BEWERTUNGSKRITERIEN
z. B.
Bewertungs-
matrix
Rangfolge der Lösungsalternativen
KONKRETISIEREN
bestmögliche
LÖSUNG
LÖSUNG
Plexiglaskörper
Referenzzelle
Fahne
Meßspalt
Soffitte
Meßzelle
Lampenstrom
Empfindlichkeit
Ausgang
Tief-
paß
o-Punkt

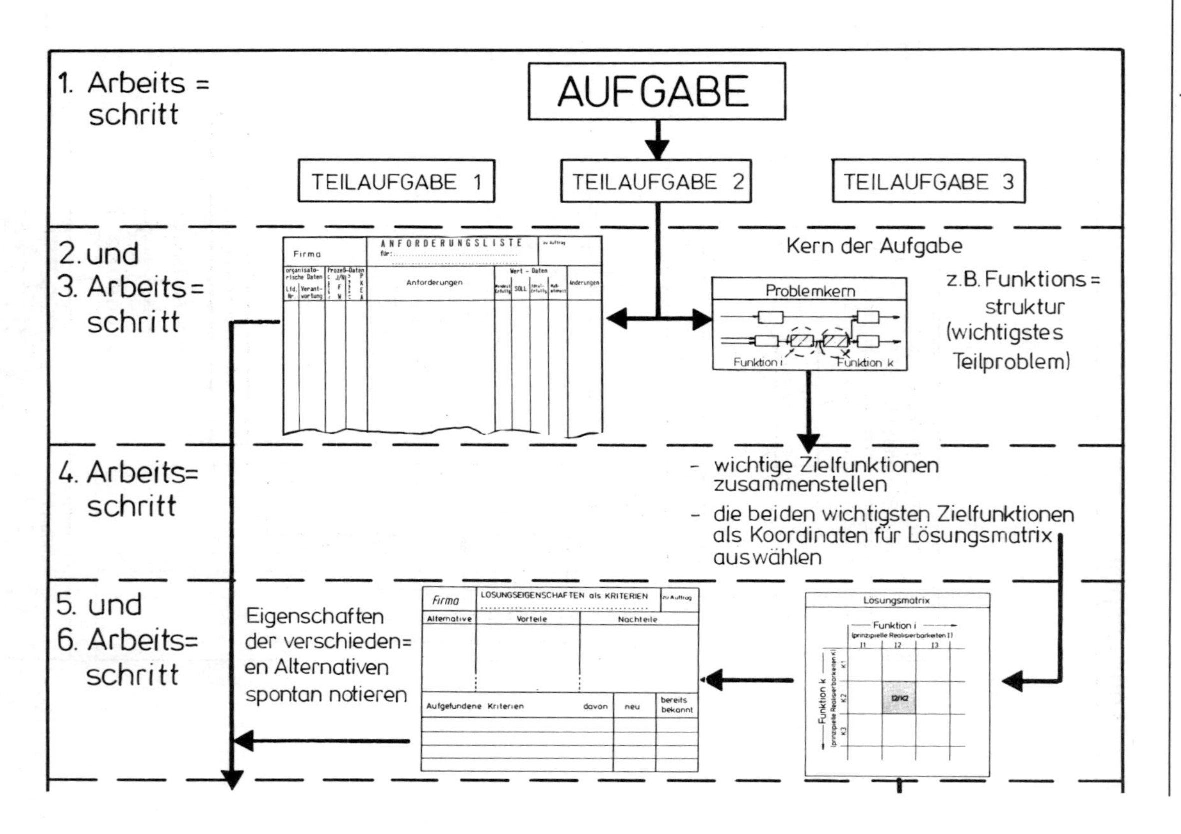
1. Arbeits = schritt
AUFGABE
TEILAUFGABE 1
TEILAUFGABE 2
TEILAUFGABE 3
2. und 3. Arbeits= schritt
ANFORDERUNGSLISTE
Firma
Anforderungen
Kern der Aufgabe
Problemkern
Funktion i
Funktion k
z.B. Funktions= struktur (wichtigstes Teilproblem)
4. Arbeits= schritt
- wichtige Zielfunktionen zusammenstellen
- die beiden wichtigsten Zielfunktionen als Koordinaten für Lösungsmatrix auswählen
5. und 6. Arbeits= schritt
Eigenschaften der verschieden= en Alternativen spontan notieren
Firma
LÖSUNGSEIGENSCHAFTEN als KRITERIEN
Alternative
Vorteile
Nachteile
Aufgefundene Kriterien
davon
neu
bereits bekannt
Lösungsmatrix
Funktion i
Funktion k

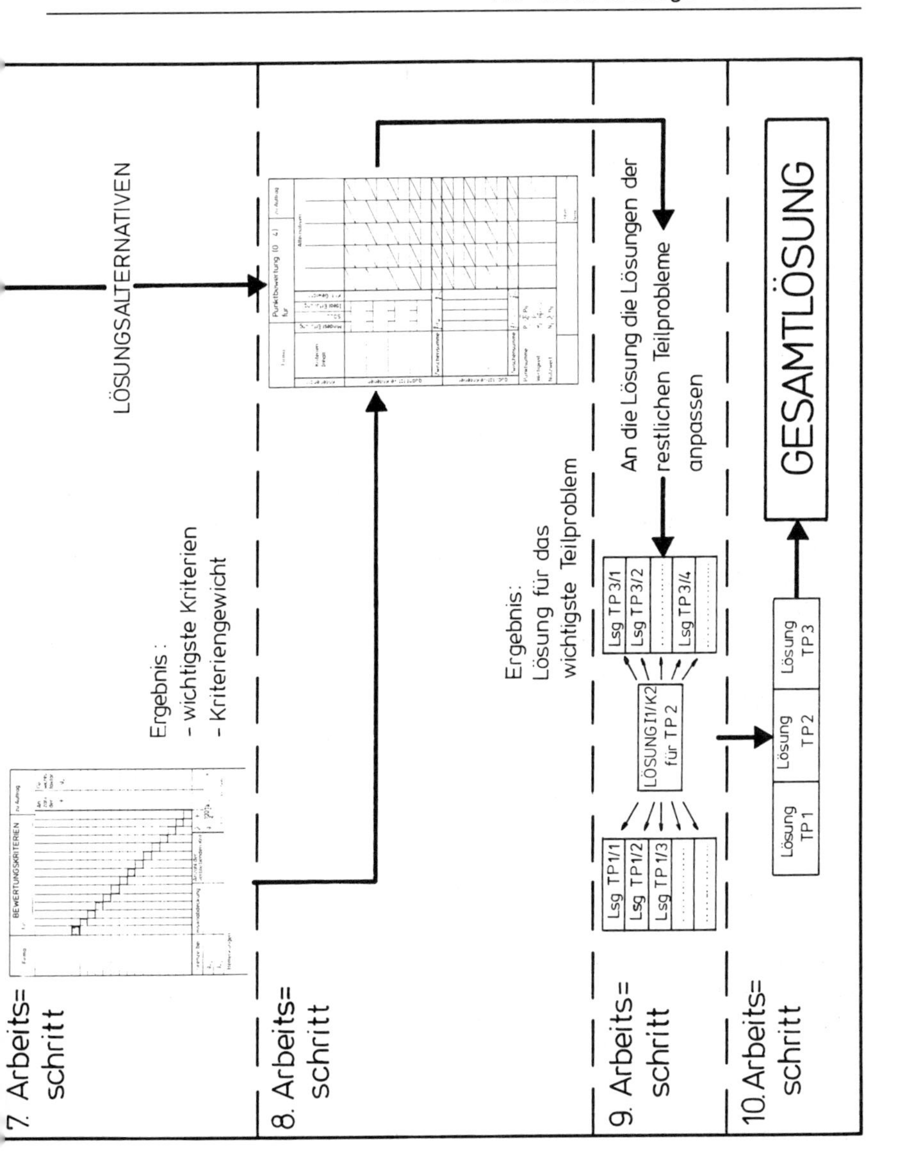

Bild 7.1: Der Weg von der Aufgabenstellung bis zu deren Lösung

7.1 Die notwendigen Arbeitsschritte

In der Darstellung auf den Seiten 244 und 245 (Bild 7.1) ist der Weg von der Aufgabenstellung bis zu deren Lösung in zehn Arbeitsschritte unterteilt. Sie enthalten die vom Autor empfohlenen Methoden und Formblätter.

7.2 Optoelektronischer Wegaufnehmer

Die Aufnahme von Weg-Zeit-Diagrammen an mechanisch bewegten Teilen spielt in der Technik eine zunehmend bedeutende Rolle. Spezielle Anforderungen an entsprechende Meßgeräte führten bereits 1969 zur Entwicklung eines berührungsfrei arbeitenden Wegaufnehmers [GER-69a]. Die bei der Fertigung dieses Aufnehmers gesammelten Erfahrungen des Verfassers haben ihn bewogen, dieses typisch feinwerktechnische Beispiel als Lehrbeispiel für das methodische Konstruieren aufzubereiten. Dabei werden die vom Verfasser erarbeiteten Unterlagen und Methoden angewendet und in zehn Arbeitsschritten dargestellt.

1. Arbeitsschritt

Aufgabenstellung

Zu entwickeln ist ein kleines, einfach zu handhabendes Meßgerät zum Erfassen von Wegen und Bewegungen an schnellen Mechanismen. Der Bewegungsvorgang muß elektrisch registriert werden können. Der Marktpreis soll nicht über 3000,— DM liegen.

Stand der Technik

Das Erkunden des Standes der Technik ist geräte- und eigenschaftsorientiert. Zeitlich läuft dieser Vorgang parallel zur Aufgabenpräzisierung ab. Der Markt bietet — zur Zeit der Geräteentwicklung — folgende Geräte an:

- Mechanischer Zeit-Weg-Kurvenschreiber,
- Zeit-Weg-Oszillograph nach der Potentiometermethode,
- Zeit-Weg-Oszillograph nach der Optronmethode,
- optische Zeit-Weg-Kurven durch paralleles Licht,
- optische Zeit-Weg-Kurven durch reflektiertes Licht,
- Bildserien-Fotografie und
- berührungslose Feindehnungsmessung.

Keines der aufgeführten Geräte erfüllt die Aufgabenstellung vollständig (vgl. auch Anforderungsliste; Bild 7.5 bis Bild 7.9). Lediglich die mit Licht berührungslos arbeitenden Meßprinzipien kommen der gesuchten Lösung am nächsten. Dies kann als Lösungshinweis im Auge behalten werden, darf aber keinesfalls die schöpferische Unbefangenheit beeinflussen.

Aufspalten in Teilaufgaben

Die komplexe Aufgabenstellung erfordert ein Aufspalten in Teilaufgaben (vgl. Bild 7.2), die spezielle Kenntnisse der Bearbeiter voraussetzen.

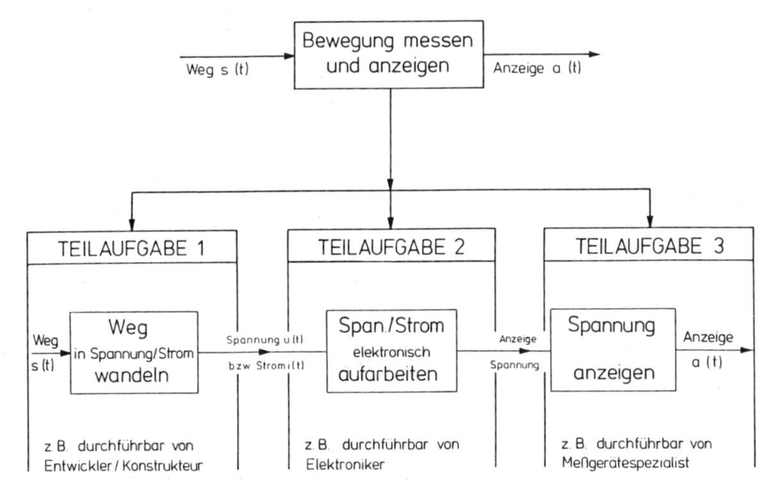

Bild 7.2: Zerlegen der komplexen Aufgabe "Bewegung messen und anzeigen" in Teilaufgaben

Die folgenden Arbeitsschritte beziehen sich ausschließlich auf die Teilaufgabe 1: Meßsonde.

Vorgabe des Lösungsprinzips

Mit Hilfe der zielfunktionsorientierten Matrix-Methode läßt sich eine Übersicht über mögliche Funktionsprinzipien erarbeiten wie in Bild 7.3 ansatzweise dargestellt. Anhand einer Bewertung (hier nicht gezeigt) erweist sich das Prinzip der Lichtstrommodulation als besonders geeignet; für die weitere Entwicklung des Aufnehmers ist damit das Meßprinzip vorgegeben.

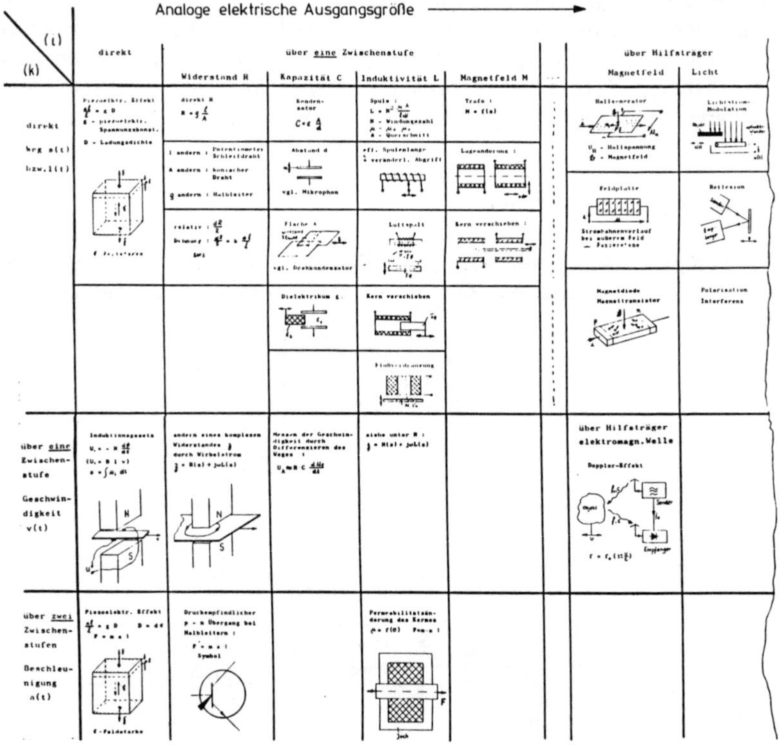

Analoge elektrische Ausgangsgröße →

(i) / (k)	direkt	über eine Zwischenstufe: Widerstand R	über eine Zwischenstufe: Kapazität C	über eine Zwischenstufe: Induktivität L	über eine Zwischenstufe: Magnetfeld M	...	über Hilfsträger: Magnetfeld	über Hilfsträger: Licht
direkt Weg s(t) bzw. l(t)	Piezoelektr. Effekt $\frac{\Delta l}{l} = g D$ g - piezoelektr. Spannungskonst. D - Ladungsdichte; F - Feldstärke	direkt R $R = \rho \frac{l}{A}$	Kondensator $C = \varepsilon \frac{A}{d}$	Spule: $L = N^2 \frac{\mu A}{l}$ N - Windungszahl $\mu = \mu_0 \cdot \mu_r$ A - Querschnitt	Trafo: M = f(s)		Hallgenerator U_H - Hallspannung H - Magnetfeld	Lichtstrom-Modulation
		l ändern: Potentiometer Schleifdraht; A ändern: konischer Draht; ρ ändern: Halbleiter	Abstand d; vgl. Mikrophon	eff. Spulenlänge ≙ veränderl. Abgriff	Lageänderung:		Feldplatte; Strombahnenverlauf bei äußerem Feld — [illegible]	Reflexion
		relativ: $\frac{dR}{R}$ Dehnung: $\frac{dR}{R} = k \frac{dl}{l}$ DMS	Fläche A; vgl. Drehkondensator	Luftspalt	Kern verschieben:		Magnetdiode Magnettransistor	Polarisation Interferens
			Dielektrikum ε	Kern verschieben				
				Flußverdrängung				
über eine Zwischenstufe Geschwindigkeit v(t)	Induktionsgesetz $U_i = -N \frac{d\Phi}{dt}$ $(U_i = B\,l\,v)$ $s = \int u_i\,dt$	ändern eines komplexen Widerstandes Z durch Wirbelstrom $Z = R(s) + j\omega L(s)$	Messen der Geschwindigkeit durch Differenzieren des Weges: $U_A \approx R \cdot C \frac{dU_E}{dt}$	siehe unter R: $Z = R(s) + j\omega L(s)$			über Hilfsträger elektromagn. Welle; Doppler-Effekt; Sender; Empfänger; $f = f_0 (1 \pm \frac{v}{c})$	
über zwei Zwischenstufen Beschleunigung a(t)	Piezoelektr. Effekt $\frac{\Delta l}{l} = g D$ D = dF; F = m · a !; E - Feldstärke	Druckempfindlicher p - n Übergang bei Halbleitern: F = m · a ! Symbol		Permeabilitätsänderung des Kernes μ = f(σ) F = m · a !; Joch				

↓ Bewegungsfunktion des Eingangs

Bild 7.3: Lösungsprinzip-Matrix (unvollständig) für Wegmesser

2. Arbeitsschritt

Anforderungsliste

Die Anforderungen an die zu entwickelnde Meßsonde sind – sortiert in die Gruppen: Physikalisch-technische Funktion, Herstellbarkeit, Wirtschaftlichkeit und Mensch-Produkt-Beziehungen – auf den folgenden Seiten in Bild 7.5 bis Bild 7.9 zusammengestellt.

3. Arbeitschritt

Black-Box

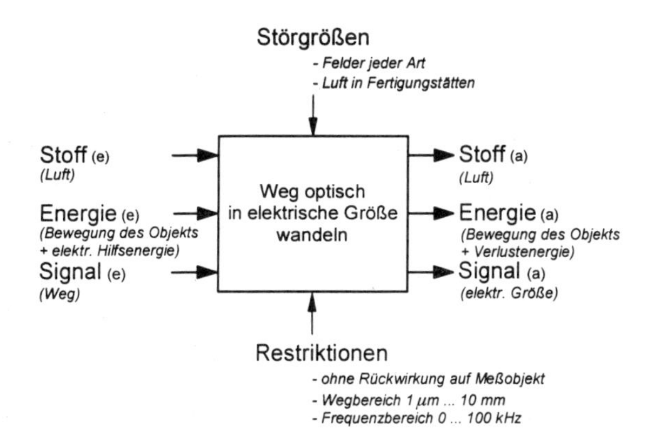

Bild 7.4: Black-Box

Funktionsstruktur

Das schrittweise Unterteilen der Gesamtfunktion "Weg optisch in eine elektrische Größe wandeln" führt zu Funktionsstrukturen, wie z. B. der folgenden in Bild 7.10 mit einem Referenzzweig zur Nachregelung des von der Lichtquelle ausgesandten Lichtstromes.

Elektromechanische Konstruktion Prof. Dr.-Ing. E. Gerhard	ANFORDERUNGSLISTE für: optoelektronischen Wegmesser	zu Auftrag

organisatorische Daten: Lfd. Nr.	Verantwortung	Prozeß-Daten: zu verstehen als J/N, F, W	als Kriterium für P, K, E, A	Anforderungen	Wert-Daten: Mindest-Erfüllg.	SOLL	Ideal-Erfüllg.	Maßeinheit	Änderungen
				Physikalisch-technische Funktion					
F1		J/N	P	Erfassen der Bewegung	" rückwirkungsfrei"				
F2		F	K	Veränderungen der Masse bzw. des Massenträgheitsmoments des Meßobjekts	< 2%	< 1%	0		
F3		J/N	P	Wegumsetzung in elektrisches Signal [s(t) → u(t) oder i(t)]	- analog -				
				Wegbereich:					
F4		F	P	untere Grenze	1,5	1	0,1	µm	
F5		F	K	obere Grenze	9,5	10	12	mm	
				Frequenzbereich:					
F6		J/N	P	untere Grenze	-	0	-	Hz	
F7		F	K	obere Grenze	2.10^4	5.10^4	10^5	Hz	
F8		W	E	Frequenzhandbreite dürfte bei hoher Auflösung (< 1µm) eventuell beschnitten werden auf	5.10^3	10^4	-	Hz	
F9		F	E	Empfindlichkeit der Sonde mit evtl. Verstärker (einstellbar)	1	2	2	V/mm	
F10		F	E	Drift bei Raumtemperatur (Zeitkonstanz)	0,5	0,1	-	%/h	
				Einsatztemperaturbereich:					
F11		F	E	untere Grenze	0	-10	-30	°C	
F12		F	E	obere Grenze	+50	+70	+90	°C	
F13		F	E	Zulässige Fehler bei den Extremtemperaturen	5%	1%	0,1%		
F14			P	Querempfindlichkeit	nicht gefragt				
F15	(Vertr.)	F	K/E	Funktionsbereiche	2	1			
F16		J/N	P	Material des Meßobjekts	- beliebig -				
F17		F	P/E	Magnetfeldeinfluß, Einfluß von elektrostatischen Feldern	- vernachlässigbar - (< 0,1%)				
F18		F	E	Erschütterungsempfindlichkeit		0,1	0	%	

J/N-Ja/Nein; F-Forderung; W-Wunsch; P-Prinzip; K-Konzept; E-Entwurf; A-Ausarbeitung.

Ersetzt Ausgabe vom:		Ausgabe: Blatt 1 von 5

Bild 7.5: Anforderungsliste für optoelektronischen Wegmesser – Blatt 1

Elektromechanische Konstruktion Prof. Dr.-Ing. E. Gerhard	ANFORDERUNGSLISTE für: optoelektronischen Wegmesser	zu Auftrag

organisatorische Daten: Lfd. Nr.	organisatorische Daten: Verantwortung	Prozeß-Daten: zu verstehen als J/N F W	Prozeß-Daten: als Kriterium für P K E A	Anforderungen	Wert-Daten: Mindest-Erfüllg.	Wert-Daten: SOLL	Wert-Daten: Ideal-Erfüllg.	Wert-Daten: Maßeinheit	Änderungen
F19		W	E	Einsatzklima		Mitteleuropa			
F20		F	K	Meßsondenform (Herankommen an bewegtes Objekt)	Ø 40 oder Ø 40	besonders schmal	1,5x Meß-weg		
F21		J/N	P	Signaleintritt		am Meßspalt			
F22		F	E	Meßspalthöhe	5	5	4,5	mm	plan-parallel
F23		F	E	Meßspalttiefe	17	20	25	mm	evtl. Radius
F24		J/N	E/A	Meßspaltbreite		4,5±0,5		mm	durch Gehäuse
F25		J/N	E	Zulässige Bauelemente im Meßspalt (Lichtein- und -austritt)		keine			
F26		...		Bestehender Rechtsschutz, Urheberrechte, Geschmacksmuster		keine			
F27		F	E/A	Einsatzbereich	Labor	übl. Fertigung	rauhe Fertigung		
F28		J/N	K	Betriebslage		alle Raumlagen			
F29		J/N	K/E	Kontur der Funktionselemente ("Innereien" der Sonde)		invariabel			
F30		F	E	Formstabilität längs		biegesteif	verwindgs.-steif		
F31	(Fert.)	F	E	Montage der Funktionseinheit	auf Chassis	vormontiert			
F32		F	E/A	Abkapselung gegen Fremdlicht	Fehler kl. 0,5% des Meßwerts	total außer am Meßspalt	total		

J/N-Ja/Nein; F-Forderung; W-Wunsch; P-Prinzip; K-Konzept; E-Entwurf; A-Ausarbeitung.

Ersetzt Ausgabe vom:		Ausgabe: Blatt 2 von 5

Bild 7.6: Anforderungsliste für optoelektronischen Wegmesser – Blatt 2

Elektromechanische Konstruktion Prof. Dr.-Ing. E. Gerhard					ANFORDERUNGSLISTE für: optoelektronischer Wegmesser					zu Auftrag
organisatorische Daten		Prozeß-Daten			Anforderungen	Wert - Daten				Änderungen
Lfd. Nr.	Verantwortung	zu verstehen als J/N F W	als Kriterium für	P K E A		Mindest-Erfüllg.	SOLL	Ideal-Erfüllg.	Maßeinheit	
F33	(Design)	W		A	Zulässige Verbindungselemente für Funktionsteile	Schrauben	Bolzen, Schaftschrauben			
F34		F		E	Schwingungen: unempfindlich gegen	Stöße auf Stativ	Stöße allgem.			
F35		F		E/A	Servicefreundlichkeit	nicht zum Öffnen verlokken	ausgesprochen unfreundlich			
F36		W		E	Elektrischer Schutz (Berührsicher)			Gehäuse als Masseschirm		
F37		F		K/E	Wärmeabfuhr von Lampe	nicht erforderlich	irgendwo kleiner Austritt			
F38		W		A	Abkapselung gegen Schmutz und Staub		dicht			
					Technologie (Herstellbarkeit)					
T1	(Fert.)	F		E	Herstellung mechan. Teile	mit vertretbarem Aufwand (wenig Fremdteile	mit Mitteln der eigenen Fertig.	einfachste Herstellung (keine Sondermaschine)		
T2		F		E	Elektrische Teile		kaufen			
T3		W			Halbzeuge			Profile benutzen		
T4	(Fert.)	F		A	Montageart	mit Vorr.	von Hand			

J/N-Ja/Nein; F-Forderung; W-Wunsch; P-Prinzip; K-Konzept; E-Entwurf; A-Ausarbeitung.

Ersetzt Ausgabe vom:		Ausgabe: Blatt 3 von 5

Bild 7.7: Anforderungsliste für optoelektronischen Wegmesser – Blatt 3

Elektromechanische Konstruktion Prof. Dr.-Ing. E. Gerhard				ANFORDERUNGSLISTE für: optoelektronischer Wegmesser					zu Auftrag
organisatorische Daten		Prozeß-Daten		Anforderungen	Wert - Daten				Änderungen
Lfd. Nr.	Verantwortung	zu verstehen als J/N F W	als Kriterium für P K E A		Mindest-Erfüllg.	SOLL	Ideal-Erfüllg.	Maßeinheit	
				Wirtschaftlichkeit					
W1	(Vertr.)	F		Erwartete Stückzahl	1	10	50	pro Auftrag	
W2	(Vertr.)	F	E	Herstellkosten für Sonde	100	80		DM	
W3		F		Gesamtinvestitionen für Fertigung und Montage	2000	1500		DM	
W4		J/N	E	Reparaturmöglichkeit	-	nur im Werk	-		
W5		F	K/E	Lebensdauer	2000	2000	10000	Betr. stunden	
W6		F		Werkzeug-Amortisation nach	100	50	2o	Stck.	
				Mensch-Produkt-Beziehung					
M1		F	E	Benutzungsart: Hinbringung an Meßstelle	mit verlängert. Hand		mit Hand		
M2		F	E	Befestigung der Sonde mit	Meßstativ		Normstativ		
M3		W	E	Befestigung an Sonde	Zapfen am Gehäuse		Gehäuse überall		
M4		F	E	Berührsicherheit nach		VDE			
M5	(Vertr.)	F	E/A	Oberfläche des Sondengehäuses	hart	kratzfest	kratzfest u. gleichmäß.		
M6		W	E	Linienführung des Sondengehäuses	nüchtern		solide		
M7	(Design)	W	E	Wenn mehr als eine Ausführung für Gesamtmeßbereich nötig (F 15)	ähnliches/gleiches Äusseres				

J/N-Ja/Nein; F-Forderung; W-Wunsch; P-Prinzip; K-Konzept; E-Entwurf; A-Ausarbeitung.

Ersetzt Ausgabe vom:		Ausgabe: Blatt 4 von 5

Bild 7.8: Anforderungsliste für optoelektronischen Wegmesser – Blatt 4

Elektromechanische Konstruktion
Prof. Dr.-Ing. E. Gerhard

ANFORDERUNGSLISTE

für: optoelektronischer Wegmesser

zu Auftrag

organisatorische Daten: Lfd. Nr.	organisatorische Daten: Verantwortung	Prozeß-Daten: zu verstehen als J/N F W	Prozeß-Daten: als Kriterium für P K E A	Anforderungen	Wert-Daten: Mindest-Erfüllg.	Wert-Daten: SOLL	Wert-Daten: Ideal-Erfüllg.	Wert-Daten: Maßeinheit	Änderungen
M8	Design	(J/N)		Griffpartie; wenn, dann 		"hinten"			
M9				Sicherheitstechnische Informationen		- keine -			
M10		W	E	Zugehörigkeit zu Produktfamilie	nicht notwendig		zu Sonde 440/3		
M11		W	A	Qualitätskodierung (440/3 ist Klasse 1,5)	Labormeßgerät Klasse 2,5				
M12		F	A	"Maul" als Element der Zweckkodierung	erkennbar	prägnant hervorgehoben			
M13		F	A	Bedienungskodierung	neutral	Gegenteil von griffsympath.			
M14		F	A(E)	Halterung für Stativ	1x	an mehreren Stellen	alle Raumkoordinaten		
M15		F	E/A	Fertigungskodierung	kein Bastlerlook	Serienlook			
M16		F/W	E	Preiskodierung	ordentlich solide	soll teuer aussehen			
M17		W	E	Zeitkodierung		als Investitionsgut			
M18		J/N	A	Produktgrafik- Inhalt 1) Typen-Nr.: 440/10 2) Typenschild 3) Name					

J/N-Ja/Nein; F-Forderung; W-Wunsch; P-Prinzip; K-Konzept; E-Entwurf; A-Ausarbeitung.

Ersetzt Ausgabe vom:

Ausgabe:

Blatt 5 von 5

Bild 7.9: Anforderungsliste für optoelektronischen Wegmesser – Blatt 5

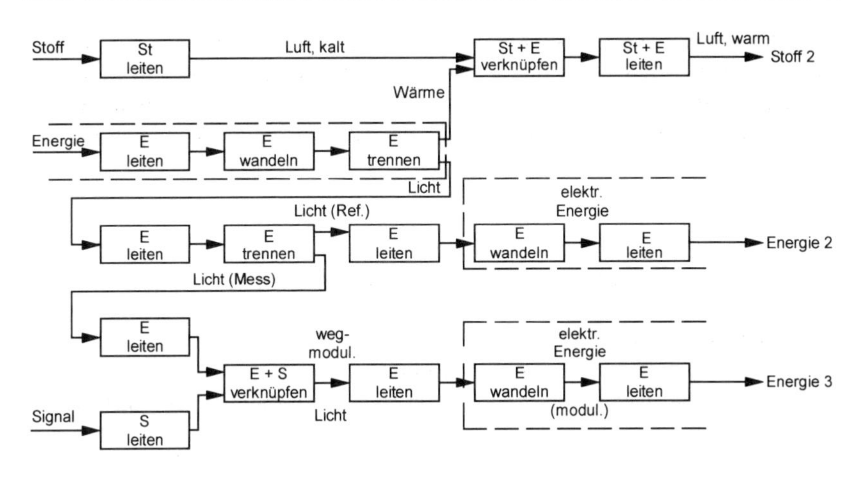

Bild 7.10: Beispiel einer Funktionsstruktur für die Gesamtfunktion "Weg optisch in eine elektrische Größe wandeln"

4. Arbeitsschritt

Wichtigstes Teilproblem

Nicht alle Funktionen aus der Funktionsstruktur sind zielrelevant.

- Stoff leiten, Stoff und Energie verknüpfen und weiterleiten: Eintretende Luft wird infolge von Verlustenergie erwärmt und tritt aus. Dies ist hier keine Konstruktionsaufgabe (vgl. Anforderung F 37 in Bild 7.7).
- Energie leiten, wandeln und trennen: Teilproblem "Licht erzeugen".
- Licht-Energie leiten, trennen, getrennt weiterleiten: Teilproblem "Unmoduliertes Licht führen".
- Signal leiten, mit Licht verknüpfen: Teilproblem "Modulation".
- Weg-moduliertes Licht weiterleiten: Teilproblem "Moduliertes Licht führen".
- Licht-Energie in elektrische Energie wandeln und weiterleiten: Teilproblem "optoelektronischer Wandler" (tritt zweimal auf).

Von diesen Teilproblemen ist "Unmoduliertes Licht führen" das wichtigste, denn es enthält die Problematik, diffuses Licht der Lichtquelle in paralleles Licht im Meßspalt – hier wird Licht-Energie mit dem Signal verknüpft – überzuführen und einen Lichtanteil für das Referenzsignal abzuspalten.

Zielfunktionen

Dieses wichtigste Teilproblem enthält die Zielfunktionen

- Licht-Energie trennen,
- Licht-Energie (Referenzstrahl) leiten und
- Licht-Energie (Meßstrahl) leiten mit gleichzeitigem Parallelisieren des Lichtes.

Als Koordinaten für die Lösungsmatrix kommen in Frage:

- Licht (-Energie) trennen und
- Licht (-Energie) parallelisieren.

5. Arbeitsschritt

Lösungsmatrix

Die prinzipiellen Realisierbarkeiten für die als Koordinaten der Lösungsmatrix (vgl. Bild 7.11) ausgewählten Zielfunktionen führen in ihrer Kombination zu Lösungen dieses Teilproblems.

Die nicht berücksichtigten Funktionen "Licht-Energie leiten" werden sinnvoll unter Berücksichtigung der Anforderungen bezüglich der prinzipiellen Sondengestalt eingearbeitet, insbesondere:

- F 20 Meßsondenform besonders schmal (Bild 7.6),
- F 21 ... F 24 Meßspaltabmessungen (Bild 7.6) sowie
- M 8 eventuelle Griffpartie (Bild 7.9).

Soll dies systematisch und vollständig geschehen, so ist eine Kombinationsmatrix nach Bild 7.12 sinnvoll.

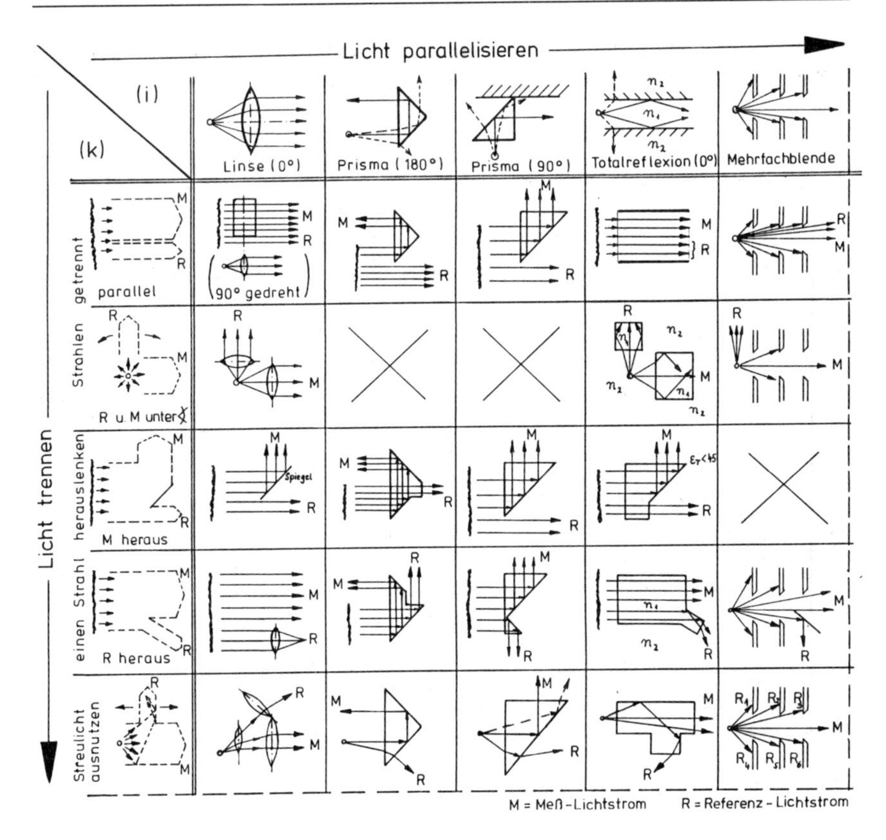

Bild 7.11: Lösungsmatrix für die wichtigsten Zielfunktionen des Teilproblems "Unmoduliertes Licht führen"

Kombinationsmatrix für die Grundgestalt

Die Kombinationsmatrix liefert Gestaltkonzepte entsprechend den Anforderungen an die Sondengestalt, wenn als Koordinaten folgende Zielfunktionen dienen:

- Licht trennen und parallelisieren (Lösungsalternativen aus vorstehender Lösungsmatrix in Bild 7.11, lediglich um solche vermindert, die den Anforderungen an die Sondengestalt nur unbefriedigend genügen: Spalte 1 und Zeile 2; oder zu geringe Lichtausbeute liefern: Spalte 5).

- Licht leiten und gleichzeitig noch weiter parallelisieren.

In der folgenden Kombinationsmatrix sind lediglich fünf Alternativen mit linien- bzw. flächenförmigen Lichtquellen skizziert.

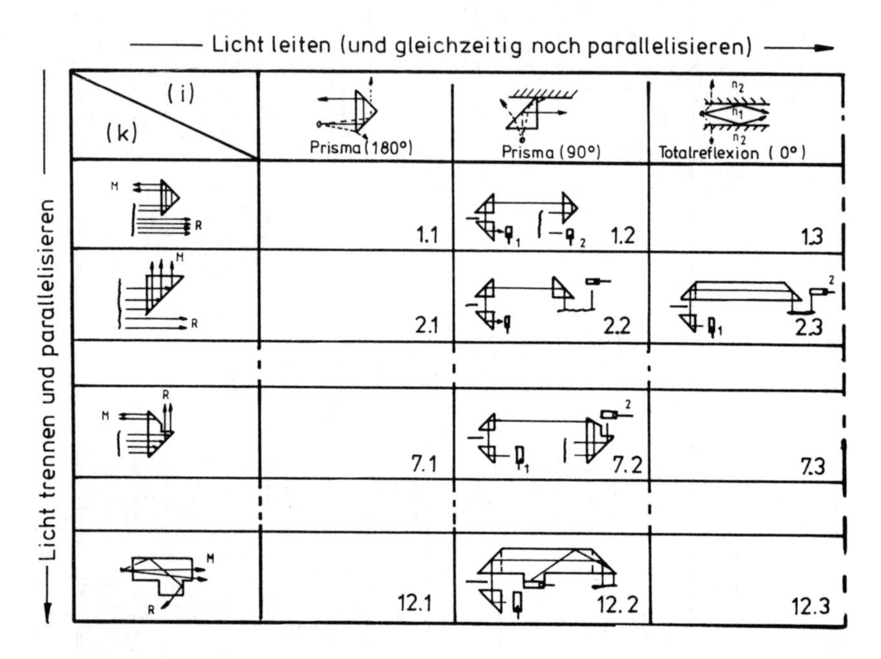

Bild 7.12: Kombinationsmatrix für die Sondengestalt

6. Arbeitsschritt

Vorteile-Nachteile-Katalog

Spontan während der Lösungssuche aufgefundene Eigenschaften der Lösungsalternativen werden in einem Vorteile-Nachteile-Katalog notiert (vgl. Bild 7.13). Eine Analyse der aufgefundenen Lösungsalternativen führt zum gleichen Ergebnis.

Prof. Dr.-Ing. E. Gerhard	LÖSUNGSEIGENSCHAFTEN als KRITERIEN Gestaltkonzepte (Meßsonde)	zu Auftrag:
Alternative	**Vorteile**	**Nachteile**
1.2		- großer Justageaufwand - Lichtbrechung bei Übertritt Prisma/Luft - überlange linienförmige Lichtquelle
2.2		- großer Justageaufwand - Lichtbrechung bei Übertritt Prisma/Luft - überlange linienförmige Lichtquelle
2.3	- geringer Fertigungs-aufwand - geringer Justage-aufwand	
7.2		- hoher Fertigungsaufwand bei Vielflächenprisma
12.2	- geringer Justage-aufwand - gute Lichtführung	- hoher Fertigungsaufwand bei Vielflächenlicht-leiter

Aufgefundene Kriterien davon	neu	bereits bekannt
Lichtbrechung an Trennflächen	X	
Fertigungsaufwand (Genauigkeit) bei Prismen		T 1
Integrierfähigkeit der Teile	X	
Justageaufwand	X	

Bild 7.13: Vorteile-Nachteile-Katalog für Gestaltkonzepte

7. Arbeitsschritt

Ausspielen der Bewertungskriterien gegeneinander

Die Kriterien stammen hier aus der Anforderungsliste und dem Vorteile-Nachteile-Katalog. Zur Gewichtung der Kriterien wird die gewichtete Rangreihe mit Grenzwertklausel herangezogen (siehe Bild 7.14). Das Ausspielen führt zu dem Ergebnis:

- Die wichtigsten Kriterien werden erkannt, unwichtige können vernachlässigt werden (Risikoabdeckung!) und
- Kriteriengewichte sind errechenbar.

Elektromechanische Konstruktion Prof. Dr.-Ing. E. Gerhard	BEWERTUNGSKRITERIEN für: Gestaltkonzepte (optoelektron. Meßsonde)										zu Auftrag:	
	F20 schmale Bauweise	F31 Montage der Funktionsteile	F34 Schwingungs-unempfindlichk.	T1 Herstellbarkeit d. mech. Teile	T4 Montageart (Vorrichtg./Hand)	W2 Herstellkosten	Lichtbrechung an Trennflächen	Integrierfähigkeit der Teile	Justageaufwand		Anzahl der „+"	Gewichtsfaktor g_k [%]
F20 schmale Bauweise		+	–	–	–	–	–	+	–		2	5,9
F31 Montage der Funktionsteile	–		+	–	+	–	–	–	–		2	5,9
F34 Schwingungs-unempfindlichk.	+	–		–	+	+	+	–	+		5	14,7
T1 Herstellbarkeit d. mech. Teile	+	+	+		+	o	–	+	+		6	17,6
T4 Montageart (Vorrichtg./Hand)	+	–	–	–		–	–	–	o		1	2,9
W2 Herstellkosten	+	+	–	o	+		–	+	–		4	11,8
Lichtbrechung an Trennflächen	+	+	–	+	+	+		–	+		6	17,6
Integrierfähigkeit der Teile	–	+	+	–	+	–	+		–		4	11,8
Justageaufwand	+	+	–	–	o	+	–	+			4	11,8

Grenze bei	Risikoabdeckung	Anzahl der verbleibenden Krit.	Σ „+" 34
g_{kgr} = 5 %	97,1 %	8	$g_i = \frac{100\ \%}{\Sigma\ „+"} \approx 2{,}94\ \%$
g_{kgr} = 6 %	85,3%	6	Datum Bearbeiter

Bemerkungen:

- Kriterium "Herstellkosten" als eines unter anderen angesehen.
- Risikoabdeckung von 97,1% ist zu hoch; Grenze auf g_{kgr} = 6% festgelegt.
- Gewichtsfaktoren für kommende Bewertung gerundet

Bild 7.14: Bewertungskriteriengewichtung für Gestaltkonzepte der optoelektronischen Meßsonde

8. Arbeitsschritt

Bewerten der Lösungsalternativen

Die im 5. Arbeitsschritt aufgefundenen Lösungsalternativen können nun beispielsweise mit Hilfe des Punktbewertungsverfahrens bewertet werden (siehe Bild 7.15).

Als Bewertungskriterien dienen die wichtigsten aus dem 7. Arbeitsschritt (vgl. auch Bild 7.14); für sie werden Mindesterfüllung, Soll und Idealerfüllung definiert.

Als beste Lösung erscheint die Alternative 12.2 mit einer Wertigkeit von $w = 0{,}875$ (Nutzwert $N = 3{,}00$). Sie wird weiterverfolgt.

9. Arbeitsschritt

An die ausgewählte Lösung für das wichtigste Teilproblem (vgl. 4. Arbeitsschritt) müssen noch die Lösungen der restlichen Teilprobleme angepaßt werden, wie in Bild 7.16 dargestellt.

Die Lichtquelle legt den Wegbereich (Anforderung F 5), die Lichtleiterelemente die Linearität und der optoelektronische Wandler den Frequenzbereich (Anforderungen F 6 und F 7) der Meßsonde fest. Dementsprechend werden ausgewählt:

- als linienförmige Lichtquelle: Soffitte und
- als optoelektronischer Wandler: Fotoelement.

10. Arbeitsschritt

Lösung

Die Beachtung der Gesetze der geometrischen Optik sowie Überlegungen zur Herstellung führen zu dem Ergebnis einer vollständigen Integration der Lichtleitelemente. Bild 7.17 stellt die Lösung der Aufgabenstellung dar.

Elektromechanische Konstruktion Prof. Dr.-Ing. E. Gerhard	Punktbewertung (0... 4) für Gestaltkonzepte (Meßsonde)									zu Auftrag:
Kriterienart	Kriterien Inhalt	Mindest-Erfüllung	Soll	Ideal-Erfüllung	Krit.-Gewicht	Alternativen 1.2	2.2	2.3	7.2	12.2
qualitative Kriterien	Herstellbarkeit d. mechan. Teile	mit vertretbarem Aufwand	mit Mitteln der eigenen Fertigung	einfachst (keine Sondermaschinen)	0,18	2 / 0,36 viele Grenzwinkel	2 / 0,36 viele Grenzwinkel	4 / 0,72 wenige Winkel	1 / 0,18 mehrere Winkel u. Fläch.	3 / 0,54 wenig aber kompl. Winkel u. Fläch.
	Lichtbrechg. an den Trennfläch.	←	keine Verfälschung durch Trennflächen	keine "inneren" Trennflächen	0,18	2 / 0,36 6 Trennflächen	2 / 0,36 6 Trennflächen	3 / 0,54 4 (notwend.) Trennfläch.	1 / 0,18 7 Trennflächen	3 / 0,54 4 Trennflächen
	Schwinggs.-unempfindlichkeit	beim Meßvorgang als solche zu erkennen	vernachlässigbar klein	keine (z. B. ein Stück)	0,15	1 / 0,15 mechan. Dejustierung	1 / 0,15 mechan. Dejustierung	3 / 0,45 wenig Dejustierung	1 / 0,15 mechan. Dejustierung	4 / 0,60 wenig Teile
	Justageaufwand	auf Träger	auf einem Träger (Anschlag)	"zusammenschmeißen"	0,12	1 / 0,12 viele Teile zu justieren	1 / 0,12 viele Teile zu justieren	3 / 0,36 wenige Teile zu justieren	1 / 0,12 viele Teile zu justieren	4 / 0,48 einfache Justage
	Integrierfähigkeit der Teile	←	←	gut integrierbar	0,12	1 / 0,12 bleiben Einzelteile	1 / 0,12 bleiben Einzelteile	3 / 0,36 integrierbar	2 / 0,24 teilweise integrierbar	4 / 0,48 gut integrierbar
	Herstellkosten	3 und mehr kritische Teile	2 Teile	1 Teil (mögl. unkritisch)	0,12	2 / 0,24 3 kritische Teile	2 / 0,24 3 kritische Teile	3 / 0,36 2 kritische Teile	0 / 0 3 krit. (1 kompl.) Teile	3 / 0,36 2 kritische Teile
Punktsumme		$P_j = \sum_{i=1}^{n} p_{ij}$				9	9	19	6	21
Wertigkeit		$w_j = \frac{P_j}{n p_{max.}}$				0,375	0,375	0,792	0,250	0,875
Nutzwert		$N_j = \sum_{i=1}^{n} n_{ij}$				1,35	1,35	2,79	0,87	3,00
										Datum:
										Name: Ge

Bild 7.15: Punktbewertung für Gestaltkonzepte der Meßsonde

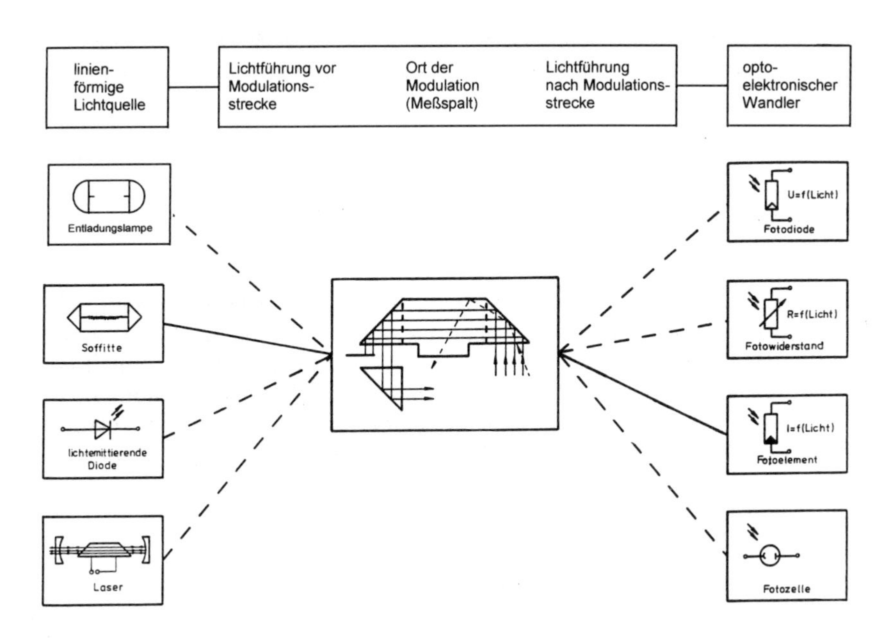

Bild 7.16: Anpassung der Lösungen für die restlichen Teilprobleme

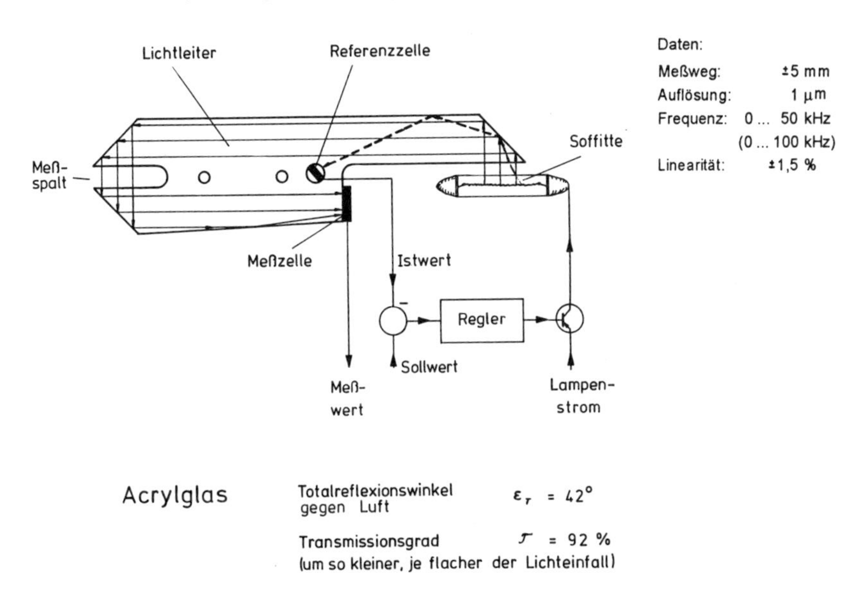

Bild 7.17: Lösung für einen optoelektronischen Wegmesser

Zur Erzielung höherer Linearitäten sowie für spezielle Anwendungsfälle werden Ausführungen mit seitlichem Meßspalt und z. T. anderer Lichtführung zur Meßzelle gebaut.

Zusammenfassung

Die Aufteilung in zehn Arbeitsschritte sollte das methodische Konstruieren unter Anwendung aufeinander abgestimmter Methoden und Formblätter aufzeigen. Eine so verstandene Konstruktionssystematik wird dem Konstrukteur helfen, seine Gedanken — quasi zwangsläufig — zu ordnen, mit der zur Verfügung stehenden Zeit zumindest auszukommen und trotzdem jederzeit die von ihm getroffenen Entscheidungen begründen zu können.

Bildverzeichnis

Literaturverzeichnis

[ARC-63] ARCHER, B.: *Systematic Method for Designers.* In: *Design* (1963), Nr. 172 ff

[ARN-90] ARNOLD ; BAUER: *Qualität in Entwicklung und Konstruktion.* 2. Aufl. Köln : TÜV Rheinland, 1990

[BAA-71a] BAATZ, U.: *Bildschirmunterstütztes Konstruieren.* In: *Industrie-Anzeiger* 93 (1971), Nr. 106, S. 2716-2717

[BAA-71b] BAATZ, U.: *Bildschirmunterstütztes Konstruieren — Funktionsfindung, Gestaltung und Detaillierung mit Hilfe graphischer Datenverarbeitungsanlagen.* Aachen, Rheinisch-Westfälische Technische Hochschule, Dr.-Ing.-Dissertation, 1971

[BAT-70] BATELLE-INSTITUT (Hrsg.): *Technische Perspektiven der Brennstoffzellen im Vergleich zu anderen Energiequellen.* Frankfurt/Main : Eigenverlag, 1970. — Studienauftrag Nr. NT 78

[BEI-70] BEITZ, W.: *Systemtechnik in der Konstruktion.* In: *DIN-Mitteilung* 49 (1970), Nr. 8, S. 295-302; und: *Normung und Systemtechnik — Grundlage für ganzheitliche Betrachtungsweise in Konstruktion und Fertigung.* In: *DIN-Mitteilung* 50 (1971), Nr. 9, S. 378-384

[BIN-52] BINIEK, G.: *Konstruktionssystematik.* In: *Feingerätetechnik* (1952), Nr. 4, S. 149 ff

[BIS-53] BISCHOFF, W. ; HANSEN, F.: *Rationelles Konstruieren.* Berlin : VEB Verlag Technik, 1953

[BOC-55] BOCK, A.: *Konstruktionssystematik die Methode der ordnenden Gesichtspunkte.* In: *Feingerätetechnik* 4 (1955), Nr. 1, S. 4-5

[BOD-68] BODACK, K. D.: *Ästhetisches Maß technischer Produkte.* In: *Konstruktion* 20 (1968), Nr. 10, S. 391-395

[BON-71] DE BONO, E.: *Laterales Denken : ein Kursus zur Erschließung Ihrer Kreativitätsreserven.* Reinbek bei Hamburg : Rowohlt, 1971

[BOR-61] BOROWSKI, K.-H.: *Das Baukastensystem in der Technik.* In: SPRINGER-VERLAG BERLIN (Hrsg.): *Wissenschaftliche Normung* 5 (1961). — Schriftenreihe

[BRA-67] BRADER, C.: *"Engpaß Konstruktion" aus der Sicht der Elektromechanik.* In: *Feinwerktechnik* 71 (1967), Nr. 1, S. 4-8

[BRA-93] BRAUNSPERGER, M.: *Qualitätssicherung im Entwicklungsablauf.* München : Hanser, 1993

[BRE-80] BREUER, N. ; FÖRDERGESELLSCHAFT FÜR PRODUKTMARKETING (Hrsg.): *Beiträge zum Produkt-Marketing.* Bd. 5 : *Einstellungstypen für die Marktsegmentierung.* Köln : Fördergesellschaft für Produktmarketing, 1980

[BRI-74] BRIESE, U. ; ENDERS, H. H. ; MERKER, G. ; OTTE, D.: *Der Einfluß des rechnerunterstützten Entwickelns und Konstruierens (CAD) auf den Konstruktionsablauf in der Feinwerktechnik.* In: *feinwerktechnik + micronic* 78 (1974), Nr. 1, S. 1-9

[BUL-73] BULLINGER, H.-J. ; HICHERT, R.: *Rationalisierung im Konstruktions- und Entwicklungsbereich.* In: *wi-werkzeugmaschine international* (1973), Nr. 6, S. 33-41

[CHE-65] CHESTNUT, H.: *Systems Engineering Tools.* New York : Wiley & Sons, 1965

[CHU-61] CHURCHMAN ; ACKOFF ; ARNOFF : *Operations Research.* München : Oldenbourg, 1961

[CLA-71] CLAUSSEN, U.: *Konstruieren mit Rechnern.* Berlin : Springer, 1971

[COR-71] COREY, L. G.: *People who claim to be opinion leaders, identifying their characteristics by self-report.* In: *Journal of marketing* 10 (1971), Nr. 35, S. 48-53

[DET-95] DETTER, H.: *Technologie-integrierte Produktinnovation.* Wien, Technische Universität, Institut für Feinwerktechnik, Lehrgangsunterlagen, 1995

[DET-96] DETTER, H. ; GERHARD, E.: *IPI – Integrierte Produktinnovation.* Wien : Wirtschaftsförderungsinstitut Österreich, 1996. – Schriftenreihe des Wirtschaftsförderungsinstituts Österreich, Nr. 278

[DIN-91] Norm DIN EN ISO 9000-3 : *Normen zum Qualitätsmanagement und zur Qualitätssicherung/QM-Darlegung.* Teil 3: *Leitfaden für die Anwendung von ISO 9001 auf die Entwicklung, Lieferung und Wartung von Software.* Berlin : Beuth, 1991

[DIN-93] Norm DIN EN ISO 9000-2 : *Normen zum Qualitätsmanagement und zur Qualitätssicherung/QM-Darlegung.* Teil 2 : *Allgemeiner Leitfaden zur Anwendung von ISO 9001, ISO 9002 und ISO 9003.* Berlin : Beuth, 1993

[DIN-94a] Norm DIN EN ISO 9000-1 : *Normen zum Qualitätsmanagement und zur Qualitätssicherung/QM-Darlegung.* Teil 1 : *Leitfaden zur Auswahl und Anwendung.* Berlin : Beuth, 1994

[DIN-94b] Norm DIN EN ISO 9001 : *Qualitätsmanagementsysteme — Modell zur Qualitätssicherung/QM-Darlegung in Design/Entwicklung, Produktion, Montage und Wartung.* Berlin : Beuth, 1994

[DIN-94c] Norm DIN EN ISO 9002 : *Qualitätsmanagementsysteme — Modell zur Qualitätssicherung/QM-Darlegung in Produktion, Montage und Wartung.* Berlin : Beuth, 1994

[DIN-94d] Norm DIN EN ISO 9003 : *Qualitätsmanagementsysteme — Modell zur Qualitätssicherung/QM-Darlegung bei der Endprüfung.* Berlin : Beuth, 1994

[DIN-95] Norm DIN EN ISO 8402 : *Qualitätsmanagement — Begriffe.* Berlin : Beuth, 1995

[DRE-56] DREVDAHL, J. E.: *Factors of Importance for Creativity.* In: *Journal of Clinical Psychology* (1956), Nr. 12, S. 21-26. — und: ULMAN, G. (Hrsg.): *Kreativität.* Weinheim : J. Belts, S. 68

[DRE-72] DREßLER, H. ; HAMMELMANN, I. ; WILHELM, H.: *Entscheidungstabellen.* München : Oldenbourg, 1972. — Erschienen als Lehrprogramm *aiv-didaktem*

[DYL-91] DYLLA, N.: *Denk- und Handlungsabläufe beim Konstruieren.* München : Hanser, 1991

[EHR-85] EHRLENSPIEL, K.: *Kostengünstig Konstruieren.* Berlin : Springer, 1985

[EHR-92] EHRLENSPIEL, K. ; NEESE, J.: *Eine Methodik zur wissensbasierten Schadensanalyse technischer Systeme.* In: *Konstruktion* 44 (1992), S. 125-132

[EHR-95] EHRLENSPIEL, K.: *Integrierte Produktentwicklung.* München : Hanser, 1995

[ELZ-64] o. V.: *Rechner als Konstrukteur.* In: *Elektronische Zeitung* (1964), Nr. 23, S. 7

[ERL-68] ERLER, W. ; LENK, A.: *Betriebskenngrößen von Schwingungsaufnehmern.* In: *Hochfrequenztechnik und Elektroakustik* 77 (1968), S. 43-48

[EWA-75] EWALD, O.: *Lösungssammlungen für das methodische Konstruieren.* Düsseldorf : VDI, 1975

[FIS-50] FISH, I. C. L.: *The Engineering Method.* In: *Stanford University Press California* (1950)

[FRA-75] FRANKE, H.-J.: *Methodische Schritte beim Klären konstruktiver Aufgabenstellungen.* In: *Konstruktion* 27 (1975), Nr. 10, S. 395-402

[GER-67] GERHARD, E.: *Das Ähnlichkeitsprinzip bei elektrischen Systemen.* In: *Feingerätetechnik* 15 (1967), Nr. 2, S. 67-68

[GER-68] GERHARD, E.: *Das Ähnlichkeitsprinzip als Konstruktionsmethode in der Elektromechanik.* In: *Feinwerktechnik* 72 (1968), Nr. 7, S. 345-349

[GER-69a] GERHARD, E. ; WÄCHTLER, R.: *Optische Meßsonde für Bewegungsaufnahme an schnellen Mechanismen.* In: *Industrie-Anzeiger* 91 (1969-02-21), Jg. 16, S. 336-338

[GER-69b] GERHARD, E.: *Ähnlichkeit beim Entwurf elektromechanischer Geräte.* In: *VDI-Zeitschrift* 111 (1969), Nr. 14, S. 1013-1019

[GER-71] GERHARD, E.: *Das Ähnlichkeitsprinzip als Konstruktionsmethode in der Elektromechanik.* Darmstadt, Technische Hochschule, D 17, Dr.-Ing.-Dissertation, 1971

[GER-72] GERHARD, E. ; MAYER, E.: *Nennmaße und zugehörige Toleranzen beim Vergleich verschiedener Fertigungsverfahren.* In: *feinwerktechnik + micronic* 76 (1972), Nr. 2, S. 62-65

[GER-73a] GERHARD, E.: *Voraussetzungen für ein effektives methodisches Konstruieren.* In: *feinwerktechnik + micronic* 77 (1973), Nr. 3, S. 81-83

[GER-73b] GERHARD, E.: *Beitrag zur Entwicklung von Baureihen.* In: *Konstruktion-Elemente-Methoden (KEM)* (1973), Nr. 6, S. 47-51

[GER-76] GERHARD, E.: *Einflußfaktoren auf den Entscheidungsprozeß beim wissenschaftlichen Konstruieren in der Feinwerktechnik : Hilfen für Lehre und Praxis.* Stuttgart, Universität, Fachbereich Fertigungstechnik, Habilitationsschrift, 1976

[GER-77] GERHARD, E.: *Entwicklung von Baureihen.* Teil I: *Grundlagen und Voraussetzungen* (Werkstattblatt 668) ; Teil II: *Anwendungshinweise und Beispiele* (Werkstattblatt 684). München : Hanser, 1977

[GER-78a] GERHARD, E. ; HEIL, D.: *Analoges elektrisches Messen von Wegen und Bewegungen.* In: *UND ODER NOR* (1978), Nr. 1-2

[GER-78b] GERHARD, E. ; SCHMITT, D.: *Checkliste für wirtschaftliche Kriterien.* Duisburg : Eigenverlag, 1978

[GER-82] GERHARD, E. ; LENART, C.: *Physikalisch-technische und gerätetechnische Darstellung feinwerktechnischer Produkte.* In: *VDI-Bericht* 460 (1982), S. 1-6

[GER-84] GERHARD, E.: *Baureihenentwicklung — Konstruktionsmethode Ähnlichkeit.* Grafenau/Württemberg : expert, 1984

[GER-86a] GERHARD, E. ; SAUERWEIN, H.: *Technische Formalismen zur Beschreibung biologischer Systeme.* In: *Biomedizinische Technik* 31 (1986), Nr. 7/8, S. 163-168

[GER-86b] GERHARD, E.: *Magnetisch betätigter Katheterverschluß.* In: *Altenpflege* (1986), Nr. 9, S. 536-538

[GER-87a] GERHARD, E.: *CAE bei der Baureihenentwicklung.* Sindelfingen : expert, 1987

[GER-87b] GERHARD, E.: *Rechnergestützte Strukturbeschreibung benutzergeführter Geräte mit Hilfe von Petri-Netzen* / Gerhard-Mercator-Universität – Gesamthochschule Duisburg. Duisburg : Universität Duisburg, 1987. — Zwischenbericht. Forschungsprojekt, gefördert vom Minister für Wissenschaft und Forschung des Landes Nordrhein-Westfalen, 1987-1989

[GER-87c] GERHARD, E.: *Ideenfindung in der Technik.* In: *Planung + Produktion* (1987), Nr. 2, S. 16-22

[GER-88] GERHARD, E. ; WIPPICH, K.: *Net-Analyzer.* In: *Petri Net Newsletter* 31 (1988), Nr. 12

[GER-90a] GERHARD, E.: *Benutzergeführte Geräte mit Petri-Netzen modellieren.* In: *Feinwerktechnik + Meßtechnik* 98 (1990), Nr. 4, S. 151-154

[GER-90b] GERHARD, E. ; VDI/VDE (Veranst.): *Entwicklungsmethodik für Mikrosysteme ?* (Micro System Technologies, 1. Internationaler Fachkongreß Anwenderforum). Berlin : VDI, 1990 — Tagungsband

[GER-91] GERHARD, E. ; WIPPICH, K.: *Strukturbeschreibung des menschlichen Auges mit Hilfe von Petri-Netzen.* In: *Biomedizinische Technik* 36 (1991), Nr. 4, S. 66-69

[GER-92] GERHARD, E.: *Entwicklungstendenzen in der feinwerktechnischen Forschung : Richtungen, Themen, Chancen.* (14. Internationales Kolloquium Feinwerktechnik vom 19. bis zum 23.09.1992 in Wien). — Originalbeitrag

[GER-93a] GERHARD, E.: *Sensorik im Wandel.* In: GERHARD, E. (Hrsg.): *Klein, Mini, Mikro — Sensorik im Wandel* (7. IAR-Kolloquium Duisburg 1993). Duisburg : Eigenverlag, 1993. — Tagungsband

[GER-93b] GERHARD, E.: *Mikrosysteme methodisch entwickeln.* In: *Feinwerktechnik & Meßtechnik* 101 (1993), Nr. 6, S. 265-268

[GER-94] GERHARD, E.: *Kostenbewußtes Entwickeln und Konstruieren.* Renningen-Malmsheim : expert, 1994

[GES-71] GESCHKA, H. ; GEYER, E.: *Wertgestaltung — ein integrierter-Bestandteil von Produktplanung und Produktentwicklung.* In: *Konstruktion* 23 (1971), Nr. 4, S. 129-133

[GEY-74] GEYER, E. (Seminarleiter) ; AW PRODUKTPLANUNG (Veranst.): *Methodische Produktplanung und Produktentwicklung* (Seminar am 24./25. Oktober und 28./29. November 1974) — Seminarunterlagen

[GOR-61] GORDON, W. J. J.: *Synectics.* New York : 1961

[GOU-73] GOUBEAUD, FR.: *Wie bewertet man die Qualität einer Konstruktion?* In: *wt-Zeitschrift industrieller Fertigung* 63 (1973), S. 22-24

[GRE-75] GRESSENICH, K. ; TECHNISCHE AKADEMIE ESSLINGEN (Veranst.): *Einfluß der Konstruktion auf die Herstellkosten* (Lehrgänge zur "Konstruktionssystematik an der Technischen Akademie Esslingen seit 1975). — Lehrgangsunterlagen

[GRO-73] GROTHKOPP, B.: *Darstellung einer Systemanalyse am Beispiel der Brennstoffzelle.* In: *Bosch Technische Berichte* 4 (1973), Nr. 4, S. 169-178

[GUT-72] GUTSCH, R. W.; TECHNISCHE AKADEMIE ESSLINGEN (Veranst.): *Entscheidungshilfe durch Systemtechnik* (Lehrgang an der Technischen Akademie Esslingen 1972). — Lehrgangsunterlagen

[GUT-73] GUTSCH, R. W. ; STRUWE, W. ; WITHAUER, K. F. ; TECHNISCHE AKADEMIE ESSLINGEN (Veranst.): *Wertanalyse* (Lehrgang an der Technischen Akademie Esslingen 1973). — Lehrgangsunterlagen

[HAL-62] HALL, A. D.: *A Methodology for Systems Engineering.* Princeton, N. J. : Van Nostrand, 1962

[HAN-65] HANSEN, F.: *Konstruktionssystematik.* Berlin : VEB Verlag Technik, 1965; 1968

[HER-84] HERZOG, O. ; REISIG, W. ; VALK, R.: *Petri-Netze: Ein Abriß ihrer Grundlagen und Anwendungen.* In: *Informatik-Spektrum* 7 (1984), S. 20-27

[HIR-68] HIRSCH, V.: *Bewertungsprofile bei der Planung neuer Produkte.* In: *Zeitschrift betriebswirtschaftliche Forschung* (1968), Nr. 5, S. 291-303

[HOF-55] HOFSTAETTER, P. R.: *Über Ähnlichkeit.* In: *Psyche* (1955), Nr. 9, S. 54-79

[HÖR-66] HÖRNING, K. H.: *Zur Soziologie des Verbraucherverhaltens.* Mannheim, Universität, Dissertation, 1966

[HUR-51] HURWICZ, L.: *Optimality criteria for decision making and ignorance.* In: *Cowles Commission discussion paper* (1951)

[IPI-74] IPI — INSTITUT FÜR PRODUKTFORSCHUNG UND INFORMATION GMBH (Hrsg.): *PROFIL.* Stuttgart : IPI. — Firmenprospekt

[IPI-95] IPI — INSTITUT FÜR PRODUKTFORSCHUNG UND INFORMATION GMBH (Veranst.) ; WIRTSCHAFTSFÖRDERUNGSINSTITUT (WIFI) ÖSTERREICH (Veranst.): *Struktur und Wesen von F&E-Technologien* (EUREKAFORUM Wien 1995). — Seminarunterlagen Teil 4

[JOH-73] JOHNSON, K. L.: *Operations Reseach.* Düsseldorf : VDI, 1973. — Erschienen als VDI-Taschenbuch T 27

[JÜP-73] JÜPTNER, H. ; HARTMANN, U.: *Zur Methodik benutzerorientierter Produktanalysen.* In: *Konstruktion-Elemente-Methode (KEM)* (1973), Nr. 4, S. 67-73

[JUN-89] JUNG, A.: *Funktionale Gestaltbildung.* Berlin : Springer, 1989

[KAT-62] KATONA, G.: *Die Macht des Verbrauchers.* Düsseldorf : Econ, 1962

[KEI-33] KEINATH, M.: *Gütefaktor der beweglichen Organe von Meßgeräte.* In: *Archiv technisches Messen* (1933), J. 011-1

[KES-42] KESSELRING, F.: *Die "starke" Konstruktion : Gedanken zu einer Gestaltungslehre.* In: *VDI-Zeitschrift* 86 (1942), Nr. 21/22, S. 321-330

[KES-51] KESSELRING, F.: *Bewertung von Konstruktionen.* Düsseldorf : VDI, 1951

[KES-71] KESSELRING, F. ; ARN, E.: *Planen, Entwickeln und Gestalten technischer Produkte.* In: *Konstruktion* 23 (1971), Nr. 4, S. 121-128

[KET-71] KETTNER, H. ; KLINGENSCHMITT, V.: *Die morphologische Methode und das Lösen konstruktiver Aufgaben.* In: *wt-Zeitschrift industrieller Fertigung* 61 (1971), Nr. 12, S. 737-741

[KOE-72] KOELLE : *Bewertungsmethoden als Entscheidungshilfe zur Auswahl von Lösungsvarianten.* In: BEITZ, W. (HRSG.): *Für die Konstruktionspraxis.* Aufsatzreihe in: *Konstruktion* 24 (1972), Nr. 12, S. 493-498; 25 (1973), Nr. 1, S. 29-32

[KOL-71] KOLLER, R.: *Ein Weg zur Konstruktionsmethodik.* In: *Konstruktion* 23 (1971), Nr. 10, S.288-400

[KOL-76] KOLLER, R.: *Konstruktionsmethode für den Maschinen-, Geräte- und Apparatebau.* Berlin : Springer, 1976

[KOL-85] KOLLER, R.: *Konstruktionslehre für den Maschinenbau.* 2. Aufl. Berlin : Springer, 1985

[KOL-94] KOLLER, R.: *Konstruktionslehre für den Maschinenbau.* 3. Aufl. Berlin : Springer, 1994

[KOU-68] KOURIM, G.: *Wertanalyse — Grundlagen, Methoden, Anwendungen.* München : Oldenbourg, 1968

[KRE-91] KREHL, H.: *Erfolgreiche Produkte durch Value Management.* In: HUBKA, V. (Hrsg.): *Proceedings of IECD 1991, Zürich.* Zürich : Edition Heurista, 1991

[KRU-74] KRULL, F.: *Ein Beitrag zur Bewertung von Meßsystemen unter besonderer Berücksichtigung des dynamischen Verhaltens.* Braunschweig, Technische Universität, Dr.-Ing.-Dissertation, 1974

[LEY-62] LEYER, A.: *Konstruktion und Wissenschaft im Maschinenbau.* In: *Konstruktion* 14 (1962), Nr. 1, S. 1-6; und: *Konstruktion und die Kategorien der Wissenschaft.* In: *technika* (1968), Nr. 18

[LIN-74] LINDER, W.: *Feinwerktechnik — kurz und bündig.* Würzburg : Vogel, 1974

[LIN-80] LINDEMANN, U.: *Systemtechnische Betrachtung des Konstruktionsprozesses unter besonderer Berücksichtigung der Herstellkostenbeeinflussung beim Festlegen der Gestalt.* Düsseldorf : VDI, 1980

[LOH-54] LOHMANN, H.: *Die Technik und ihre Lehre.* In: *Wissenschaftliche Zeitung der Technischen Hochschule Dresden* 3 (1953/54), Nr. 4, S. 613 ff

[LOH-59] LOHMANN, H.: *Zur Theorie und Praxis der Heuristik in der Ingenieurwissenschaft.* In: *Wissenschaftliche Zeitung der Technischen Hochschule Dresden* 9 (1959), Nr. 5

[LOW-76] LOWKA, D.: *Über Entscheidungen im Konstruktionsprozeß.* Darmstadt, Technische Hochschule, D 17, Dr.-Ing.-Dissertation, 1976

[MAS-70] MASER, S.: *Numerische Ästhetik.* Stuttgart : Karl Krämer, 1970. — Arbeitsberichte zur Planungsmethodik 2

[MAT-57] MATOUSEK, R.: *Konstruktionslehre des allgemeinen Maschinenbaus.* Berlin : Springer, 1957. — Reprint

[MAY-84] MAYER, G. S.: *Wettbewerbsorientiertes Konstruieren : Ein Beitrag zur Konstruktionsmethodik.* Duisburg, Gerhard-Mercator-Universität - Gesamthochschule, Fachgebiet Elektromechanische Konstruktion, Dr.-Ing.-Dissertation, 1984

[MÜL-67] MÜLLER, J.: *Probleme einer Konstruktionswissenschaft.* In: *Maschinenbautechnik* (1967), Nr. 7; und: *Operationen und Verfahren des problemlösenden Denkens in der konstruktiven technischen Entwicklungsarbeit — eine methodologische Studie.* In: *Wissenschaftliche Zeitschrift der Technischen Hochschule Karl-Marx-Stadt* IX (1967), Nr. 1/2, S. 5-51

[MÜL-91] MÜLLER, J.: *Akzeptanzbarrieren als berechtigte und ernstzunehmende Notwehr kreativer Konstrukteure.* In: HUBKA, V. (Hrsg.): *Proceedings of ICED 1991, Zürich.* Zürich : Edition Heurista, 1991

[MÜT-72] MÜTZE, K.: *Entwicklungstendenzen im wissenschaftlichen Gerätebau aus konstruktiver und technologischer Sicht.* In: *Feinwerktechnik* 21 (1972), Nr. 10, S. 439-452

[MYE-71] MYERS, J. H.: *Correlates of buying behavior, social class vs. income.* In: *Journal of marketing* 10 (1971), Nr. 35, S. 8-15

[NEE-91] NEESE, J.: *Methodik einer wissensbasierten Schadensanalyse am Beispiel Wälzlagerungen.* München : Hanser, 1991

[NEL-66] MINISTRY OF TECHNOLOGY (Hrsg.): *NEL Report* 242. England : August 1966

[NIE-61] NIEMANN, G.: *Maschinenelemente.* Bd. 1. Berlin : Springer, 1961

[NIE-77] NIEMEYER, G.: *Kybernetische System- und Modelltheorie.* München : F. Vahlen, 1977

[OEC-73] OECD (Hrsg.): *Information in 1985 : A Forecasting Study of Information Needs and Resources.* In: *OECD-Bericht* (August 1973)

[OEL-92] OELSNER, R. P.: *Geschichte des Konstruierens in Deutschland.* In: *Konstruktion* 44 (1992), S. 387-390 (Forschungsbericht über DFG-Forschungsprojekt *"Entwicklung des theoretischen und methodischen Konstruktionswissens Ende des 19. bis zum 20. Jahrhundert in Deutschland".*) — Forschungsbericht

[OSB-53] OSBORN, A.: *Applied Imagination : Principles and Procedures of Creative Thinking.* New York : 1953

[OSG-57] OSGOOD ; SUCI ; TANNENBAUM : *The measurement of meaning.* 5th printing. Urbana : University of Illinois Press, 1965.— 1st printing 1957

[PAH-72] PAHL, G. ; BEITZ, W.: *Für die Konstruktionspraxis.* In: *Konstruktion* 24 (1972), 25 (1973), 26 (1974) — Veröffentlichungsreihe über das methodische Konstruieren

[PAH-77] PAHL, G. ; BEITZ, W.: *Konstruktionslehre.* 3. Aufl. Berlin : Springer, 1977 ; ³1993

[PAH-94] PAHL, G. (Hrsg.): *Psychologische und pädagogische Fragen beim Konstruieren.* Köln : TÜV Rheinland, 1994

[PET-62] PETRI, C. A.: *Kommunikation mit Automaten.* In: UNIVERSITÄT BONN (Hrsg.): *Schriften des Rheinisch-Westfälischen Instituts für instrumentelle Mathematik* (1962), Nr. 2

[PFE-72] PFEIFFENBERGER, U.: *Untersuchung über die Möglichkeiten der Anwendung des semantischen Differentials auf technische Objekte.* Stuttgart, Universität, Institut für Maschinenelemente A, Studienarbeit, 1972

[REI-76] LUDWIG REICHERT VERLAG (Hrsg.): *Verzeichnis Deutscher Informations- und Dokumentationsstellen.* Wiesbaden : L. Reichert, 1976

[REI-82] REISIG, W.: *Petri-Netze — eine Einführung.* Berlin : Springer, 1982

[REI-85] REISIG, W.: *Systementwurf mit Netzen.* Berlin : Springer, 1985

[RIC-74] RICHTER, A.: *Nichtlineare Optimierung signalverarbeitender Geräte.* In: *VDI-Bericht* 219. Düsseldorf : VDI, 1974

[RKW-68] INDUSTRIE-VERLAG CARLHEINZ GEHLSEN (Hrsg.): *RKW Handbuch der Rationalisierung : Marktgerechte Produktplanung und Produktentwicklung.* Teil I (Schriftenreihe Nr. 18). Heidelberg : C. Gehlsen, 1968

[RKW-72] INDUSTRIE-VERLAG CARLHEINZ GEHLSEN (Hrsg.): *RKW Handbuch der Rationalisierung : Marktgerechte Produktplanung und Produktentwicklung.* Teil II (Schriftenreihe Nr. 26). Heidelberg : C. Gehlsen, 1972

[ROD-70] RODENACKER, W.-G.: *Konstruktionsbücher.* Bd. 27 : *Methodisches Konstruieren.* Berlin : Springer, 1970

[ROD-72] RODENACKER, W. G. (Seminarleiter) ; CLAUSSEN, U. (Seminarleiter) ; VDI (Veranst.): *Methodisches Konstruieren* (VDI-Lehrgang vom 28. bis zum 30.06.1972 in Stuttgart) — Seminarunterlagen

[ROD-73] RODENACKER, W. G. ; CLAUSSEN, U.: *Regeln des Methodischen Konstruierens I.* Mainz : Krausskopf, 1973

[ROH-69] ROHRBACH, B.: *Kreativ nach Regeln — Methode 635.* In: *Absatzwirtschaft* (1. Oktoberausgabe 1969), S. 73-76

[ROT-68] ROTH, K.: *Gliederung und Rahmen einer neuen Maschinen-Geräte-Konstruktionslehre.* In: *Feinwerktechnik* 72 (1968), Nr. 11, S. 521-528

[ROT-71] ROTH, K. ; FRANKE, H.-J. ; SIMONEK, R.: *Algorithmisches Auswahlverfahren zur Konstruktion mit Katalogen.* In: *Feinwerktechnik* 75 (1971), Nr. 8, S. 337-345

[ROT-72a] ROTH, K. ; FRANKE, H.-J. ; SIMONEK, R.: *Die allgemeine Funktionsstruktur : Ein wesentliches Hilfsmittel zum methodischen Konstruieren.* In: *Konstruktion* 24 (1972), Nr. 7, S. 277-282

[ROT-72b] ROTH, K. ; FRANKE, H.-J. ; SIMONEK, R.: *Aufbau und Verwendung von Katalogen für das methodische Konstruieren.* In: *Konstruktion* 24 (1972), Nr. 11, S. 449-458

[ROT-75] ROTH, K. ; BIRKHOFER, H.: *Beschreibung und Anwendung des algorithmischen Auswahlverfahrens zur Konstruktion mit Katalogen (AAK).* In: *Konstruktion* 27 (1975), Nr. 6, S. 213-222

[RUP-65] RUPPEL, P.: *Die Bedeutung des Image für das Verbraucherverhalten.* Göttingen, Universität, Dissertation, 1965

[RUT-93] RUTZ, A.: *Terminplanung im Konstruktionsbereich.* In: *VDI-Zeitschrift* 135 (1993), Nr. 10, S. 76-83

[SAU-87] SAUERWEIN, H.: *Technische Formalismen zur Analyse und Beschreibung biologischer Systeme.* Duisburg, Gerhard-Mercator-Universität – Gesamthochschule, Fachgebiet Elektromechanische Konstruktion, Dr.-Ing.-Dissertation, 1987

[SCH-76] SCHMITT, D.: *Wirtschaftliche Kriterien für die Beurteilung technischer Konstruktionen.* Stuttgart, Universität, Institut für Konstruktion und Fertigung in der Feinwerktechnik, Studienarbeit, 1976

[SCH-80] SCHLICKSUPP, H.: *Innovation, Kreativität und Ideenfindung.* Würzburg : Vogel, 1980

[SEE-80] SEEGER, H.: *Technisches Design.* Grafenau/Württemberg : expert, 1980

[SEE-83] SEEGER, H.: *Industrie-Design : Basiswissen über das Entwikkeln und Gestalten von Industrie-Produkten.* Grafenau/Württemberg : expert, 1983

[SEE-84] SEEGER, H.: *Der Kundentyp als Bestimmungsgröße für das Bedienungskonzept technischer Produkte.* In: *Feinwerktechnik & Meßtechnik* 92 (1984), S. 105-107

[SEE-85a] SEEGER, H.: *Methodisches Entwerfen von Designlösungen durch präzise Kundenorientierung — Folgerungen für die Produktkonzeption.* In: HUBKA, V.: *Proceedings of IDEC '85*, Vol. I, S. 387-396. Zürich : Edition Heurista, 1985. — Erschienen in Schriftenreihe WDK 12, 1985

[SEE-86] SEEGER, H. ; KRANERT, F.: *Computergestützte Länderdatenbank — ein vielseitiges Hilfsmittel für Konzeption und technisches Design von Exportprodukten.* In: STUTTGARTER MESSE- UND KONGREß-GMBH (Hrsg.): *Proceedings CAT '86.* Stuttgart : 1986

[SIE-74] SIEMENS (Hrsg.): *Organisationsplanung — Planung durch Kooperation.* Berlin : Siemens, 1974. — Firmenschrift

[SIM-69] SIMMAT, W. E.: *Das "semantische Differential" als Instrumentarium der Kunstanalyse.* In: *Exakte Ästhetik* 6 (1969), S. 69-89. — Erschienen in der Schriftenreihe *Objektive Kunstkritik.* Stuttgart : Nadolski, 1969

[SPE-93] SPERLICH, H.: *Zur Definition der Gestalt in der Konstruktion.* In: *Konstruktion* 45 (1993), S. 61-65

[STA-69] STABE, H.: *Beitrag zur konstruktiven Konzeption eines Entwicklungsvorhabens hinsichtlich Präzisionsgrad und Gütegrad eines Produktes.* In: *Feinwerktechnik* 73 (1969), Nr. 1, S. 23-23

[STA-74] STABE, H. ; GERHARD, E.: *Anregungen zur Bewertung technischer Konstruktionen.* In: *Feinwerktechnik + Meßtechnik* 78 (1974), Nr. 8, S. 378-382

[STA-76] STAUBLI, H.: *Konstruktionsmethodik.* Buchs (Schweiz), Neu-Technikum, Scriptum, 1976

[STE-66] STEUER, K.: *Stand und Perspektive der Konstruktionslehre.* In: *Die Fachschule* (1966); und: *Theorie des Konstruierens in der Ingenieurausbildung.* Leipzig : VEB Fachbuchverlag, 1968

[STÜ-56] STÜSSI, F.: *Theorie und Praxis im Stahlbau.* (2. Schweizerische Stahlbautagung Zürich 1956)

[SUL-90] SULLIVAN, L. P. ; BLÄSING, J.P.: *Praxishandbuch Qualitätssicherung.* Bd. 4 : *Quality Function Deployment.* München : GFMT, 1988

[TAY-67] TAYLOR, G. A.: *Observations on the Development of Creativity in Europe.* Hannover : Thayer School of Engineering, 1967; insb. S. 39 ff: THALKE, K.: *A Continuous Creative Process by a Method of Geometrical Variation.*

[TES-97] TESTRUT, D.: *Höhere Petri-Netze für die Gerätetechnik.* Duisburg, Gerhard-Mercator-Universität – Gesamthochschule, Fachgebiet Elektromechanische Konstruktion, Dr.-Ing.-Dissertation, 1997

[TSC-54] TSCHOCHNER, H.: *Konstruieren und Gestalten.* Essen : Girardet, 1954

[ULM-70] ULMANN, G.: *Kreativität.* Weinheim : Julius Beltz, 1970

[VDI-64] o. V.: *Rechner konstruieren Reaktoren.* In: *VDI-Nachrichten* (Dezember 1964)

[VDI-69] Richtlinie VDI 2225 : *Technisch-wirtschaftliches Konstruieren.* Düsseldorf : VDI, 1969 und 1977

[VDI-70a] Richtlinie VDI 2801 : *Wertanalyse — Begriffsbestimmung und Beschreibung der Methode.* Düsseldorf : VDI, 1970/1971

[VDI-70b] Richtlinie VDI 2802 : *Wertanalyse — Vergleichsrechnung.* Düsseldorf : VDI, 1970/1971

[VDI-72] VDI (Hrsg.): *Wertanalyse : Idee, Methode, System.* Düsseldorf : VDI, 1972. — Erschienen als VDI-Taschenbuch T 35; verfaßt von einem Autoren-Kollektiv

[VDI-73] Richtlinie VDI 2211 : *Datenverarbeitung in der Konstruktion, Methoden und Hilfsmittel.* Düsseldorf : VDI, 1973. — Entwurf. Beuth-Vertrieb Berlin/Köln

[VDI-74] VDI (Veranst.): *Konstruktion als Wissenschaft* (VDI-Tagung Ulm Oktober 1974). In: *VDI-Bericht* 219. Düsseldorf : VDI, 1974. — Vorträge

[VDI-77] Richtlinie VDI 2222 : *Konstruktionsmethodik.* Blatt 1: *Konzipieren technischer Produkte* ; Blatt 2: *Erstellen und Anwenden von Konstruktionsunterlagen.* Düsseldorf : VDI, 1977. — Blatt 2 als Entwurf. Beuth-Vertrieb Berlin/Köln

[VDI-79] Richtlinie VDI 2217 : *Datenverarbeitung in der Konstruktion — Begriffserläuterungen.* Düsseldorf : VDI,1979. — Entwurf. Beuth-Vertrieb Berlin/Köln

[VDI-80] Richtlinie VDI 2220 : *Produktplanung — Ablauf, Begriffe und Organisation.* Düsseldorf : VDI, 1980

[VDI-86] Richtlinie VDI 2221 : *Methodik zum Entwickeln und Konstruieren technischer Systeme und Produkte.* Düsseldorf : VDI, 1986 und 1993

[VDI-87] Richtlinie VDI 2235 : *Wirtschaftliche Entscheidungen beim Konstruieren — Methoden und Hilfen.* Düsseldorf : VDI, 1987

[VDI-88] Richtlinie VDI/VDE 2422 : *Entwicklungsmethodik für Geräte mit Steuerung durch Mikroelektronik.* Düsseldorf : VDI, 1988. — Entwurf. Beuth-Vertrieb Berlin/Köln

[VDI-90] Richtlinie VDI 2234 : *Wirtschaftliche Grundlagen für den Konstrukteur.* Düsseldorf : VDI, 1990

[VDI-91] VDI (Hrsg.): *Datenverarbeitung in der Konstruktion.* Düsseldorf : VDI, 1991-1995. — VDI-Berichte

[WÄC-70] WÄCHTLER, R.: *Ein kybernetisches Modell des Konstruierens.* Darmstadt, Technische Hochschule, D 17, Dr.-Ing.-Dissertation, 1970

[WÄC-71] WÄCHTLER, R.: *Entwickeln und Konstruieren — Tätigkeiten, die wachsendem Zeitdruck ausgesetzt sind.* In: *VDI-Nachrichten* (03. und 10.02.1971)

[WAR-80] WARNECKE, H. J. ; HILCHERT, R. ; VOEGELE, A.: *Planung in Entwicklung und Konstruktion.* Grafenau/Württemberg : expert, 1980

[WEB-30] WEBER, M.: *Das Allgemeine Ähnlichkeitsprinzip der Physik und seine Anwendung in der Modellwissenschaft.* In: *Jahrbuch der Schiffsbautechnischen Gesellschaft* (1930)

[WEB-90] WEBER, P.: *Entscheidungskriterien bei der Konzipierung von Hardware-Software-Funktionen für mikroprozessorgesteuerte Geräte.* Duisburg, Gerhard-Mercator-Universität – Gesamthochschule, Fachgebiet Elektromechanische Konstruktion, Dr.-Ing.-Dissertation, 1990. — Erschienen als: *Entscheidungskriterien bei der Konzipierung von Hardware-Software-Funktionen für Kommunikationsgeräte mit Mikroprozessoren.* In: *VDI-Fortschrittberichte* Reihe 10 (1991), Nr. 160

[WEN-71] WENZEL, R. ; MÜLLER, J.; VDI (Veranst.): *Entscheidungsfindung in Theorie und Praxis* (VDI-Seminar in Stuttgart 1971). — Originalbeiträge

[WHO-66] MC WHORTOR, W. F.: *A Supervisory Tool for Evaluation Design.* In: *IEEE Transactions on Engineering Management* Vol. EM-13 (June 1966), No. 2

[WIP-90] WIPPICH, K.: *Modellierung und Analyse benutzergeführter Geräte mit Hilfe von strukturinterpretierenden Petri-Netzen.* Duisburg, Gerhard-Mercator-Universität – Gesamthochschule, Fachgebiet Elektromechanische Konstruktion, Dr.-Ing.-Dissertation, 1990. — Erschienen in: *VDI-Fortschrittberichte* Reihe 1 (1990), Nr. 198

[WIS-72] WISWEDE, G.: *Soziologie des Verbraucherverhaltens.* Stuttgart : F. Enke, 1972

[WÖG-43] WÖGERBAUER, H.: *Technik des Konstruierens.* München : Oldenbourg, 1943

[ZAN-70] ZANGEMEISTER, Chr.: *Nutzwertanalyse in der Systemtechnik.* München : Wittemannsche Buchhandlung, 1970

[ZUS-80] ZUSE, K.: *Petri-Netze aus der Sicht des Ingenieurs.* Braunschweig : 1980

[ZWI-66] ZWICKY, F.: *Entdecken, Erfinden, Forschen im Morphologischen Weltbild.* München : Droemer-Knaur, 1966 und 1971

ANFORDERUNGS - CHECKLISTE für Geräte der Elektromechanik				
Hauptgruppe	Untergruppe	ANFORDERUNGEN Oberbegriff	Beispiele	Norm (Lit.)
physikalisch - technische FUNKTION (F)	Funktionsprinzip	Grundsätzlicher Aufbau	-Anzahl der Funktionseinheiten (Baugruppen); -vorgegebene Bauvolumina, Raumbedarf; -Meßgeräte: Meßwertaufnehmer, Zwischenschaltung, Anzeige/ Registrierung; -Kamera: Filmtransport, Belichtung -Baureihen; -Funktionstrennung, -integration;	(/ 5/) (/ 9/)
		Funktionsbereiche	-Leistungsbereiche / Drehzahlbereiche / ...; -Meßwertbereiche, Meßwertverarbeitung; -Vor-, Rücklauf (Reversieren); -Übersetzungsbereiche;	DIN 1319
		Energie / Antrieb	-mechanischer, elektrischer, pneumat., hydraul. Antrieb; -Energiewandlung, Wirkungsgrad; -Speicherung;	DIN 40003 DIN 24300 DIN 58658
		Leistungsübertragung	-Drehmoment, Drehzahl; -Beschleunigung, Geschwindigkeit; -Verluste: Reibungs-, Leck-; -Kinematik; -Bewegungsart, -richtung;	DIN 41305
		Signalübertragung	-Übertragungsart (mechan., elektr. optisch, pneumat., ...); -Übertragungskanäle nach Art und Zahl;	DIN 19231 DIN 19235 DIN 40146
		Stoff	-Stoffumsatz und -verarbeitung; -Ausbeute; -erforderliche Betriebsstoffe; -Aggregatzustandsänderung;	
		Eingangs-/ Ausgangsgröße	-physikalische Größe direkt oder transformiert (rotatorisch - rotatorisch, rotatorisch - translatorisch, translat., ..); -erzeugte physikal. Größen; -beeinflußte Größen;	DIN 1313 DIN 1357
		Regelung / Steuerung	-Regelgröße; -Regelstrecke; -Regelglieder;	DIN 19226

FUNKTION (F)	Funktionsprinzip	Erfassung der Eingangsgröße	-durch Energieumformung; -durch Ausnutzen physikal. Effekte -durch mechanischen Eingriff; -durch Kompensationsverfahren; -durch Messen an Modellen;	ATM V 04 - 3 ATM V 30 - 1 DIN 43812
		Meßgrößen - Zeitwert	-statischer Wert; -Momentanwert; -zeitlicher Mittelwert; -Effektivwert; -Spitzenwert;	VDE 0410 DIN 5488 DIN 45402
		Frequenz- und Phasengang	-Grenzfrequenzen; -Übertragungsfrequenzbereich; -Phasendrehung; -Filterung;	DIN 45565 DIN 45566 DIN 45567
	Randbedingungen	Anpassung	-praktisch rückwirkungsfrei; -meßobjektabhängig/-unabhängig; -spannungsangepaßt; -stromangepaßt; -leistungsangepaßt;	(/ 6/) (/ 7/)
		Hilfsenergie	-elektrische- (Gleich-, Wechselstrom); -pneumatische-; -hydraulische-; -mechanische-; -Strahlung;	DIN 41772
		Funktionswerte	-Wirkungsgrad; -Signaltreue; -Meßebenentrennung;	(/ 8/)
		obligater Werkstoffeinsatz	-für Lager; für Kontakte; für Linsen; für Meßfühler; für Meßobjekt; für Teile des Meßgeräts;	VDI - Rl. 207 - 210
		Empfindlichkeit	-Wandlerempfindlichkeit; -Verstärkungs-, Abschwächungsfaktor; -Anzeigeempfindlichkeit;	(/ 5/)
		Meßeinrichtungsart	-digital; -analog; -A/D oder D/A - Wandlung; -Verstärker;	(/13/) (/14/)
		Zeit- und Rechtsfragen	-Einführungsgeschwindigkeit; -Patentumgehung; -Patentierbarkeit / Gebrauchsmuster;	

FUNKTION (F)	Randbedingungen	Betriebslage	-horizontal, vertikal, geneigt; -beliebig im Raum;	VDE 0410
		äußere Gestalt	-Geometrie, Gewicht, Volumen; -Raum- und Stellflächenbedarf; -Gehäusedurchführungen; -Anbringen am Meßobjekt, Erreger; -Auswechselbarkeit;	
		Anzeige	-Anzeigeart (analog, digital,..); -Anzeigeelemente; -optische, sensitive, pneumat. Anzeige;	DIN 41308 DIN 8236
		äußerer Eingriff auf Funktion	-Automatisierungsgrad (s.Technol); -variieren der Ausgangsgröße;	
		Stand der Technik Vergleichsprodukte	-ähnliche Geräte im Hause; -vergleichbare Konkurrenzprod.; -neuartige Lösungsprinzipien; -Pionierkonstruktionen;	
		funktionsbedingte Besonderheiten	-Wärmeabfuhr (Reibung, Leistungs-veluste); -benachbarte Systeme; ,	
	Qualität	Funktionssicherheit	-Funktionstreue; -Sicherheit bei Energieausfall; -Schadensbegrenzung bei Teil-versagen;	
		Übertragungs-eigenschaften	-Einschaltcharakteristik; -aperiodisches/periodisches Verhalten; -ballistisch;	(/12/) ATM V 365 - 3 V 721 - 17 J 014 - 1
		Präzision	-Genauigkeitsklasse; -Präzisionsgrad, mechanisch; -Präzisionsgrad bzgl. Meßwert; -Auflösungsvermögen;	VDE 0410
		Eichung	-statisch / dynamisch; -Eichamplitude; -Eichfrequenzbereich; -Standzeit der Eichung;	(/ 6/)
		Fehler	-zufällige Meßfehler; -systematische Fehler; -Anzeigefehler; -Fehler infolge reversibler Änderung (Hysterese);	ATM V 00 - 4
		zulässige Fehler	-zulässiger Meßstrom; -Temperaturabhängigkeit (Arbeitstemperatur, Grenztempe-ratur für Zerstörung); -Nullpunktdrift;	DIN 16130

FUNKTION (F)	Qualität	Linearität / mathemat. Funktion	-Verzerrungsgrad; -für Meßwerterfassung; -für Meßwertverarbeitung; -für Meßwertanzeige;	VDE 0410
		Lebensdauer	-Verschleißteile; -Wartungsintervalle; -Früh-, Spätausfälle; -mittlere Ausfallwahrscheinlichk.;	
		besondere Zuverlässigkeit	-aktive / passive Reundanz; -Wartungsintervalle;	DIN 40042 DIN 40043 VDE 4002 VDE 4010
	Umweltbedingungen	mechanische Eigenschaften	-Fall-, Stoßsicherheit; -Bruchsicherheit; -Schwingverhalten; -plombierte / zugängliche Meßwerke;	VDI - Rl. 2056
		elektrische Eigenschaften	-Anschlußspannung...; -Leistungsaufnahme; -Stromkreisimpedanz; -Prüfspannung; -Kriechfestigkeit;	VDE 0410
		Schutzmaßnahmen	-Schutz gegen Fehlbedienung; -schlagwettergeschützt; -explosionsgeschützt; -strahlengeschützt; -staub-, wassergeschützt;	DIN 400050 DIN 22419
		Störsignalfestigkeit	-elektrostat. Ladungen; -magnetische Felder; -Licht, kurzwellige Strahlung;	DIN 45410
		klimatische Einflüsse	-Temperatur der Umgebung; -Feuchte, Schmutz, Wasser, aggressive Gase, Dämpfe,...; -Empfindlichkeit gegen Luftverschmutzung;	DIN 50010 DIN 50021 DIN 40046
		Anschlußwerte	-elektrische Anschlußwerte; -Druckluftnetz; -Abluft; -Kühlung;	

TECHNOLOGIE (T)	Material	Gängigkeit der erforderlichen funktionsbedingten Rohmaterialien	-Lagerbestand; -Marktangebot; -Lieferzeiten; -Kosten des Rohmaterials;	
		Häufigkeit von Halbzeugen und Bauelementen	-Profile; -Granulate; -DIN - Teile; -Halbleiter - Bauteile; -optische Materialien;	
		Beständigkeit; Oberflächenschutz;	-Korrosionsbeständigkeit; -visuelles Design; -Verpackung;	DIN 50902
		mechanische, elektrische, optische Qualitäten	-funktionsbedingt; -herstellungsbedingt; -montagebedingt;	
		Materialverlust	-Abfallanteil; -Ausschußquote;	
		werkstoffbedingte Leerzeiten	-Trocknen; -Aushärten; -Abkühlen;	
	Fertigung und Montage	materialbedingte Besonderheiten	-Sinterteile; -aufgedampfte Schichten; -Halbleiter - Technologie;	
		fertigungsspezifische Besonderheiten	-Baustellen-, -Fließband-, -vollautomatische Montage;	
		Effizienz des Fertigungsprozesses	-verschiedene Fertigungsalternat.; -Trockenvorgänge; -Anzahl der Arbeitsgänge;	AwF; REFA
		Ausmaß der Nachwirkungen bzgl. des vorgesehenen Fertigungsprozesses	-Hemmen der Fertigung: Gratbildung, Lunker, Schlacke...; -Sondermaßnahmen;	(/34/)
		Automatisierungsgrad der Fertigung und Montage	-Schnelligkeit und Sicherheit der Lagefixierung am Arbeitsplatz; -Gleitverhalten; -Symmetrie;	(/26/)

TECHNOLOGIE (T)	Fertigung und Montage	notwendige Maschinenkapazität	-Maschinenarten; -Maschinenauslastung; -Investitionen;	(/36/) (/39/)
		Werkzeugverschleiß	-Standzeit; -Ersatz; -Wiederaufrüstzeit;	(/42/) (/51/)
		Herstellgesamtzeit	-Arbeitszeit; -Leerzeiten; -Transportzeiten;	
		Beseitigungsaufwand umweltunfreundlicher Anlagen	-Vorschriften bzgl. z.B.: Galvanik, Aufbereitungsanlagen;	
		Aufwand an Planungstätigkeit	-für Platzbeschaffung; -spezielle Fertigungsverfahren; -Eingliedern in bestehenden Proz.;	
	Formgestaltung	unerwünschte physikalische und chemische Nebeneffekte	-Maßhaltigkeit; -Korrosion; -Alterung; -Kriechen; -Wärmeabfuhr; -Stoßfestigkeit;	
		projektieren oder konstruieren	-Zusammenbau; -Anpassung; -spezielle Teile;	
		Zugänglichkeit der zu bearbeitenden Stellen	-überstehende Teile; -Hinterschneidungen; -Werkstückhandhabung;	
		....gerechte Gestaltung	-material-, fertigungs-, montage-, verpackungsgerecht,....;	VDI - Rl. 2006
		herstellverfahrensbedingte Maße	-minimale und maximale geometrische Formen (Rundungen, Konizität, Biegeradien,...);	(/ 2/) (/ 3/)
		Teile - Integration	-Teile mit Haupt- und Nebenfunktionen; -Einzelfunktionsteile;	

TECHNOLOGIE (T)	Toleranzen, Passungen, Normen	Werkstückklassifizierung	-vorliegende Werkstückklassenvereinigung (Gas, Flüssigkeit, Granulat, Wirkgut, Stangen,....);	
		Restbreite des Toleranzfeldes	-Fertigungstoleranzen und Ausschuß;	DIN 7182 DIN 7168 DIN 58700
		Qualitätskontrolle	-Zugänglichkeit der Meßstellen; -gängige Meßgeräte;	DIN 55302
		funktionsbedingte Oberflächenbeschaffenheit	-Ebenheit, Rauheit;	DIN 4760 DIN 4764
		Erfüllungsgrad von Normen, Vorschriften und Auflagen	-internationale, nationale, innerbetriebliche Normen; -Kundenauflagen;	
		Anzahl hochgenauer Teile und Passungen	-Lagerungen; -selbstzentrierende Teile;	(/33/)
		Schutzvorschriften für arbeitende Menschen	-behördliche Auflagen; -Aufwand für eventuelle Schutzmaßnahmen;	DIN 4646 DIN 4843
WIRTSCHAFTLICHKEIT (W)	Materialkosten	Einkauf	-Materialeinzelkosten; -Materialgemeinkosten: Hilfsstoff-, Betriebsstoffkosten;	(/36/) (/39/)
		Lagerhaltung	-Lagerhaltungskosten des Materials, des Endprodukts, durch besonderen Aufwand; -Lagerkosten durch komplexe Lagerorganisation, durch Produktvielfalt;	(/38/) (/39/)
		Prüfung	Kosten für: -Materialeingangsprüfung; -Werkstoffuntersuchungen; -Kontrolle der Normteile und Halbzeuge, der Betriebs-, und Hilfsstoffe;	(/36/) (/40/)
		Lieferung	Kosten für: -Lieferschwierigkeiten; -kurzfristige Materialverknappung;	(/38/)

WIRTSCHAFTLICHKEIT (W)	Fertigungskosten	Lohnkosten	-Lohneinzelkosten; -Lohngemeinkosten, Hilfslöhne Gehälter; -Unternehmerlohn;	(/41/) (/36/) (/39/)
		Fertigungsprozess	-Prozeßkosten für Maschinen, Montage, Justage (Fertigungsgemeinkosten);	(/36/) (/39/)
		Änderungen am Fertigungsprozess	-Kosten für Rationalisierungsmaßnahmen (Annuität, Deckungsbeitrag); -Kosten für erhöhte Toleranzen und Passungen; -Kosten durch Ändern des Automatisierungsgrades;	(/45/) (/35/) (/36/) (/46/) (/41/)
		Sondereinzelkosten	-Lizenzen zur Eigenfertigung; -Sonderverpackungen; -Kosten für außerbetriebliche Fertigung; -Spezialfertigung (Platzkosten);	(/39/) (/53/)
		Prüfung	Stückprüfkosten: -Stückprüfeinzelkosten, Prüfgemeinkosten; -Sonderprüfkosten;	(/54/) (/39/)
		Werkzeugmaschinen	-Maschinenkosten (Raum-, Energie-, Instandhaltungs-, Wartungskosten) -Maschinenzeiten (Haupt-, Neben-, Brachzeit); -Anschaffungskosten für Sondermaschinen; -Kosten für Werkstoffumstellung, Verschleiß und Ersatz von Vorrichtungen;	(/36/) VDI 2801 REFA (/35/) (/54/)
		Werkzeug	-Werkzeugkosten; -Kosten für Verschleiß und Ersatz von Werkzeug;	(/42/) (/51/)

WIRTSCHAFTLICHKEIT (W)	Nebenkosten	produktbezogene Nebenkosten	-Anschaffungsnebenkosten, wie Kosten für Transport und Transportversicherung; -Kosten für Aufstellung und Montage am Ort; -einmalige Ausgaben (Provision, Gebühren,..); -direkte Betriebskosten (fixe und variable Produktverbrauchskosten); -indirekte Betriebskosten (Kosten durch Verschleiß, etc.); -Amortisation, Rentabilität;	(/39/) Aktiengesetz (/36/) (/47/) (/49/) (/45/)
		produktionsbezogene Nebenkosten	-bilanzielle Abschreibung; -kalkulatorische Abschreibung; -kalkulatorische Zinsen; -kalkulator. Wagniszuschläge; -Energiekosten; -innerbetriebliche Transportkosten; -Kapitalkosten durch überdurchschnittliche Materialbindung; -Verwaltungskosten;	(/50/) (/36/) (/39/) (/52/) (/38/) (/39/)
	Kosten durch Verkauf und Vertrieb (Marketing)	Produkt- und Sortimentspolitik	-Kosten für Erforschung der Marktlage; -...Produktdiversifikation; -...Preisbildung (Konkurrenz-, Nachfrage-, Kostenorientierung); -Werbekosten;	(/55/) DIN 66054 (/56/) (/39/) (/57/)
		Distributionspolitik	-Vertriebskosten; -Kosten für betriebsinterne und -externe Verkaufsorgane; -Kosten der Absatzwege;	(/55/) (/58/)

WIRTSCHAFTLICHKEIT (W)	Kosten infolge Produktbewertung aus der Sicht des Kunden	Qualität	-Kosten für Qualitätssicherung; -Fehlerverhütungskosten; -Prüfkosten; -Fehlerkosten;	DIN 55350 (/37/) (/48/)
		Zuverlässigkeit	-Kosten für die Feststellung von Störungsquote, Störungskriterien, Ausfallrate, Überlebenswahrsch., mittlere Lebensdauer, Brauchbarkeitsdauer, ...;	VDI 4002 bis 4010 DIN 40042 DIN 40043 VDI 2056 VDI 2057
		Gebrauchstauglichkeit	-Kosten zur Feststellung von Neuheitsgrad, Vielseitigkeit, Prestigewert, ...;	DIN 66050 (/59/) DIN 66051 DIN 66052 DIN 66054
	Instandhaltungskosten	Wartung	-Kosten für Kundendienste und für Kundendienstabteilungen im Werk; -Wartungskosten; -Kosten für Inspektionen;	VDI 4010 DIN 40042 DIN 40041
		Instandsetzung	-Kosten für Garantieleistungen; -Ausschuß- und Nachbearbeitungskosten;	(/55/)
	Entwicklungs- und Einführungskosten	Vorplanung	Kosten für: -Aufwandsplanung; -Bereitstellungsplanung; -Investitionsplanung;	(/38/) (/59/) VDI 2801
		Forschung und Entwicklung	-Kosten für Durchführungsplanung (Projekt-, Innovationskosten); -Forschungs- und Entwicklungskosten (Budgetierung);	(/36/) (/38/)
		Produkteinführung	-Kosten für Arbeitsvorbereitung; -Kosten für Vorbereitung in Fertigungsplanung und -steuerung; -anlaufende Mehrkosten; -Kosten für Verschrottung;	

WIRTSCHAFTLICHKEIT (W)	Markt (Käufer-Produkt-Beziehung)	Anschaffungspreis	-Kaufpreis; -Marktpreis; -Kundenrendite;	
		Integrierbarkeit in die Umwelt	-örtliche Nachbarprodukte; -Raumbedarf; -Produkt - Linie, Variierbarkeit;	
		Leistung des Produkts für den Verbraucher	-Bietet es das, was der Kunde auch zu zahlen bereit ist, bietet es mehr oder zu wenig?	DIN 66051 (/30/)
		Zuverlässigkeit Lebensdauer Wartung Beständigkeit	-Zeitraum zwischen zwei Nacheichungen; -Robustheit; -Wartungsaufwand;	DIN 40040 DIN 40041
		Servicefreundlichkeit	-nur von Fachpersonal (einschick.) -Zugänglichkeit von Verschleißteilen; -Austauschgrad;	
		Nutzwert	-Gebrauchstauglichkeit; -Kundennutzen;	DIN 66050 (/ 1/)
		Prestigewert	-wegen Bedarf allein gekauft; -....hat man heute....;	(/ 4/) (/31/)
		Unternehmen - Image	-Paßt das Produktimage in das Image des Unternehmens?	
direkte MENSCH-PRODUKT-BEZIEHUNGEN (M)	Ergonomie	Bedienung	-Bedienungshöhe (-art); -Ablesewinkel (Blickneigung); -Greifraum für Bedienelemente; -Bedienungselement-Gestaltung;	REFA-MLA Wbl 594 (/15/) DIN 19226 (/16/17/18/)
		Anzeige	-Ablese-Skalen: Teilstrich/ Strichbreite; -Reflexionsgrad;	DIN 43802 (/18/)
		Sicherheit für Leib und Leben	-elektr./mechan. Bediensicherheit: Sicherheitsfarben/-zeichen,	VDI 2258 DIN 4818 DIN 4819 DIN 67512
		Umweltschutz	-Lärm (Geräuschentwicklung); -Erschütterungen; -Staub, Feuchtigkeit, Strahlung;	VDI 2058 VDI 2059 Wbl 594 (/15/19/20/21/)

direkte MENSCH-PRODUKT-BEZIEHUNGEN (M)	visuelles Design	bestimmende Elemente zum Zwecke der	-Form; -Farbe; -Oberfläche; -Grafik;	Kodierungsbegriffe nach SEEGER (/22/) (/23/) (/24/) DIN 6169
		Zweck-Kodierung	-Produktfamilien; -Meßart; -Meßgröße;	
		Funktions-/Leistungskodierung	-groß - "schwerer Betrieb"; -leicht - "Uhrmacherarbeit";	
		Bedienungskodierung	-Bedienelemente: Funktion - Zuordnung; -psychologische Farbwirkung; -Sicherheitskodierung;	
		Fertigungskodierung	-wie "handgemacht"; -Großserien - Look;	
		Zeitkodierung	-konventionell; -nostalgisch; -modern; -zeitgemäß; -zukunftsweisend;	
		Preiskodierung	-"Edelstahl - Look"; -soll teuer / billig aussehen;	
		Hersteller - Kodierung	-Firmen - Farbkombination; -typischer Firmenschriftzug; -typische Formgestaltung;	
		Verbraucher-, Verwenderkennzeichnung	-Kundenwunsch (Schule - Look);	
	visuell-manuell	kombinierte visuelle, manuelle Elemente	-Schalter mit Symbolen; -Leuchtschalter;	DIN 49291 DIN 40006 DIN 40017

Literatur zur Checkliste

1) VDI-Richtlinie 2801: „Wertanalyse-Begriffsbestimmung und Beschreibung der Methode"
2802: „Wertanalyse-Vergleichsrechnung"
Beuth-Vertrieb, Berlin/Köln 1970/71.

2) Kesselring, F.: Technische Kompositionslehre.
Springer-Verlag, Berlin/Göttingen/Heidelberg, 1954.

3) Pahl, G.: Die Arbeitsschritte beim Konstruieren.
Konstruktion 24 (1972) H. 4, S. 149/53.

4) Gutsch, R. W., Struwe, W. und Withauer, K. F.: Wertanalyse.
Lehrgang Nr. 2112/67.33/4 an der Techn. Akademie Eßlingen, 14. – 16.11.1973.

5) Rohrbach, Chr.: Handbuch für elektrisches Messen mechanischer Größen.
VDI-Verlag GmbH, Düsseldorf 1967.

6) Merz, L.: Grundkurs der Meßtechnik, Teil I und II.
Oldenbourg-Verlag, München 1970.

7) Küpfmüller, K.: Einführung in die theoretische Elektrotechnik.
Springer-Verlag, Berlin/Göttingen/Heidelberg, 6. Auflage 1959.

8) Grave, H. F.: Elektrisches Messen nichtelektrischer Größen.
Akademische Verlagsgesellschaft Geest & Partig KG, Leipzig 1965.

9) Graf, A.: Meßtechnik für Maschinenbau und Feinwerktechnik.
Carl Hanser Verlag, München 1969.

10) Eder, F. X.: Moderne Meßmethoden der Physik.
VEB Deutscher Verlag der Wissenschaften, Berlin 1968.

11) VDE/VDI-Handbuch: Meßtechnik I und II.
VDI-Verlag GmbH, Düsseldorf, Beuth-Vertrieb, Berlin/Köln (laufend).

12) ATM, Archiv für techn. Messen: heute: ATM + Meßtechnische Praxis.
Oldenbourg-Verlag GmbH, München (laufend).

13) Leonhard, W.: Wechselströme und Netzwerke.
Uni-Text, Vieweg-Verlag, Braunschweig, und Akademische Verlagsgesellschaft, Frankfurt 1968.

14) Kautsch, R.: Meßelektronik nicht-elektrischer Größen, Teil 1 bis 3.
Holzmann Verlag KG, Bad Wörishofen 1971 und 1973.

15) Werkstattblatt 594 von G. Wieser: Menschengerechte Arbeitsplatzgestaltung im Betrieb. Carl Hanser Verlag, München, 1974.

16) RKW-Schriftenreihe: Arbeitsphysiologie-Arbeitspsychologie. Beuth-Vertrieb, Berlin/Köln/Frankfurt (laufend).

17) Betr. V. G.: Das neue Betriebsverfassungsgesetz; besonders § 90 und § 91. Verlag C. H. Beck, München, dtv 1972.

18) Dreyfuss, H.: The measure of man – human factors in design. Whithey Library of Design, 18 E. 50th St., New York, NY. 10022.

19) Kirchner, J. H. und Rohmert, W.: Ergonomische Leitregeln zur menschengerechten Arbeitsgestaltung. Carl Hanser Verlag, München, 1974.

20) Schmidtke, H.: Ergonomie 1 und 2. Carl Hanser Verlag, München, 1973/74.

21) Ergonomics: (Zeitschrift) Taylor & Francis LTD, London (laufend).

22) Seeger, H.: Design – Visuelle Informationskodierung: Konstruktive Formgestaltung. Forschungsbericht und Vorlesungsinhalt „Technisches Design", Universität Stuttgart, 1973.

23) VDI – Bericht 219: Konstruktion als Wissenschaft (Vorträge der VDI-Tagung Ulm, Oktober 1974). VDI-Verlag GmbH, Düsseldorf, 1974.

24) Grandjean, E.: Physiologische Gesichtspunkte zur Körperstellung. Z. ind. Organisation, Zürich, 34 (1965) Nr. 12, S. 487/93.

25) AW Produktplanung: Methodische Produktplanung und Produktentwicklung. Arbeitsunterlagen zum Seminar am 24./25. Oktober und 28./29. November 1974 (Leitung: E. Geyer).

26) Stöferle, Th., H.-J. Dilling und Th. Rauschenbach: Rationalisierung und Automatisierung in der Montage. Wirtschaft und Betrieb 107 (1974) H. 6, S. 327/35.

27) Sewig, R.: Neuartige Fertigungsverfahren in der Feinwerktechnik. Carl Hanser Verlag, München, 1969.

28) Schumacher, B. W.: Elektronenstrahlen als Werkzeug. Z. Umschau 1971, H. 25, S. 923/29.

29) Steigerwald, K.: Thermische Feinbearbeitung mit Elektronenstrahlen. Z. Feinwerktechnik 66 (1962), H. 2.

30) Stiftung Warentest: Institut zur Durchführung von vergleichenden Warentests und Dienstleistungsuntersuchungen, 1000 Berlin 30, Lützowpl. 11–13, Satzung, § 2.

31) Maser, S.: Numerische Ästhetik. Arbeitsberichte zur Planungsmethodik 2. Karl Krämer Verlag, Stuttgart/Berlin, 1970.

32) Deutscher Normenausschuß (DNA), Berlin:
DIN 66050 „Gebrauchstauglichkeit; Begriffe"
DIN 66051 „Untersuchung von Waren; allgemeine Grundsätze"
DIN 66052 „Warentest"
DIN 66053 Entwurf „Gebrauchswert; Begriff" 1971 zurückgezogen.

33) DNA: DIN-Taschenbuch 1: Grundnormen für die mechanische Technik.
Beuth-Vertrieb, Berlin/Köln/Frankfurt, 1970.

34) DNA: DIN-Taschenbuch 21: Kunststoffnormen.
Beuth-Vertrieb, Berlin/Köln/Frankfurt, 1970.

35) Warnecke, H.-J.: Wirtschaftlichkeitsrechnung.
Manuskript zur Vorlesung „Fabrikbetriebslehre",
IFF-IPA Universität Stuttgart, 1974.

36) Warnecke, H.-J.: Kostenrechnung.
Manuskript zur Vorlesung „Fabrikbetriebslehre",
IFF-IPA Universität Stuttgart, 1974.

37) Stabe, H.: Methodik der industriellen Entwicklungstätigkeit.
Vorlesungsmanuskript, Universität Stuttgart, 1972/73.

38) Mellerowicz, K.: Planung und Plankostenrechnung. 2. Auflage,
Betriebliche Planung.
Rudolf Haufe Verlag, Freiburg i. B., 1970.

39) Wöhe, G.: Einführung in die allgemeine BWL. 11. Auflage 1970.
Verlag Franz Vahlen GmbH, Berlin/Frankfurt.

40) Dutschke, W.: Fertigungstechnisches Messen.
Umdruck zur Vorlesung.
IFF Universität Stuttgart, 1974.

41) REFA: Methodenlehre des Arbeitsstudiums, Teil 3:
Kostenrechnung, Arbeitsgestaltung.
München, 1971.

42) Witte, H.: Werkzeugmaschinen.
Vogel-Verlag, Würzburg, 1975.

43) Bronner, A.: Zukunft und Entwicklung der Betriebe im Zwang der Kostengesetze.
Z. Werkstattstechnik 56 (1966) H. 2, S. 80/89.

44) Brandt, H.: Investitionspolitik im Industriebetrieb.
Wiesbaden, 1959.

45) Terborgh, G.: Leitfaden der betrieblichen Investitionspolitik.
Wiesbaden, 1969.

46) Mellerowicz, K.: Neuzeitliche Kalkulationsverfahren.
Rudolf Haufe Verlag, Freiburg i. B., 1966.

47) RKW und DGfB: Multiplikatoren für betriebsübliche Nutzungsdauern.

48) Kluge, M.: Vortrag: „Nur wer fortschreitend rationalisiert, überlebt".
VDI-ADB, Stuttgart.

49) Schneider, D.: Investition und Finanzierung. 2. Auflage,
Köln und Opladen, 1971.

50) Bundesfinanzministerium: Amtliche Abschreibungstabellen (AfA).
Verlag Neue Wirtschaftsbriefe Herne.

51) Schlayer, H.: Umdruck zur Vorlesung
Zerspanungslehre, 1. Auflage 1970/71.
Universität Stuttgart.

52) Kilger, W.: Optimale Produktions- und Absatzplanung;
Entscheidungsmodelle für den Produktions- und Absatzbereich industrieller Betriebe.
Westdeutscher Verlag, Opladen 1973.

53) VDI 2801 Bl. 3: Wertanalyse-Kostenvergleich. VDI-Verlag GmbH, Düsseldorf, Entwurf 1970.

54) VDI 3221 Bl. 1: Wirtschaftlichkeitsrechnung in der industriellen Fertigung. Allgemeines. VDI-Verlag GmbH, Düsseldorf, 1970.

55) VDI 2801: Wertanalyse. Begriffsbestimmungen und Beschreibung der Methode. VDI-Verlag GmbH, Düsseldorf, August 1970.

56) Gregg, V. P.: Developping Sound Company Policies for a New-Product Program. American Management Association, Management Report number 8, New York 1958, S. 13/16.

57) Churchman, C. W., Ackoff, R. L., Arnoff, E. L.: Operations research. Verlag Oldenbourg, Wien und München, 1961.

58) Mellerowicz, K.: Betriebswirtschaftslehre der Industrie. 6. Auflage. Rudolf Haufe Verlag, Freiburg i. B., 1968.

59) Geyer, E.: Unterlagen zum Seminar: Methodische Produktplanung und -entwicklung – mit Wirtschaftlichkeitsrechnung", 1974.

Sachregister

Dr.-Ing. Günter Müller, Dipl.-Ing. Clemens Groth

FEM für Praktiker

Die Methode der Finiten Elemente mit dem FE-Programm ANSYS®

3., völlig neubearbeitete Auflage 1997, 857 Seiten, viele Demonstrationsbeispiele,
mit CD-ROM und Installationsanleitung, DM 138,--
Edition expert*soft*, Band 23
ISBN 3-8169-1525-6

Die Finite-Element-Methode hat sich als *das* rechnerische Simulationsverfahren der Praxis durchgesetzt und wird in allen Branchen bei Konstruktions- und Entwicklungsaufgaben angewandt. Sie trägt zur Erhöhung der Sicherheit, zur Konstruktionsoptimierung, zur Qualitätsverbesserung und zur Verkürzung von Entwicklungszeiten bei. Mit der FEM werden Festigkeits- und Temperaturfeldprobleme analysiert, elektromagnetische und gekoppelte Feldprobleme gelöst sowie akustische Untersuchungen und Strömungssimulationen durchgeführt.

Dieses Buch vermittelt praxisnah die Grundkenntnisse für den Einsatz der FEM und für die Bewertung von Lösungen, die mit der FEM erzielt wurden. Es zeigt Entscheidern und Berechnern die Möglichkeiten, aber auch die Grenzen der FEM auf.

Am Beispiel eines führenden, weltweit eingesetzten Programmsystems (ANSYS®) wird gezeigt, wie und welche Daten für eine FEM-Berechnung aufbereitet werden müssen und wie die Ergebnisse der FEM-Berechnung auszuwerten sind. Zahlreiche Beispiele aus der Strukturmechanik und anderen Anwendungsgebieten werden ausführlicher erläutert; die Idealisierung, die Berechnung und die Auswertung werden im Detail verfolgt.

Dem Buch liegt eine Testversion von ANSYS/ED™ bei, die unter Windows 95 und Windows NT lauffähig ist. Damit können die zahlreichen Beispiele aus dem Buch nachvollzogen werden. Es können ebenso Varianten der Beispiele und insbesondere auch beliebige Analysen jeder Technikbranche (Maschinenbau, Elektrotechnik, Bauwesen, Anlagenbau usw.) oder jeder Fachdisziplin (Strukturmechanik, Temperaturfeld, elektromagentische Felder, Fluiddynamik usw.) selbsttätig durchgeführt werden.

Die Interessenten:
Fach- und Führungskräfte in Konstruktions- und Entwicklungs- und Forschungsabteilungen aller Branchen (v.a. Automobilbau, Luft- und Raumfahrttechnik, Maschinenbau, Konsumgüterindustrie, Medizintechnik, Elektrotechnik) Studenten an Universitäten, Fachhochschulen und Berufsakademien

expert verlag GmbH · Postfach 2020 · D-71268 Renningen